“十四五”职业教育国家规划教材
第四届中国轻工业优秀教材奖
“互联网+”新形态立体化教学资源特色教材

机械制图与计算机绘图

主　编　唐永艳　王海珠　郭　容
副主编　陈　琪　皮　杰
参　编　杨　宇　朱　利　杨　越　伍倪燕
　　　　张云程　张　元　刘　蜀　刘存平

JIXIE ZHITU YU
JISUANJI HUITU

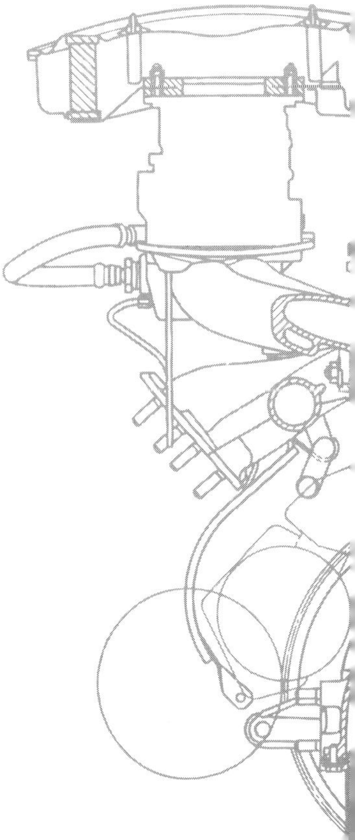

中国轻工业出版社

图书在版编目（CIP）数据

机械制图与计算机绘图 / 唐永艳，王海珠，郭容主编. —北京：中国轻工业出版社，2025.8

高等职业教育机械类专业系列教材

“互联网+”新形态立体化教学资源特色教材

ISBN 978-7-5184-3017-8

Ⅰ. ①机… Ⅱ. ①唐… ②王… ③郭… Ⅲ. ①机械制图－高等职业教育－教材 ②计算机制图-高等职业教育-教材 Ⅳ. ①TH126 ②TP391.72

中国版本图书馆CIP数据核字（2020）第091066号

责任编辑：王　淳　　文字编辑：宋　博

策划编辑：宋　博　　责任终审：李建华　　封面设计：锋尚设计

版式设计：砚祥志远　　责任校对：燕　杰　　责任监印：张京华

出版发行：中国轻工业出版社（北京鲁谷东街5号，邮编：100040）

印　　刷：三河市万龙印装有限公司

经　　销：各地新华书店

版　　次：2025年8月第1版第9次印刷

开　　本：787×1092　1/16　印张：14

字　　数：350千字

书　　号：ISBN 978-7-5184-3017-8　定价：49.80元

邮购电话：010-85119873

发行电话：010-85119832　010-85119912

网　　址：http：//www.chlip.com.cn

Email：club@chlip.com.cn

251172J2C109ZBW

内容简介

INTRO

本书根据学生不同学习阶段认知规律和思维特点，强化应用性、实用性技能训练，并将内容优化、整合为八个章节。主要内容有机械制图的基本知识、绘制和识读三视图、图样的基本表示法、机械制图的基本技能、绘制和识读零件图、绘制和识读装配图、装配体测绘、计算机绘图。

计算机绘图部分全面涵盖机械设计过程中零件图与装配图的绘制，以及打印输出需要掌握的计算机绘图内容，并根据内容的特点配有大量教学视频，以解决实际问题为出发点，手把手指导学生掌握绘图方法和技能。

本书配有教学课件、视频、动画等。凡使用本书作教材的教师，可发送邮件至ybzytyy@163.com索取教学课件。

本书可作为中职、高职本/专科、中高职衔接、专升本、函授，机械类、近机械类专业机械制图与计算机绘图课程教材，也可作为相关工程技术人员的参考书。

前 言

FOREWORD

本书以党的二十大精神为引领，依据教育部制定的高职高专机械制图课程的基本要求，根据高职高专人才培养体系和课程标准等相关改革的教学要求，结合多年来机械制图与计算机绘图课程、相关专业课程的教学经验，以及在企业的实际工作经验，为着重培养学生绘图、读图能力为根本而编写。

本书具有以下特点：

（1）在每一章结尾，结合教学内容，引入我国名人名句、名人故事等，着力培养学生的职业素养、理想信念、弘扬社会主义核心价值观，贯彻习近平总书记在党的二十大报告中提出的，“落实立德树人根本任务，培养德智体美劳全面发展的社会主义建设者和接班人。”

（2）根据学生不同学习阶段的认知规律组织、优化教学内容。

（3）按理实一体化课程的特点编写了装配体测绘、计算机绘图教学内容，强化应用性、实用性技能训练。

（4）书中重、难点的地方配有二维码，用手机扫描即可得到相关助学视频，方便学生轻松理解和掌握书中的教学内容。

（5）计算机绘图部分全面涵盖机械设计过程中零件图与装配图的绘制，以及打印输出需要掌握的计算机绘图内容。为方便学生自主学习，突破传统的按部就班讲解知识的模式，以解决实际问题为出发点，避免冗长的文字叙述，配合大量教学视频，通过典型实例的训练，手把手指导学生掌握绘图方法和技能。

（6）舍去零件图的尺寸标注和技术要求中与同期开设的机械制造基础课程相同的内容，避免重复讲授，在本书中只作标注方面的讲解。

（7）本书全面贯彻最新的《技术制图》《机械制图》国家标准。

（8）本书同步编写了**《机械制图与计算机绘图习题集》**，由唐永艳、陈贤清主编，中国轻工业出版社出版。需配套使用，着力于培养学生扎实的绘图、读图能力。

本书由唐永艳、王海珠、郭容担任主编；陈琪、皮杰担任副主编，参加编写工作的还有杨宇、朱利、杨越、伍倪燕、张云程、张元、刘蜀、刘存平。

由于编者水平有限，书中难免有不足之处，恳请读者批评指正。

编 者

目 录
CONTENTS

第一章 机械制图的基本知识

教学目标

（1）熟悉《技术制图》《机械制图》国家标准中有关图纸幅面及格式、比例、字体、图线，以及尺寸标注等基本规定。

（2）掌握绘图工具的正确使用。

机械制图是研究识读和绘制机械图样的原理和方法的一门重要的专业基础课程。机械图样是设计和制造机械的重要技术文件，是交流技术思想的一种工程语言。在设计和绘制图样时，必须严格遵守《技术制图》和《机械制图》国家标准和有关的技术标准。国家标准简称“国标”，代号为“GB”。

第一节 国家标准的基本规定和绘图工具的使用

一、图纸格式、比例、字体的规定

1. 图纸图幅及格式

为了便于图样的绘制、使用和管理，绘制机械图样时，应遵循国家标准的基本规定，优先选用表1-1中规定的图纸幅面尺寸。

表1-1 基本幅面尺寸 单位：mm

幅面代号		A0	A1	A2	A3	A4
尺寸$B \times L$		841×1189	594×841	420×594	297×420	210×297
边框	a	25				
	c	10			5	
	e	20		10		

必要时，也可以按规定加长幅面，即由基本的幅面短边成整数倍增加后得出。

2. 图框格式

在图纸上必须用粗实线画出图框，其格式分为留装订边和不留装订边两种，如图1-1所示，其中a和c为留装订边的边框尺寸，e为不留装订边的边框尺寸，其数值按表1-1中的规定选取。同一产品的图样只能采用一种格式。

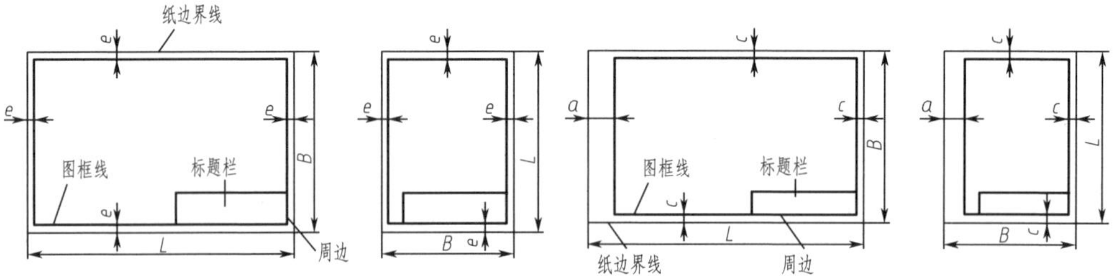

（a）不留装订边　　（b）留装订边

图1-1　图框格式

3. 标题栏

通常标题栏位于图框的右下角，看图的方向应与标题栏的方向一致。

若标题栏的长边置于水平方向并与图纸长边平行时，构成X型图纸，如图1-1（a）左图所示。若标题栏的长边与图纸长边垂直时，构成Y型图纸，如图1-1（a）右图所示。

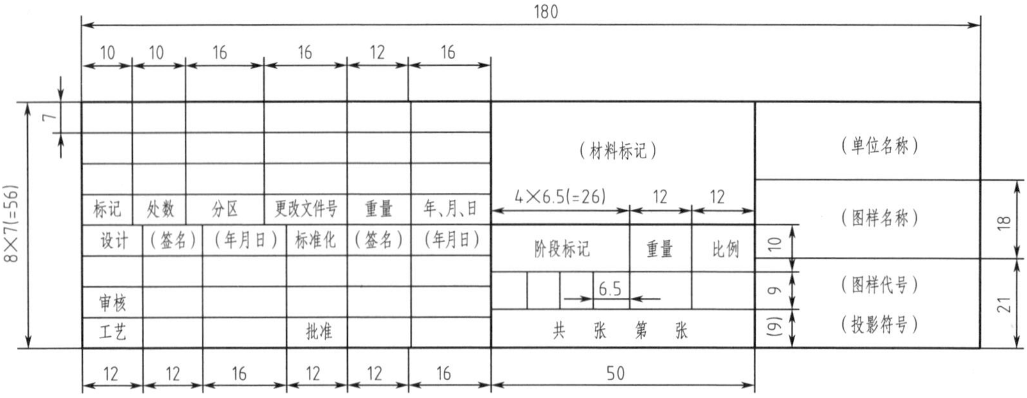

图1-2　国家标准规定的标题栏格式

对于标题栏的格式，国家标准已作了统一的规定，如图1-2所示。制图作业中，建议采用图1-3所示格式。

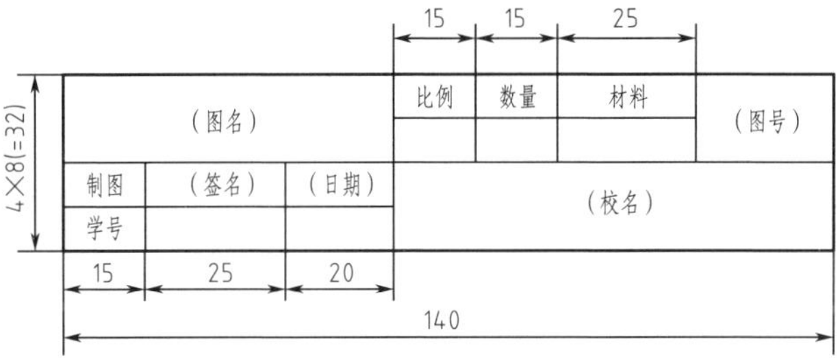

图1-3　制图作业推荐标题栏格式

4. 比例

图样中图形与其实物相应要素的线性尺寸之比称为比例。画图时，应优先选用表1-2中规定的第一系列，并尽量采用1∶1画图。必要时也允许使用第二系列。绘图比例应填写在标题栏中的“比例”栏内。无论图形是缩小还是放大，在标注尺寸时，都必须标注机件的实际尺寸，如图1-4所示。

表1-2　　比例系列

种类	比例	
	第一系列	第二系列
原值比例	1∶1	
缩小比例	1∶2　1∶5　1∶10　$1:1\times10^n$　$1:2\times10^n$　$1:5\times10^n$	1∶1.5　1∶2.5　1∶3　1∶4　1∶6　$1:1.5\times10^n$　$1:2.5\times10^n$　$1:3\times10^n$　$1:4\times10^n$　$1:6\times10^n$
放大比例	2∶1　5∶1　$1\times10^n:1$　$2\times10^n:1$　$5\times10^n:1$	2.5∶1　4∶1　$2.5\times10^n:1$　$4\times10^n:1$

注：n为正整数。

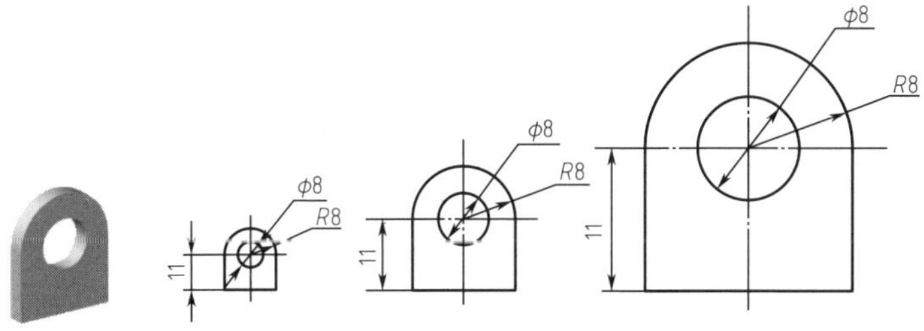

（a）形体　（b）比例1:2　（c）比例1:1　（d）比例2:1

图1-4　用不同比例画出的图形

5. 字体

图样中所注写的汉字、数字、字母必须做到：字体工整、笔画清楚、间隔均匀、排列整齐。字体的号数代表字体的高度，国标规定，字体高度尺寸h为1.8mm、2.5mm、3.5mm、5mm、7mm、10mm、14mm、20mm，共8种。如需要书写更大的字，其字体高度应按$\sqrt{2}$的比率递增。

（1）汉字　图样上的汉字应采用长仿宋体字，字的大小应按字号的规定。写汉字时字号不能小于3.5mm，字宽一般为$h/\sqrt{2}$。

长仿宋体的特点是：横平竖直，注意起落，结构匀称，填满方格。

（2）字母和数字　字母和数字分为A型和B型两种。A型字体的笔画宽度d为字高的1/14，B型字体的笔画宽度d为字高的1/10。在同一张图样上，只允许选用一种形式的字体。

字母和数字可写成斜体或正体。斜体字字头向右倾斜，与水平基准线成75°。

字体示例见表1–3。

表1–3　　字体示例

字体		示例
长仿宋体汉字	5号	字体工整　笔画清楚　间隔均匀　排列整齐
	3.5号	学好机械制图，培养和发展空间想象能力
拉丁字母	大写斜体	*ABCDEFGHIJKLMNOPQRSTUVWXYZ*
	小写斜体	*abcdefghijklmnopqrstuvwxyz*
阿拉伯数字	斜体	*1234567890*
	正体	1234567890
字体应用示例		GB/T68　$2\times\phi11$　$\phi54$　$\phi62$　$\sqrt{Ra6.3}$　10JS9 5:1　69.96 ± 0.015　$\phi18^{+0.027}_{0}$　HT150　Q235-A

二、图线的规定和绘图工具的使用

1. 图线

（1）图线的种类　机件图样中的图形是用各种不同型式的图线画成的，图线应用示例如图1–5所示。

国家标准《机械制图》（GB/T 4457.4—2002）规定了九种线型和主要用途，图线的型式及应用见表1–4。

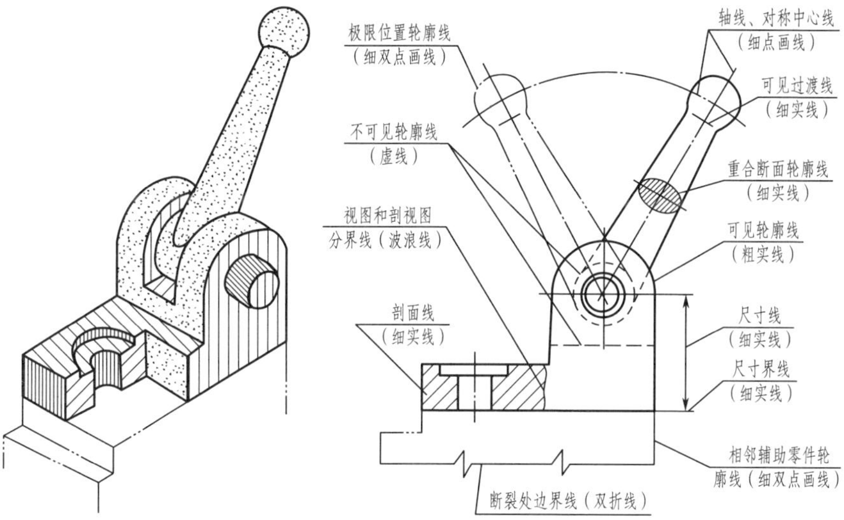

图1-5　图线应用示例

表1-4　图线的型式及应用

图线名称	代码	图线型式	线宽	主要用途
粗实线	01.2	————	*d*	可见棱边线、可见轮廓线、剖切符号用线
细虚线	02.1	4~6　≈1	*d*/2	不可见棱边线、不可见轮廓线
细实线	01.1	————	*d*/2	尺寸线、尺寸界线、剖面线、引出线
细点画线	04.1	15~30　≈3	*d*/2	轴线、对称中心线
波浪线	01.1	～～～	*d*/2	断裂处的边界线 视图与剖视图的分界线
细双点画线	05.1	≈20　≈5	*d*/2	假想轮廓线 相邻辅助零件的轮廓线
双折线	01.1	—\/\—\/\—	*d*/2	断裂处的边界线 视图与剖视图的分界线
粗点画线	04.2	——·——·——	*d*	限定范围表示线
粗虚线	02.2	— — — — —	*d*	允许表面处理的表示线

（2）图线画法及其注意的问题　图线的宽度分为粗、细两种。画图时应根据图形的大小和复杂程度首先确定粗实线的宽度。粗实线的宽度*d* 在0.5、0.7、1、1.4、2mm中选取，一般选用0.5、0.7mm。细线的宽度为*d*/2。

画图时应注意以下问题，如图1-6所示。

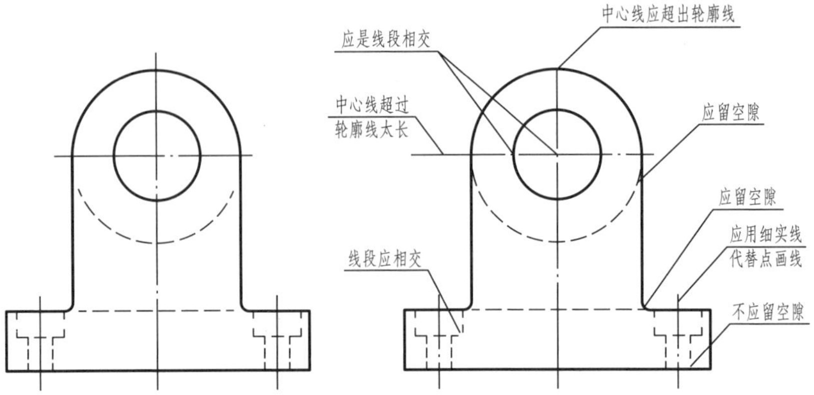

（a）正确　　（b）错误

图1-6　图线绘制时应注意的问题

① 同一图样中，同类图线的宽度应基本一致。

② 点画线、双点画线的首尾应是线段而不是点；点画线彼此相交时应该是线段相交（计算机绘图无此规定）；中心线应超过轮廓线2～3mm。

③ 虚线、点画线及双点画线的线段长度和间隔应大致相等。

④ 两条平行线（包括剖面线）之间的距离应不小于粗实线宽度的2倍，其最小距离不得小于0.7mm。

⑤ 虚线与虚线、虚线与粗实线相交应是线段相交（计算机绘图无此规定）；当虚线处于粗实线的延长线上时，粗实线应画到位，而虚线相连处应留有空隙。

⑥ 当图形较小时，可用细实线代替点画线或双点画线。

2. 绘图仪器、工具的使用

绘图时要用专门的绘图工具、仪器，掌握正确的使用方法，并注意维护保养，以保证所绘图形的准确性、提高绘图速度。

（1）图板、丁字尺、三角板

① 图板是用来固定图纸进行绘图的，要求表面平整、光洁，左侧面为工作导边，必须平直。

② 丁字尺由尺头和尺身组成，尺身的上边是工作边，主要用来画水平线。使用时，应使尺头紧靠图板左侧的导边，沿尺身的工作边自左向右画出水平线。

③ 三角板除了直接用来画直线外，也可配合丁字尺画铅垂线及多种角度的倾斜线，如图1-7所示。

（2）圆规　用于画圆和圆弧。使用前应先调整针脚，钢针选用带台阶一端，使针尖略长于铅芯，使用时将针尖插入图板，台阶接触纸面，画图时应使圆规向前进方向稍微倾斜。画大圆时，应使圆规两脚都与纸面垂直，如图1-8所示。

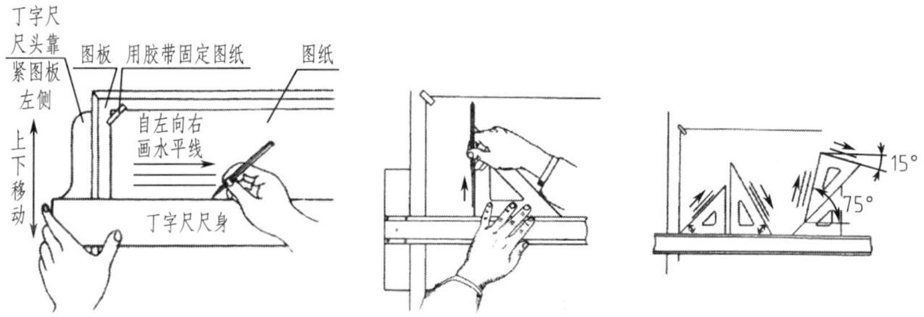

图1-7　图板、丁字尺、三角板的使用

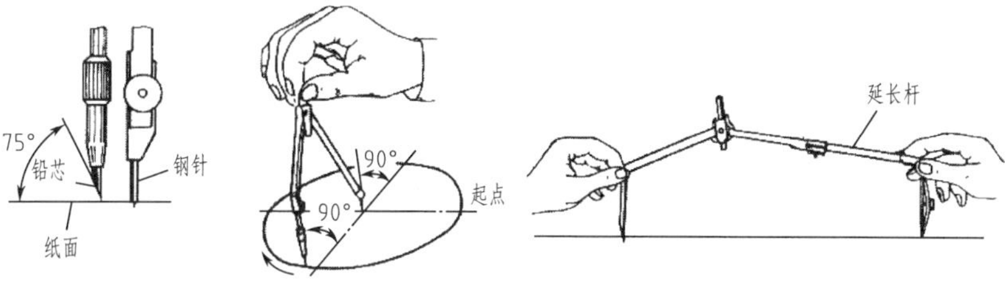

图1-8　圆规的使用

（3）分规　分规是用来等分和量取线段的，分规在两脚并拢时，两针尖应能重合于一点。分规的使用方法如图1-9所示。

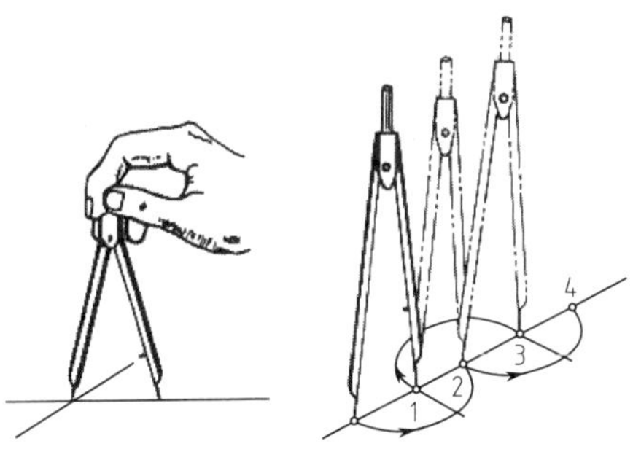

图1-9　分规的使用

（4）铅笔　铅笔是绘制图线的主要工具，分别用标号“B”和“H”表示。“B”前的数字越大，表示铅芯越软，画出的图线越黑；“H”前的数字越大，表示铅芯越硬，画出的图线越淡；标号“HB”表示铅芯软硬适中。一般将H或HB型铅笔削成圆锥状，用来画细线和写字；将B型铅笔用砂纸磨成四棱锥状，用来画粗实线。铅芯的削磨形状如图1-10所示。

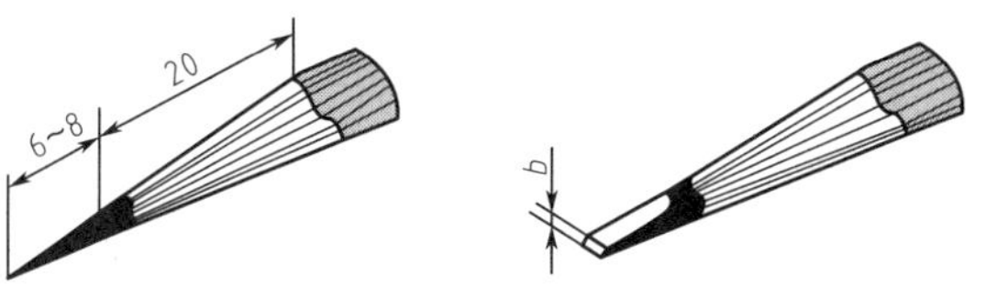

（a）用于画细线和写字的铅笔　（b）用于画粗实线的铅笔

图1-10　铅笔的削磨形状

铅笔与圆规铅芯的规格、型式及用途见表1-5。

表1-5　铅笔与圆规铅芯的规格、型式及用途

类别	铅笔			圆规		
铅芯规格	3H	H、HB	B	H	B	B
铅芯形式	 圆锥形		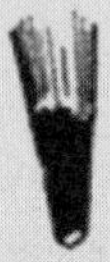 四棱锥形	 圆柱磨斜		 四棱锥形
用途	画底稿线	描深点画线、细实线、画箭头、写数字等	描深粗实线	画底稿线	描深点画线、细实线、虚线等	描深粗实线

（5）其他用品　常用的绘图工具还有橡皮、砂纸、胶带纸、小刀等。

第二节　尺寸注法

在机械图样中，图形只能表达零件的结构形状，若要表达它的大小，必须在图形上标注尺寸。尺寸是加工制造零、部件的主要依据，如果尺寸标注出现错误、不清晰、不合理，将给机械加工和装配带来困难，甚至生产出废品和发生安全事故。

一、尺寸标注的基本规则

（1）机件的真实大小应以图样上所注的尺寸数值为依据，与图形的大小及绘图的准确度无关。

（2）图样中（包括技术要求和其他说明）的尺寸，以mm为单位时，不需要标注单位符号（或名称），如采用其他单位，则必须注明相应的单位符号。

（3）图样中所注的尺寸，为该图样所示机件的最后完工尺寸，否则应另加说明。

（4）机件的每一尺寸，在图样上一般只标注一次，并应标注在反映该结构

最清晰的图形上。

二、尺寸标注的几个要素

一个完整的尺寸包括：尺寸界线、尺寸线、尺寸数字及箭头。尺寸的基本要素如图1-11所示。

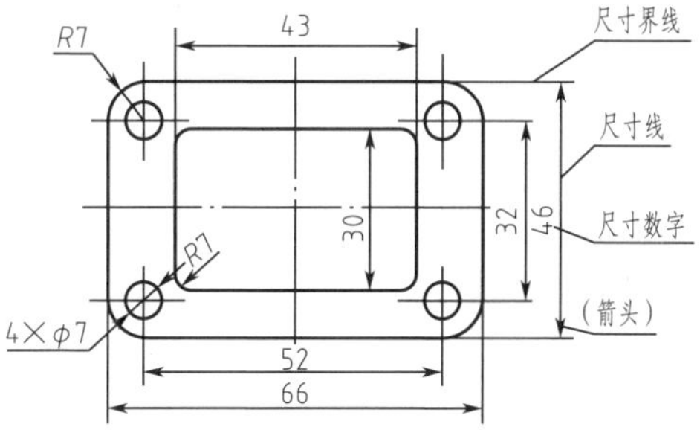

图1-11　尺寸的基本要素

1. 尺寸界线

尺寸界线用来限定尺寸度量的范围。尺寸界线应符合以下规定：

（1）用细实线绘制。

（2）由图形的轮廓线、轴线或对称中心线处引出，也可以直接利用这些线作为尺寸界线。

（3）尺寸界线一般应与尺寸线垂直，并超过尺寸线终端2～5mm。

（4）在光滑过渡处标注尺寸时，必须用细实线将轮廓延长，从它们的交点处引出尺寸界线，如图1-12所示。

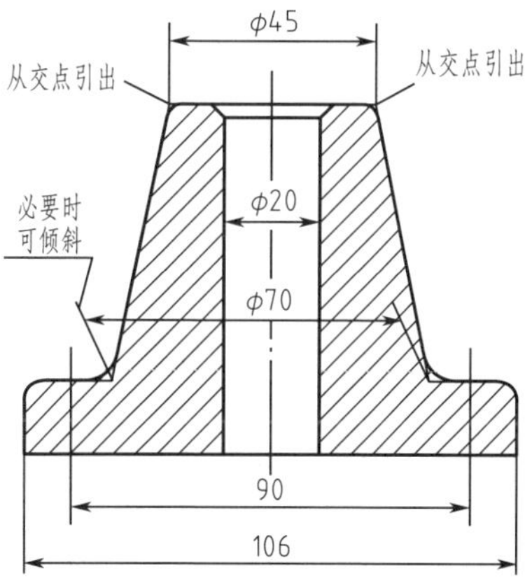

图1-12　尺寸界线与尺寸线的画法

2. 尺寸线

尺寸线表示尺寸的度量方向。尺寸线应符合以下规定：

（1）必须用细实线绘制。

（2）不能画在其他图线的延长线上。

（3）线性尺寸的尺寸线应与所标注尺寸线段平行。

（4）尺寸线与尺寸线之间或尺寸线与尺寸界线之间应尽量避免相交。

尺寸线终端有两种形式：箭头和斜线。机械图样上尺寸线终端一般用箭头，箭头的形状大小如图1-13（a）所示。斜线终端必须在尺寸线与尺寸界线相互垂直时才能使用，其画法如图1-13（b）所示。

3. 尺寸数字

尺寸数字用来表示所注尺寸的数值。因此，要求注写尺寸时一定要认真仔细，字迹要清楚，使其容易辨认，并应避免可能造成误解的一切因素。

（1）线性尺寸的数字通常注写在尺寸线的上方或中断处。

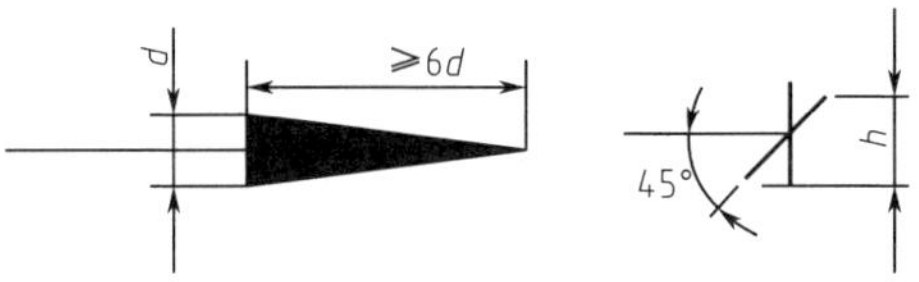

d—图中粗实线的宽度 （a）箭头

h—字体高度 （b）斜线

图1–13 尺寸线终端的画法

（2）角度尺寸数字必须水平书写。

（3）尺寸数字不允许被任何图线所通过，否则，需将图线断开或引出标注，如图1–14所示。

（4）线性尺寸数字应按图1–15（a）所示的方向注写，即水平方向的尺寸数字字头向上，垂直方向的尺寸数字字头向左，倾斜方向的尺寸数字字头偏向斜上方，图示30°范围内，应按图1–15（b）所示的形式标注。

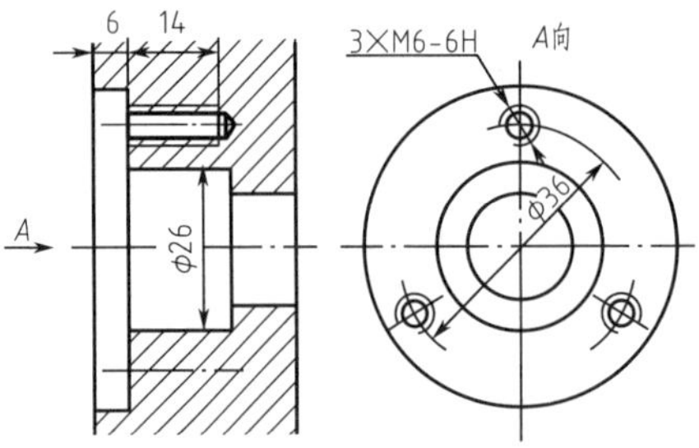

图1–14 任何图线不能通过尺寸数字

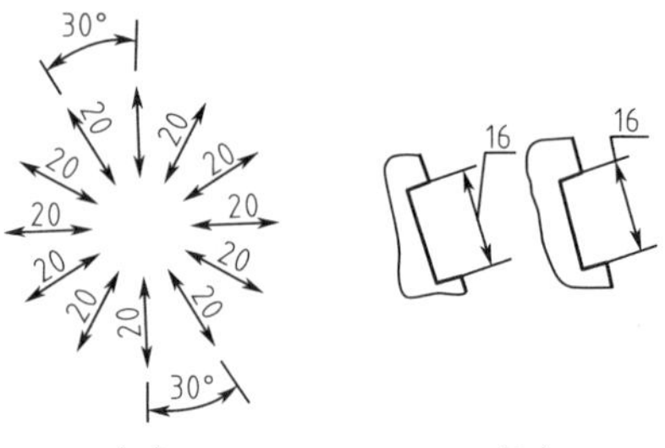

（a） （b）

图1–15 线性尺寸数字的注写方法

三、常见的尺寸注法

1. 角度尺寸标注

（1）尺寸界线沿径向引出，尺寸线应画成圆弧，其圆心是该角的顶点。

（2）角度数字一律水平书写。通常写在尺寸线的中断处，必要时允许写在尺寸线的外面，或引出标注，如图1–16所示。

2. 直径尺寸标注

（1）标注直径尺寸时，应在尺寸数字前加注符号“ϕ”，如图1–17（a）所示。

（2）标注球面直径时，应在符号“ϕ”前加注符号“*S*”，如图1–17（b）所示。

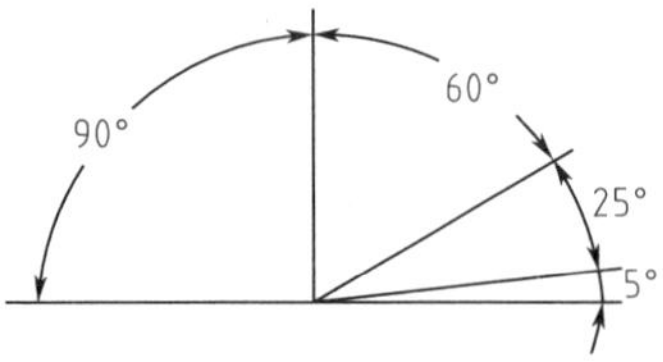

图1–16 角度尺寸的标注

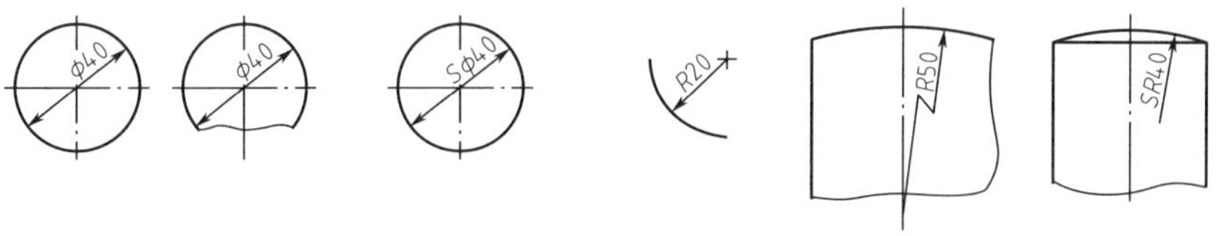

（a）直径尺寸 （b）球面直径尺寸 （c）半径尺寸 （d）无法注出圆心位置

图1-17 直径、半径尺寸的标注

3. 半径尺寸标注

（1）标注半径尺寸时，应在尺寸数字前加注符号“*R*”，如图1-17（c）所示。

（2）标注球面半径时，应在符号“*R*”前加注符号“*S*”。

（3）当圆弧半径过大或在图纸范围内无法注出圆心位置时的标注方法，如图1-17（d）所示。

4. 狭小部位尺寸的标注

狭小部位线性尺寸的标注可将箭头画在尺寸界线外侧，或用小圆点代替箭头，尺寸数字优先写在右边箭头上方或引出标注，如图1-18所示。

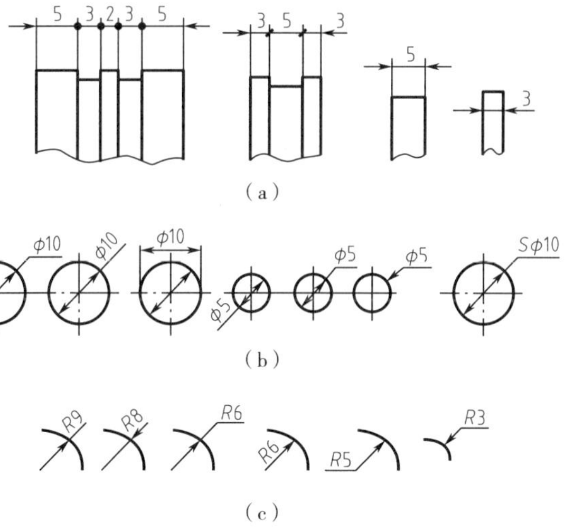

图1 18 狭小尺寸的标注

5. 对称图形的标注

对于对称图形的尺寸标注，尺寸线的中点应在对称轴上，如图1-11所示。

6. 线性尺寸的标注

串联尺寸，箭头对齐；并联尺寸，小在内，大在外，尺寸线间隔一般为7～10mm，如图1-19所示。

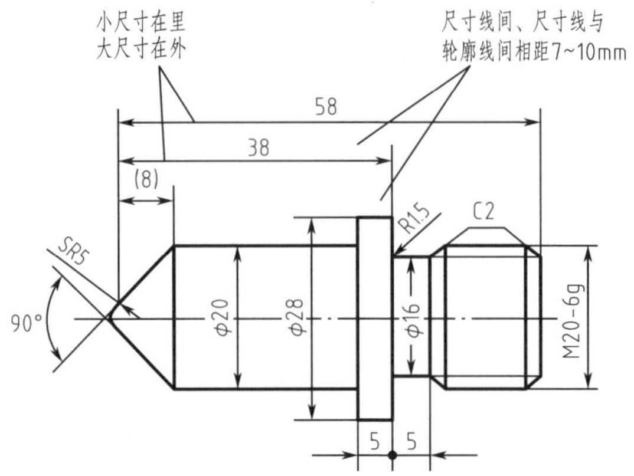

图1-19 线性尺寸的标注

标注尺寸时，应尽可能使用符号和缩写词，见表1-6。

表1-6 标注尺寸常见的符号和缩写词

名称	符号或缩写词	名称	符号或缩写词
直径	φ	均布	EQS
半径	R	正方形	□
圆球直径	Sφ	深度	↧
圆球半径	SR	柱形沉孔或锪平	⌴
厚度	t	锥形沉孔	⌵
45°倒角	C		

课中蕴含的哲理

机械图样是机械加工的依据，工程技术人员看图、画图必须严格遵守机械图样相关国家标准和技术标准。

《孟子·离娄上》中："不以规矩，不能成方圆"，讲的就是，如果不用圆规和矩尺，就无法准确画出圆形和方形。做人、做事要遵循一定的标准、法则，要尊法守法用法。

第二章 绘制和识读三视图

教学目标

（1）建立投影法的概念，掌握正投影法的基本原理和投影特性。

（2）掌握三视图的形成及投影规律。

（3）掌握点、线、面的投影特性。

（4）掌握基本体三视图的作图和读图。

（5）掌握组合体三视图的作图和读图。

第一节 投影基础

一、投影法及物体的三视图

1. 投影法的基本知识

（1）投影法的概念 物体在阳光或灯光的照射下，会在墙面或地面上出现影子，人们经过科学抽象，把光线称为投射线，地面或墙面称为投射面。这种投射线通过物体，向选定的面投射并在该面上得到图形的方法称为投影法。

（2）投影法种类

1）中心投影法。投射线汇交于一点的投影法称为中心投影法，如图2-1（a）所示。中心投影法中，投射中心、物体、投影面三者之间的相对距离对投影的大小有影响，度量性较差，如图2-1（b）所示。

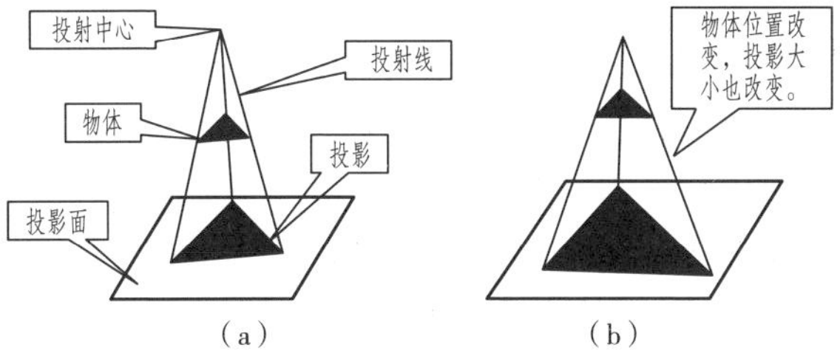

图2-1 投影法的概念

中心投影法

2）平行投影法。若将投射中心移至无穷远处，则所有的投射线就相互平行了。用相互平行的投射线，在投影面上作出物体图形的方法称为平行投影法。

在平行投影法中，根据投射线是否垂直于投影面，又分为两种：

① 斜投影法：投射线与投影面倾斜的平行投影法，如图2-2所示。

② 正投影法：投射线与投影面垂直的平行投影法，如图2-3所示。

正投影法

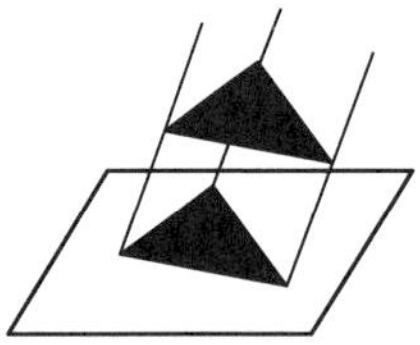

图2-2　斜投影法

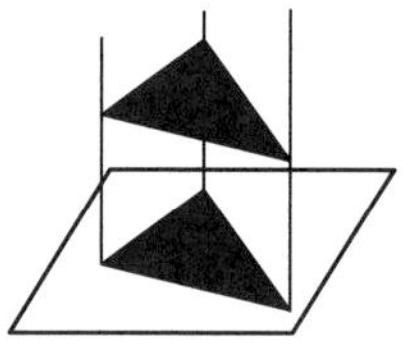

图2-3　正投影法

正投影法能准确地表达出物体的形状结构，而且度量性好，机械图样就是用正投影法绘制的。为了叙述方便，以后将正投影简称为投影。

（3）正投影的基本特性

① 真实性。平行于投影面的直线段或平面图形，在该投影面上的投影反映实长或实形，如图2-4所示。

② 积聚性。垂直于投影面的直线段或平面图形，在投影面上积聚成一点或线段，如图2-5所示。

③ 类似性。直线段或平面图形倾斜于投影面，它们在投影面上的投影长度缩短或是一个比实形小，但形状相似、边数相等的图形，如图2-6所示。

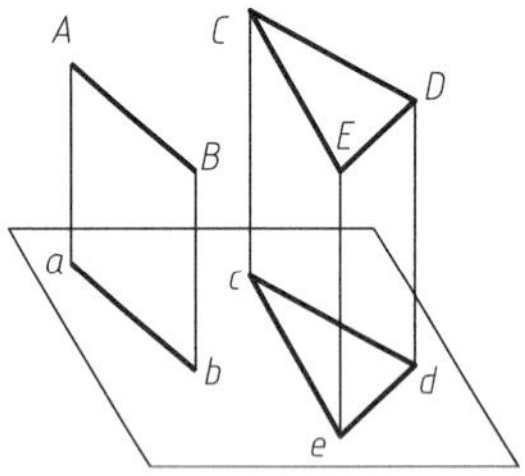

图2-4　真实性

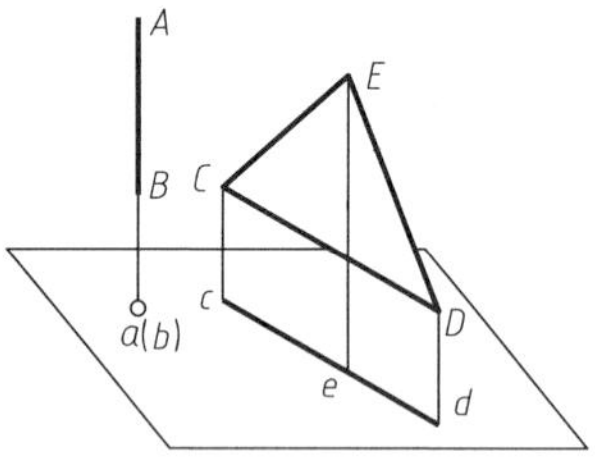

图2-5　积聚性

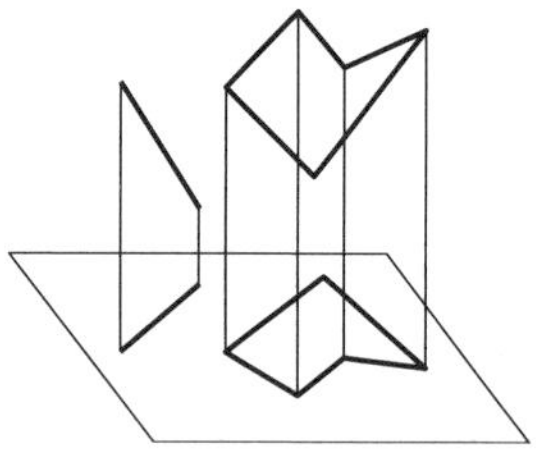

图2-6　类似性

2. 三视图形成及投影规律

（1）三投影面体系　为了准确地表达物体的形状特征，常把物体放在由三个相互垂直的平面所构成的投影面体系中，如图2-7（a）所示，其中V面称为正立投影面，简称为正面；H面为水平投影面，简称为水平面；W面称为侧立投影面，简称为侧面。在三投影面体系中，两投影面的交线称为投影轴，V面与H面的交线为OX轴，H面与W面的交线为OY轴，V面与W面的交线为OZ轴。三条投影轴的交点为原点，记为O。

（2）三视图的形成　把物体放在三面投影体系中，分别向三个投影面投影。在V面上得到的投影叫主视图，在H面上得到的投影叫俯视图，在W 面上得到的投影叫左视图。

为了在同一张图纸上画出物体的三个视图，国家标准规定了如图2–7（b）所示的展开方法：V面不动，H面绕OX轴向下旋转90°与V面重合，W面绕OZ轴向后旋转90°与V面重合，这样便把三个互相垂直的投影面展平在同一张图纸上了，如图2–7（c）所示。

由于正投影图表示物体的形状大小与其距离投影面的远近无关，因此，画三视图时，不必画投影轴和投影连线，如图2–7（d）所示。

三视图的配置为：以主视图为基准，俯视图在主视图的正下方；左视图在主视图的正右方，按规定位置布置的三视图，不标注其视图名称，如图2–7（d）所示。

在视图中，规定物体表面的可见轮廓线的投影用粗实线绘制，不可见轮廓线的投影用虚线绘制。

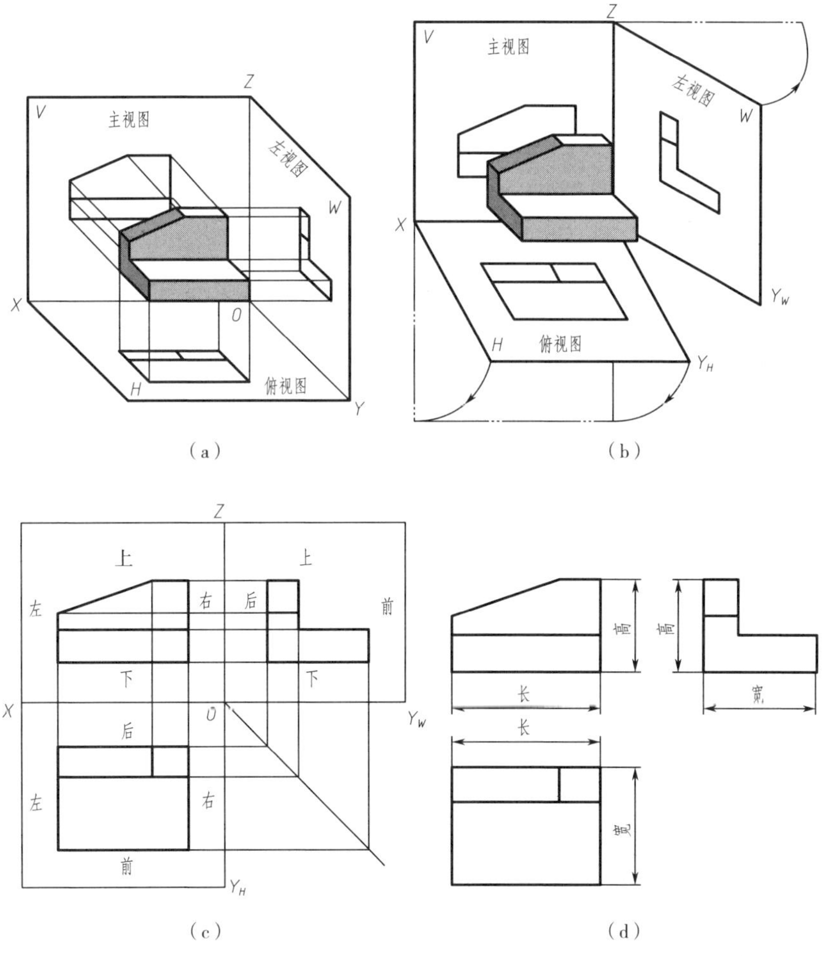

图2–7　三视图的形成及三视图之间的关系

三视图的形成

（3）三视图的投影规律

① 三视图与物体方位的对应关系。物体有上下、左右、前后六个方位，如图2-7（c）所示。主视图反映物体的左右和上下的关系，左视图反映物体的上下和前后的关系，俯视图反映物体的左右和前后的关系。

② 三个视图的度量对应关系。物体有长、宽、高三个方向的尺寸。物体左右间的距离为长度，前后间的距离为宽度，上下间的距离为高度，如图2-7（d）所示。

③ 三视图的投影规律。每个视图反映物体两个方向的尺寸。主视图反映物体的长度和高度；左视图反映宽度和高度；俯视图反映长度和宽度。“主、俯视图长对正”，即长度相等，并互相对正；“主、左视图高平齐”，即高度相等并互相平齐；“俯、左视图宽相等”，“宽相等”表现为俯视图的竖直方向与左视图的水平方向相对应，即“竖对横”。

“长对正，高平齐，宽相等”是三视图之间的投影规律，是画图和读图的重要依据。

3. 绘制三视图

根据物体或立体图画三视图时，应把物体摆平放正，选择形体主要特征明显的方向作为主视图的投影方向，如图2-8（a）所示。

一般画图步骤如下：

① 用点画线和细实线画出各视图的作图基准线，如图2-8（b）所示。

② 用细实线、虚线，按照物体的构成，先大后小，先整体后局部的顺序，用三视图的投影规律，画出物体三视图的底图，如图2-8（c）～（e）所示。

③ 底图画完后，需经过检查，没有错误后并清理图面，再按图线要求描

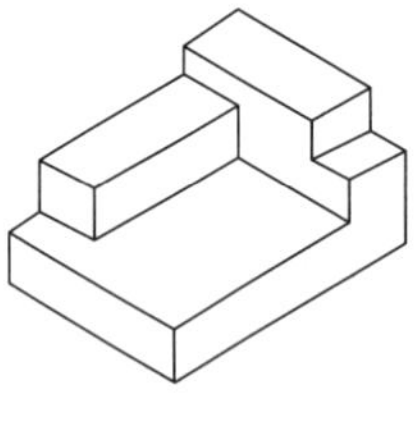

（a）物体立体图

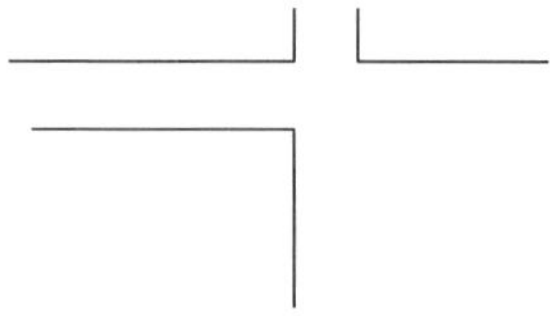

（b）画作图基准线

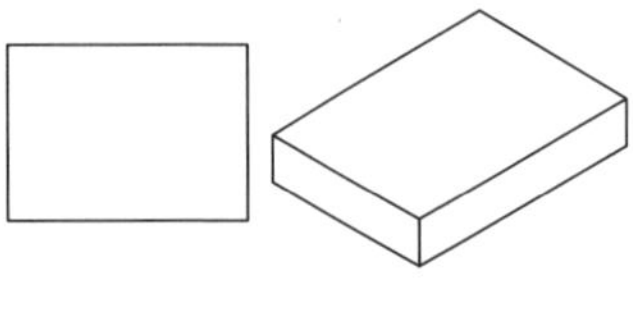

（c）画底板

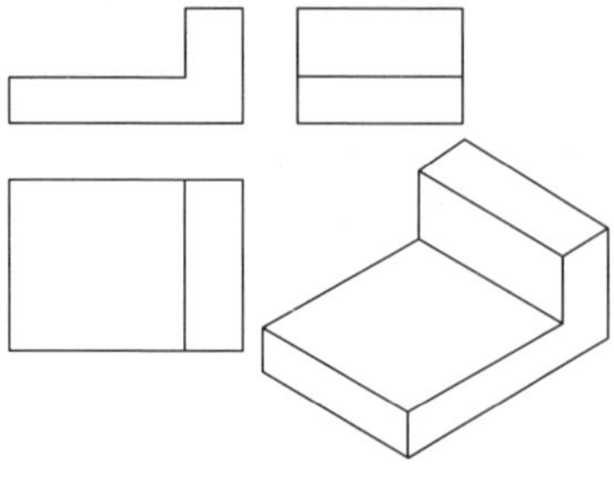

（d）画右侧板

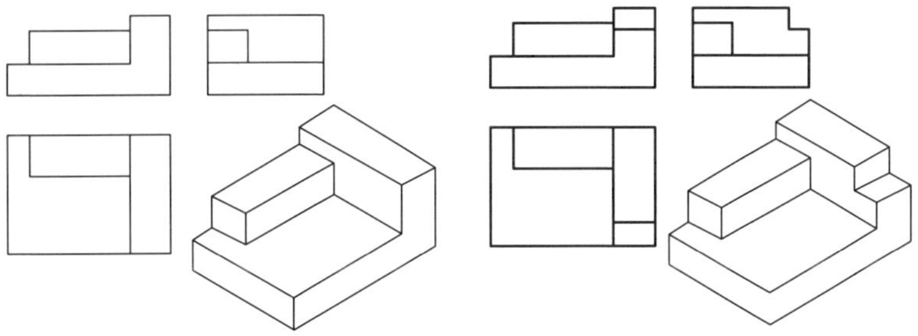

（e）画后侧板　　（f）画缺口，描深、加粗图线

图2-8　三视图的绘制

深。图线的描深顺序为：先曲线，后直线；水平线应自上而下，依次描深，垂线应自左向右依次描深。按照这种顺序描深，可以保证曲线与直线的正确连接，提高描深速度，保证图面的清洁，完成图如图2-8（f）所示。

二、点、直线、平面的投影

点、直线、平面是构成物体表面最基本的几何元素。为了迅速、正确地画出物体的三视图，必须首先掌握这些几何元素的投影规律和作图方法。

1. 点的投影

（1）空间点的位置与直角坐标　若把三投影面体系当作空间直角坐标体系，则H、V、W面即为坐标面，X、Y、Z轴即为坐标轴，O点即为坐标原点，如图2-9（a）所示。

由图2-9（a）可知，空间A点的三个直角坐标值（x_A、y_A、z_A）即为A点到三个坐标面的距离，它们与A点的投影a、a'、a''的关系如下：

$Aa''=aa_y=a'a_z=oa_x=x_A$

$Aa'=aa_x=a''a_z=oa_y=y_A$

$Aa=a'a_x=a''a_y=oa_z=z_A$

由此可见，点的投影与坐标关系如下：

a由oa_x和oa_y，即A点的x_A、y_A两坐标确定。

a'由oa_x和oa_z，即A点的x_A、z_A两坐标确定。

a''由oa_y和oa_z，即A点的y_A、z_A两坐标确定。

所以，点的一个投影不能确定该点在空间的唯一位置，必须两个投影才行。空间点A（x_A，y_A，z_A）在三投影面体系中有唯一的一组投影a、a'、a'' 。

（2）点的三面投影　将图2-9（a）中H面绕OX轴向下旋转90°，W面绕OZ轴向后旋转90°，使三个投影面处于同一平面，即得点的三面投影图，如图2-9（b）所示。

其中，Y轴随H面旋转时，以Y_H表示；随W面旋转时，以Y_W表示。通常在投

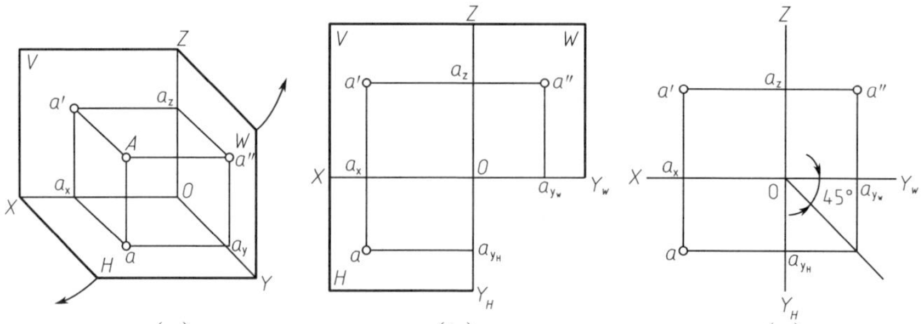

（a）　（b）　（c）

图2-9　点的三面投影

影图上只画出其投影轴，不画出投影面的边界，如图2-9（c）所示。

由此可知，已知一点的三面投影，就可量出该点的三个坐标，已知一点的三个坐标就可以作出该点的三面投影。

（3）三投影面体系中点的投影规律

① 点的正面投影和水平投影的连线垂直X轴，这两个投影均反映空间点的X坐标。

② 点的正面投影和侧面投影的连线垂直Z轴，这两个投影均反映空间点的Z坐标。

③ 点的水平投影到X轴距离等于点的侧面投影到Z轴的距离，这两个投影均反映空间点的Y坐标。

根据点的三面投影规律，可由点的三个坐标值画出其三面投影图，也可根据点的两面投影求作第三投影（“知二求三”）。

（4）两点的相对位置和重影点

①两点的相对位置。空间点的位置可由相对于W、V、H面的距离，即绝对坐标值来确定，也可由点相对于另一个点的位置即相对坐标来确定。两点的相对位置分左右、前后、上下，相对坐标是两点的同轴坐标差。通常X坐标值大的点位于左，小的位于右；Y坐标值大的点位于前，小的位于后；Z坐标值大的点位于上，小的位于下，如图2-10所示。

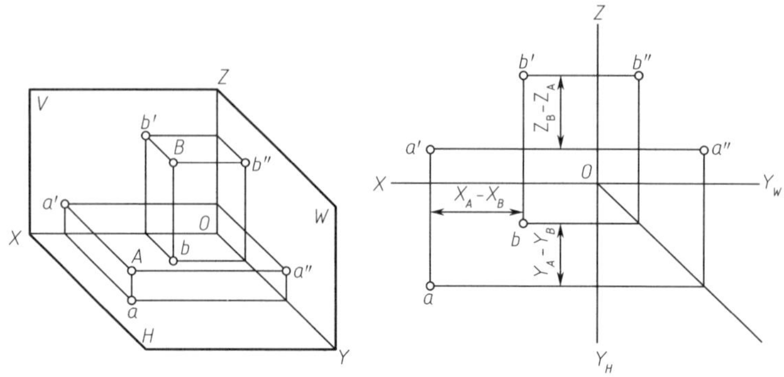

图2-10　两点的相对位置

② 重影点及其可见性。当两个点的某两个同轴坐标分别相等而第三个坐标值不等时，这两个点必处于同一条投射线上。沿这条投射线得到的这两个点的同面投影必重影于一点，则这两个点称为该投影面的重影点。

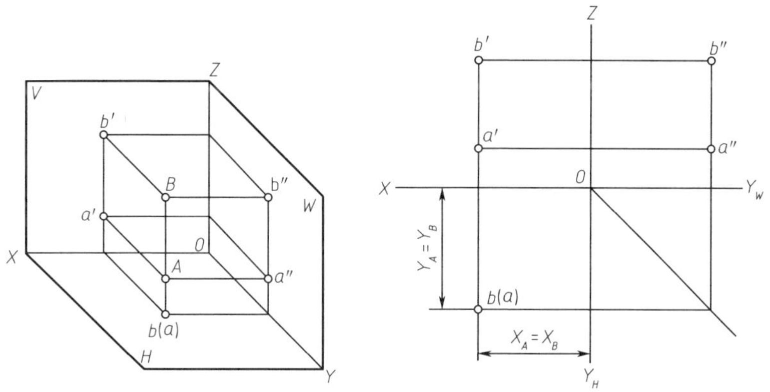

图2-11 重影点的投影

由图2-11可知，A、B位于垂直H面的投射线上，a、b重影为一点，则A、B为对H面的重影点，z坐标值大者为可见，图中$Z_B>Z_A$，故b为可见，a为不可见，用b（a）表示。由此可见，判断重影点的可见性，是根据它们不等的那个坐标值来确定的，即坐标值大的可见，坐标值小的不可见。利用重影点的投影特点可判别空间几何要素的可见性。

2. 直线的投影

（1）直线的三面投影　直线的投影一般仍为直线，直线可由直线上两点确定。在作直线投影时，可先画出直线的两个端点的三面投影，然后分别连接两端点的同面投影即得到直线的投影，如图2-12所示。

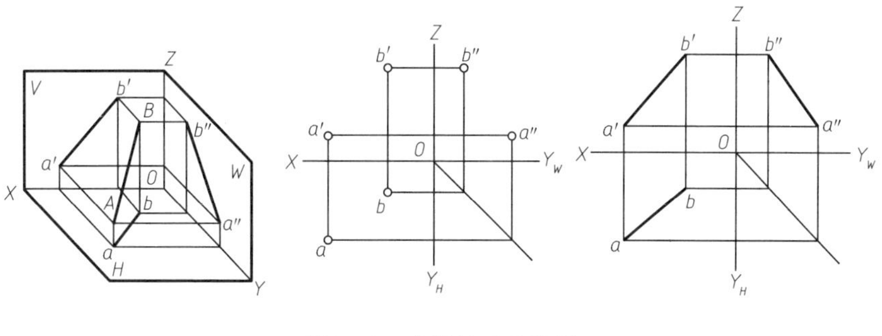

图2-12 直线的三面投影

（2）各种位置直线的投影特性　在三投影面体系中，空间直线相对于投影面的位置有三种，即平行、垂直和倾斜，分别称为投影面的平行线、投影面的垂直线和一般位置直线。

1）投影面的平行线。平行于一个投影面且与其余两个投影面倾斜的直线称为投影面的平行线。投影面的平行线分为以下三种：

① 水平线　$/\!/H$，$\angle V$、W。

投影特性为：在H面上的投影反映实长，与OX和OY轴倾斜；在V、W面上的投影分别平行于OX轴、OY轴，且反映类似性，长度缩短，如图2-13（a）所示。

总结："一斜"（H面）"两平线"（$/\!/OX$、OY轴）。

② 正平线　$/\!/V$，$\angle H$、W。

投影特性为：在V面上的投影反映实长，与OX和OZ轴倾斜；在H、W面上的投影分别平行于OX轴、OZ轴，且反映类似性，长度缩短，如图2-13（b）所示。

总结："一斜"（V面）"两平线"（$/\!/OX$、OZ轴）。

③ 侧平线　$/\!/W$，$\angle V$、H。

投影特性为：在W面上的投影反映实长，与OY和OZ轴倾斜；在H、V面上的投影分别平行于OY轴、OZ轴，且反映类似性，长度缩短，如图2-13（c）所示。

总结："一斜"（W面）"两平线"（$/\!/OY$、OZ轴）。

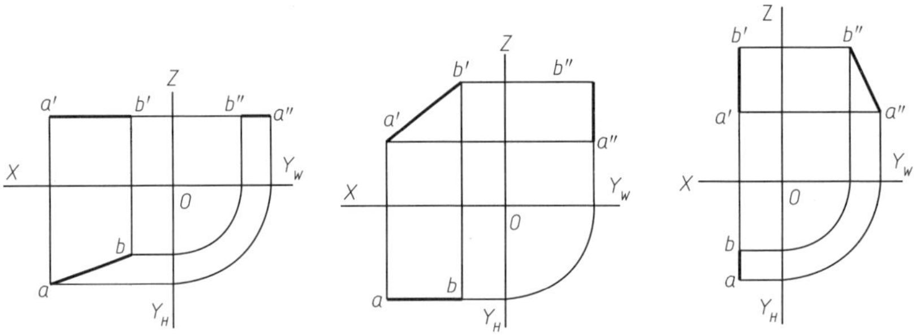

图2-13　投影面平行线的投影

平行线的投影规律可以总结为："一斜"（斜线在什么面上就与那个面平行）"两平线"（分别平行于平行面的两条投影轴）。

2）投影面的垂直线。垂直于一个投影面且与其余两个投影面平行的直线称为投影面的垂直线。投影面的垂直线分为以下三种：

① 铅垂线　$\perp H$，$/\!/V$、W。

投影特性为：在H面上的投影反映积聚性，积聚为一点；在V、W面上的投影反映实长，都平行于OZ轴，如图2-14（a）所示。

总结："一点"（H面）"两平线"（$/\!/OZ$轴）。

② 正垂线　$\perp V$，$/\!/H$、W。

投影特性为：在V面上的投影反映积聚性，积聚为一点；在H、W面上的投影反映实长，都平行于OY轴，如图2-14（b）所示。

总结："一点"（V面）"两平线"（$/\!/OY$轴）。

③ 侧垂线　$\perp W$，$/\!/V$、H。

投影特性为：在W面上的投影反映积聚性，积聚为一点；在V、H面上的投影反映实长，都平行于OX轴，如图2-14（c）所示。

总结："一点"（W面）"两平线"（$/\!/OX$）。

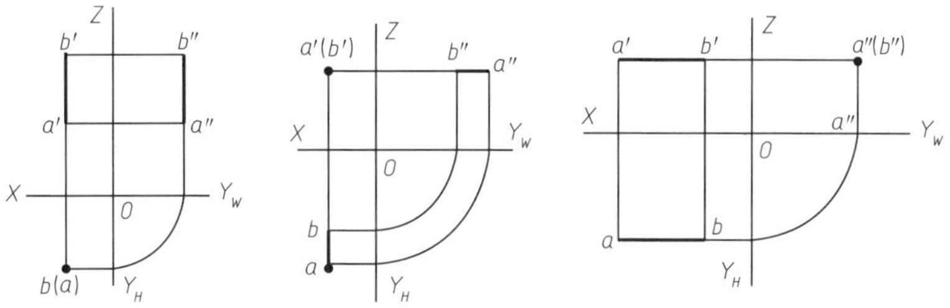

（a）铅垂线　（b）正垂线　（c）侧垂线

图2-14　投影面垂直线的投影

垂直线的投影规律可以总结为："一点"（点在什么面上就是那个面的垂线）"两平线"（同时平行于同一条投影轴）。

3）一般位置直线 $\angle V$、H、W。

投影特性为：直线的三面投影都倾斜于投影轴，都反映类似性，长度都缩短，如图2-12所示。

总结："三斜"（或"二斜"）。

3. 直线上的点的投影

点在直线上，则点的各个投影必定在该直线的同面投影上，反之，若一个点的各个投影都在直线的同面投影上，则该点必定在直线上，直线AB上任一点K的三面投影如图2-15所示。

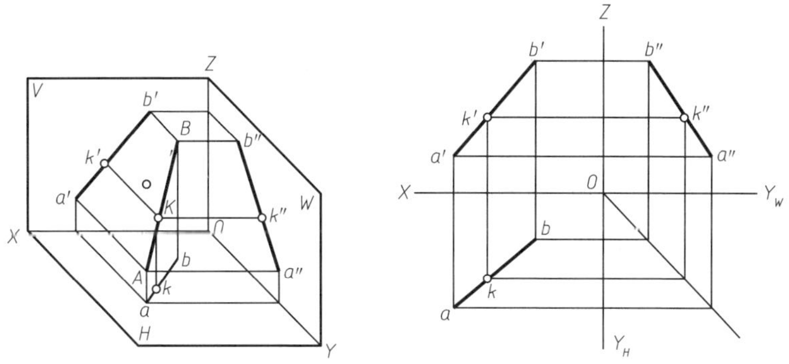

（a）　（b）

图2-15　直线上的点的投影

4. 平面的投影

（1）平面的三面投影　画平面投影图的方法一般是：先画各点的投影，然后将它们的同面投影依次连接，如图2-16所示。

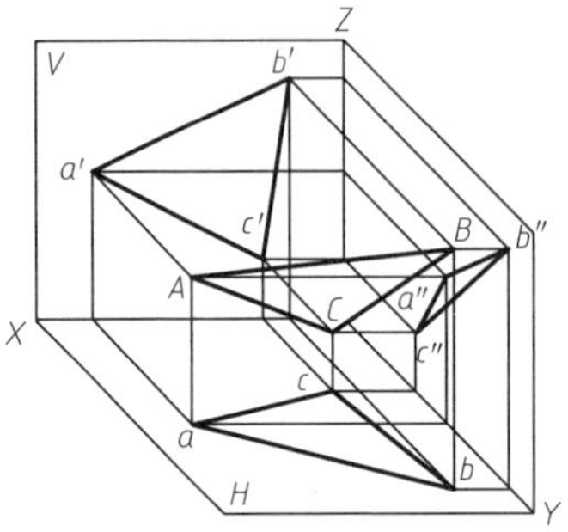

（a）

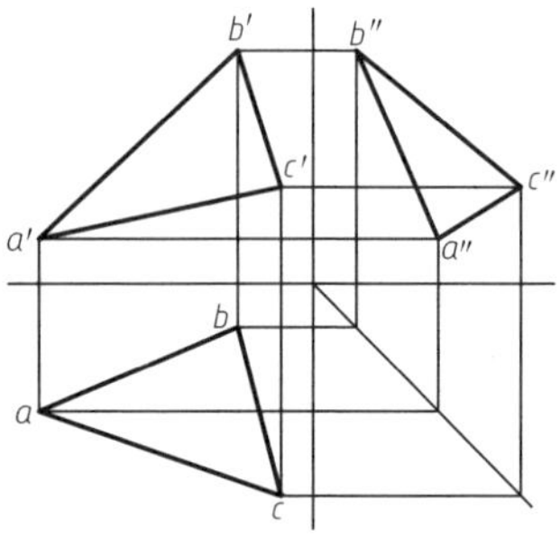

（b）

图2-16　平面的三面投影

（2）各种位置平面的投影特性　平面在三投影面体系中相对于投影面的位置有垂直面、平行面和倾斜面三种，其中前两种平面称为特殊位置平面，后一种平面称为一般位置平面。

1）投影面垂直面。垂直于一个投影面而与其余两个投影面都成倾斜的平面称为投影面垂直面。投影面垂直面分为以下三种：

① 铅垂面　$\perp H$，$\angle V$、W。

投影特性为：在H面上的投影反映积聚性，积聚为一直线；在V、W面上的投影反映类似性，如图2-17（a）所示。

总结："一斜"（H面）"两类似形"。

② 正垂面　$\perp V$，$\angle H$、W。

投影特性为：在V面上的投影反映积聚性，积聚为一直线；在H、W面上的投影反映类似性，如图2-17（b）所示。

总结："一斜"（V面）"两类似形"。

③ 侧垂面　$\perp W$，$\angle V$、H。

投影特性为：在W面上的投影反映积聚性，积聚为一直线；在V、H面上的投影反映类似性，如图2-17（c）所示。

总结："一斜"（W面）"两类似形"。

投影面垂直面的投影规律可以总结为："一斜"（斜线在什么面上就是那个面的垂直面）"两类似形"。

2）投影面平行面。平行于一个投影面的平面称为投影面平行面。投影面平行面分为以下三种：

① 水平面　$/\!/H$（必然$\perp V$、W）。

投影特性为：在H面上的投影反映实形；在V、W面上的投影反映积聚性，

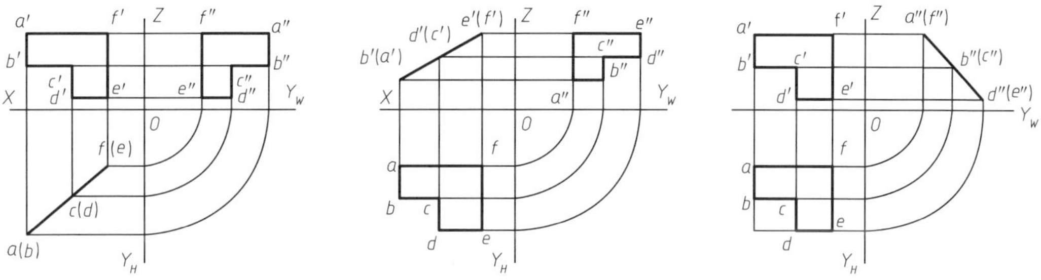

（a）铅垂面　（b）正垂面　（c）侧垂面

图2-17　投影面垂直面

为分别平行于*OX*轴、*OY*轴的直线，如图2-18（a）所示。

总结："一面"（*H*面）"两平线"（//*OX*、*OY*轴）。

② 正平面　//*V*（必然⊥*H*、*W*）。

投影特性为：在*V*面上的投影反映实形；在*H*、*W*面上的投影反映积聚性，为分别平行于*OX*轴、*OZ*轴的直线，如图2-18（b）所示。

总结：一面（*V*面）"两平线"（//*OX*、*OZ*轴）。

③ 侧平面　//*W*（必然⊥*V*、*H*）。

投影特性为：在*W*面上的投影反映实形；在*V*、*H*面上的投影反映积聚性，为分别平行于*OY*轴、*OZ*轴的直线，如图2-18（c）所示。

总结："一面"（*W*面）"两平线"（//*OY*、*OZ*轴）。

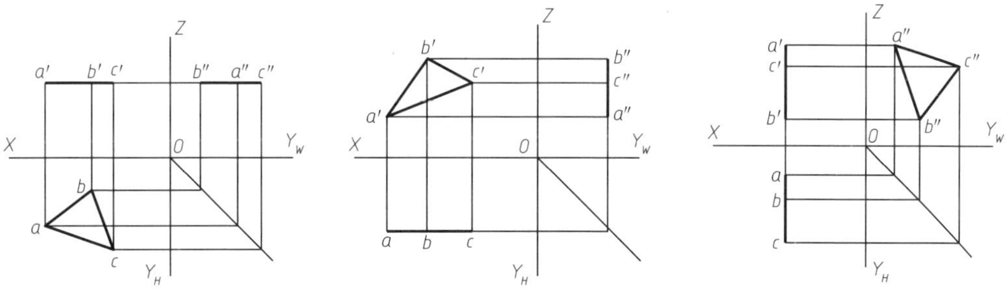

（a）水平面　（b）正平面　（c）侧平面

图2-18　投影面平行面

投影面平行面的投影规律可以总结为："一面"（面在什么投影面上就是那个面的平行面）"两平线"（分别平行于这个投影面的两个投影轴）。

3）一般位置平面　∠*V*、*H*、*W*。

投影特性为：在*V*、*H*、*W*面上的投影都反映类似性，如图2-16所示。

总结："三类似形"。

第二节 基本体的三视图

任何物体都可以看成是由一些形状规则且简单的形体组成，这样的形体称为基本体，基本体分为平面立体和曲面立体。表面全部由平面所围成，称为平面立体，最基本的平面立体有棱柱和棱锥。表面全部由曲面或曲面与平面所围成，称为曲面立体，最基本的曲面立体有圆柱、圆锥和球。

一、平面立体三视图的画法

1. 棱柱

棱柱是由棱面和上、下底面（特征面）围成的。

如图2-19（a）所示为正六棱柱的投影。上、下底面平行于*H*面，在*H*面投影反映实形，*V*面及*W*面投影积聚为一直线。六棱柱的六个侧面中，前、后两个为正平面，它们在*V*面投影反映实形，*H*面及*W*面积聚为一直线，其他四个侧棱面均为铅垂面，其*H*面投影积聚为直线，*V*面及*W*面投影均为类似形。

六条棱线为铅垂线，*H*面投影积聚为六边形的六个顶点，*V*面投影和*W*面投影均反映实长。

由此得出棱柱的投影特性是：一个投影有积聚性，它反映棱柱的形状特性（特征视图）；另两个投影都是由粗实线或虚线组成的矩形线框（一般视图）。

作图时，先画出顶面和底面正六边形在*H*面上的真实性投影，即先画特征视图，如图2-19（b）所示。再画其他两个投影面上顶面和底面的投影，最后画出棱线的投影，即得到正六棱柱的三视图，如图2-19（c）所示。

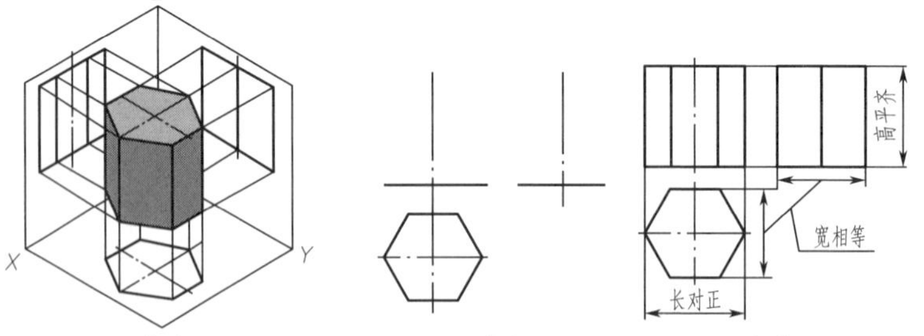

（a）（b）（c）

图2-19 棱柱的投影

2. 棱锥

棱锥由棱锥面和底面（特征面）围成，棱线汇交于一点（锥顶点）。

如图2-20所示为正四棱锥的投影。正四棱锥底面四边形为水平面，它的水平投影反映实形，其正面投影和侧面投影积聚为一条直线。四个棱面均为一般位置平面，它们的三面投影均为类似形。左右两条棱线为正平线，正面投影反映实长，前后两条棱线为侧平线，侧面投影反映实长。

棱锥的投影特性是：一个投影反映棱锥底面的实形（特征视图），另外两个投影为一个或多个三角形（一般视图）。

作图时，先画出底面四边形在H面上的真实性投影，即先画特征视图，如图2-20（b）所示。再画其他两个投影面上底面的投影，再作出锥顶的各个投影，然后连接锥顶与底面四边形各顶点的同面投影，即得到棱锥的三视图，如图2-20（c）所示。

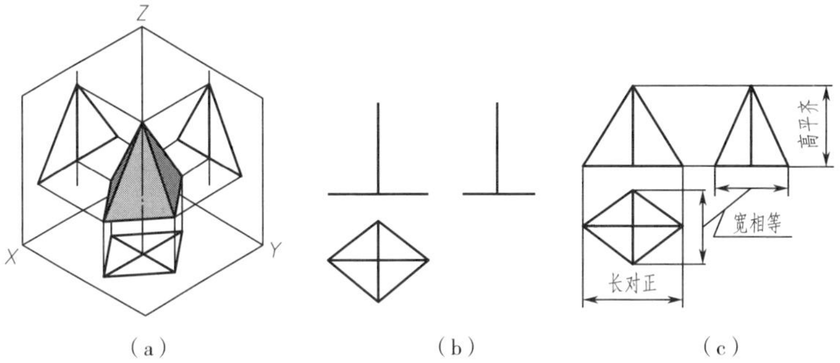

图2-20　棱锥的投影

看棱锥三视图方法

二、曲面立体三视图的画法

1. 圆柱

圆柱表面是由圆柱面和上、下底面圆（特征面）组成的。圆柱面可以看成是由一直线（母线）绕与它平行的轴线回转而成的，也可以看成是底面圆沿着与它垂直的轴线拉伸而成，如图2-21（a）所示。

如图2-21（b）所示为圆柱的投影。圆柱的轴线垂直于H面，其上、下底面圆为水平面，在水平投影面上投影反映实形，另外两个投影面投影分别积聚为一直线。圆柱上面所有素线（母线在回转面上任意位置）都是铅垂线，因此，圆柱面的水平面投影积聚为一个圆。在另外两个投影面上的投影是由上、下底面的投影和圆柱面最外边的轮廓素线的投影组成的矩形线框。

圆柱的投影特性是：一个投影反映圆柱上、下底面的圆（特征视图），另外两个投影为矩形（一般视图）。

作图时，首先画出投影是圆的视图，即先画特征视图，再画其他两个视图，如图2-21（c）、（d）所示。

2. 圆锥

圆锥表面由圆锥面和底平面（特征面）组成。圆锥面可看成是一母线绕与它相交的轴线旋转而成，圆锥面上通过锥顶的任一直线都是圆锥的素线，如图2-22（a）所示。

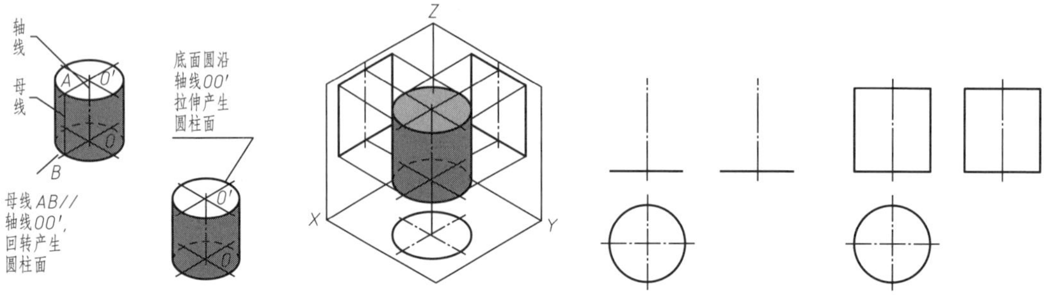

（a）　（b）　（c）　（d）

图2-21　圆柱的投影

如图2-22（b）所示为圆锥投影。圆锥轴线为铅垂线，圆锥底面为水平面，在水平面投影反映实形，在另外两个投影面上的投影积聚为一条直线。圆锥面的三个投影都没有积聚性，其水平投影为圆，另外两个投影面上的投影是由圆锥最外边的轮廓素线（转向轮廓线）的投影构成的三角形线框。

圆锥的投影特性是：一个投影面反映圆锥底面的圆（特征视图），另外两个投影为三角形（一般视图）。

作图时，先画出投影为圆的投影，即先画特征视图，再根据圆锥高度画出其他两个投影，如图2-22（c）、（d）所示。

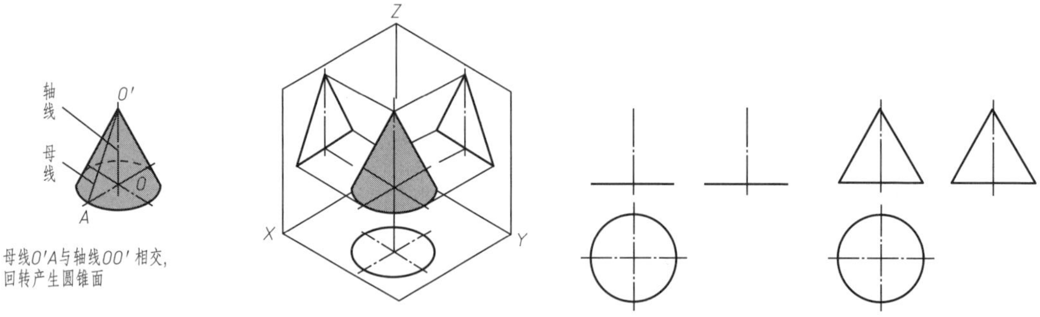

（a）　（b）　（c）　（d）

图2-22　圆锥的投影

3. 球

球面可以看作是由一个圆母线绕其直径回转而成，如图2-23（a）所示。

如图2-23（b）所示为球的投影。球的投影特性是：三个投影均为直径相等的圆，其直径为球的直径，但三个投影面上的圆都是不同的转向轮廓线的投影。正面投影圆是球面上平行于V面的最大正面圆的投影，该圆为前半球面和后半球面的分界线，也是正面投影的转向轮廓线。这三个圆的其余两个投影均与球的中心线重合，不必画出。水平及侧面投影的圆以此类推。

作图时，可先确定球心及通过球心的中心线的三个投影，再画出三个直径与球直径相等的圆，如图2-23（c）、（d）所示。

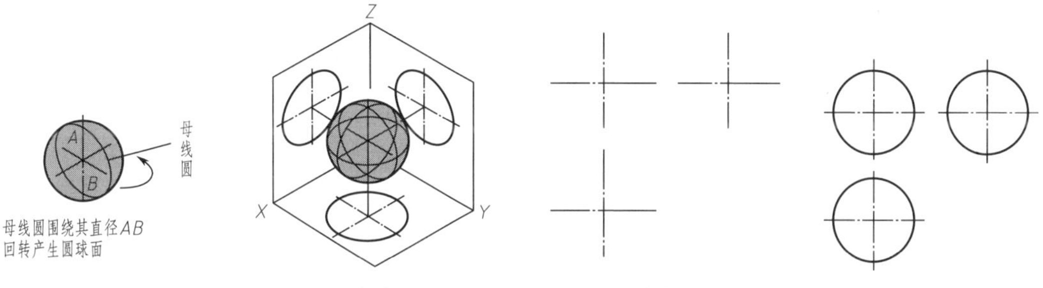

（a）　（b）　（c）　（d）

图2-23　球的投影

三、柱体三视图的画法

我们把包括棱柱、圆柱等一切等厚的柱状形体称为柱体，如图2-24（a）所示。本书把柱体归类为基本体，因为很多零件形状都是柱体或由柱体组合而成，如图2-24（b）所示零件。熟练掌握柱体的看图、绘图对提高空间想象能力很有帮助。

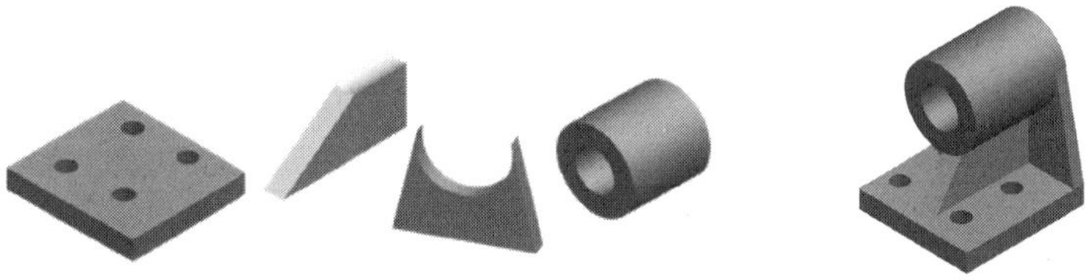

（a）　（b）

图2-24　柱体及由柱体组成的零件

（1）柱体的三视图特点　一个视图反映柱体的主要特征形（特征视图），其他两个视图为单个或多个相邻的矩形框（一般视图），如图2-25所示。

（2）看柱体视图的方法　当已知视图中有一个视图为特征形线框，对应的

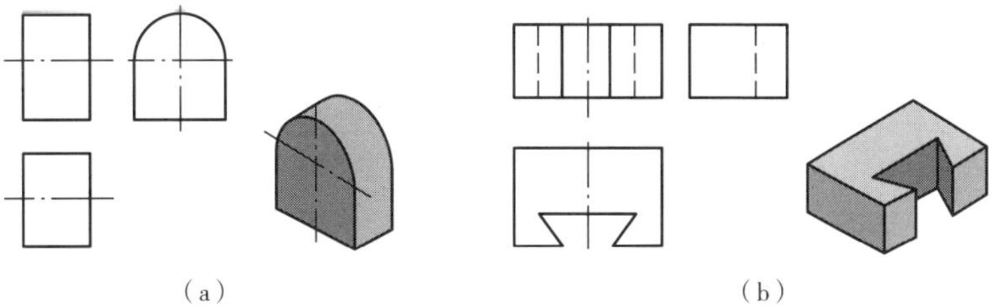

（a）　（b）

图2-25　柱体三视图

看柱体三视图方法

一个或两个视图是矩形线框时，就能断定是柱体。想象柱体形状时，V面不动，H面和W面旋转恢复到展开前的位置，以特征形线框所表示的特征面为基础，设想加一厚度，物体形状就可以想象出来。

（3）画柱体视图的方法　先画出物体的特征视图，如图2-25（a）中左视图、图2-25（b）中俯视图，再画出一般视图。

（4）视图中各种图线重叠的优先画法　若可见轮廓线与其他线型重叠，按可见轮廓线绘出；若不可见轮廓线与轴线、对称中心线重叠，按不可见轮廓线绘出，如图2-26所示。

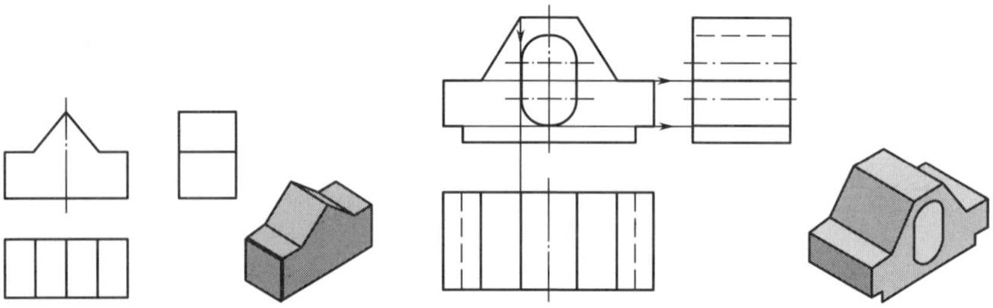

（a）可见轮廓线与对称中心线重叠　　（b）可见轮廓线与不可见轮廓线重叠

图2-26　视图中各种图线重叠的优先画法

第三节　组合体的三视图

一、绘制平面与立体表面交线的投影

立体被平面截切后的部分称为切割体，截切立体的平面称为截平面，立体被截切后的断面称为截断面，截平面与立体的交线称为截交线，如图2-27所示。求截交线的目的是为了作出截断面的投影。

截交线具有以下性质：

截交线既在截平面上，又在立体表面上，因此截交线是截平面与立体表面的共有线。

由于立体表面是封闭的，因此截交线一般也是封闭的平面线框。

1. 平面立体的截交线

平面立体被截平面切去某些部分后的形体常称为平面立体切割体，如图

2-27所示。

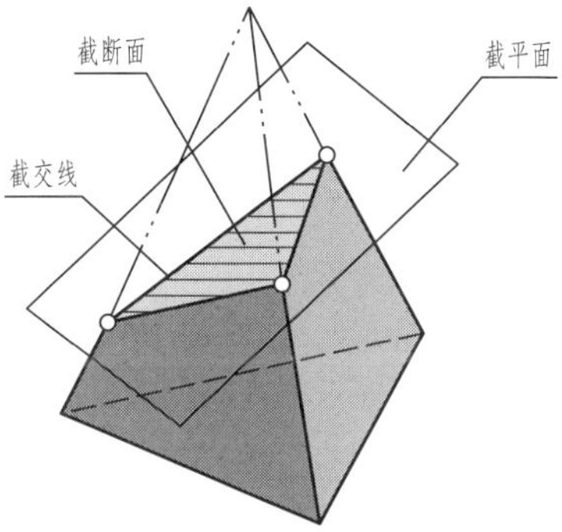

图2-27 截交线的基本概念

平面立体是由平面围成，所以截平面截切平面立体表面所产生的截交线均为直线围成的封闭的多边形。多边形的各个顶点是截平面与平面立体的棱线的交点，多边形的每条边是平面立体表面与截平面的交线。因此，求平面立体切割体的投影，关键是求平面立体的截交线，也就是求截平面与平面立体上各棱线的交点，然后依次连接得到截交线。

（1）平面立体切割体三视图的画法

① 进行空间分析。要明确所画对象的基本体是什么平面立体，用什么位置的截平面在立体的哪个位置切割，切割后的立体出现了哪些新的面和线等。

② 画切割体视图。先画基本体三视图，再分别在其投影上画出截平面的投影（特别是截平面的积聚性投影），逐个画出切割产生的新的面和线的投影，修改、描深完成切割体的三视图。

（2）棱柱的切割体三视图的画法

【例2-1】求六棱柱被截切后的三视图，如图2-28所示。

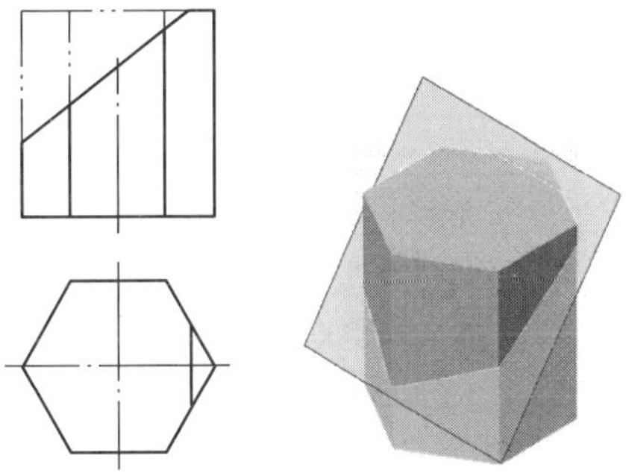
图2-28 六棱柱截交线

分析：如图2-28所示，根据截平面与六棱柱的相对位置可知，截平面与六棱柱的六个棱面及顶面相交，所以截交线为七边形。七边形的七个顶点分别是五条棱与截平面相交及顶面上二条边与截平面相交的交点。由于截平面垂直正面，且六棱柱各个面都平行或垂直于相应投影面，因此，这些平面都具有积聚性，直接利用积聚性作图。

作图方法如图2-29所示，具体如下：

① 画完整六棱柱三视图，如图2-29（a）所示。

② 在正面投影中找出截平面与六棱柱棱线和边的交点1′、2′、3′、4′、5′、6′、7′，如图2-29（b）所示。

③ 根据直线上取点的方法做出这七个点的水平投影和侧面投影。

④ 依次连接各点的同面投影，即得截交线的三面投影。

⑤ 整理轮廓线，判别其可见性。因六棱柱有五条棱线被截切，故侧面投影中，这五条棱线只保留未被截切的部分投影。最右的棱线没有被截切，其侧面投影不可见，画虚线。最后完成的三视图如图2-29（c）所示。

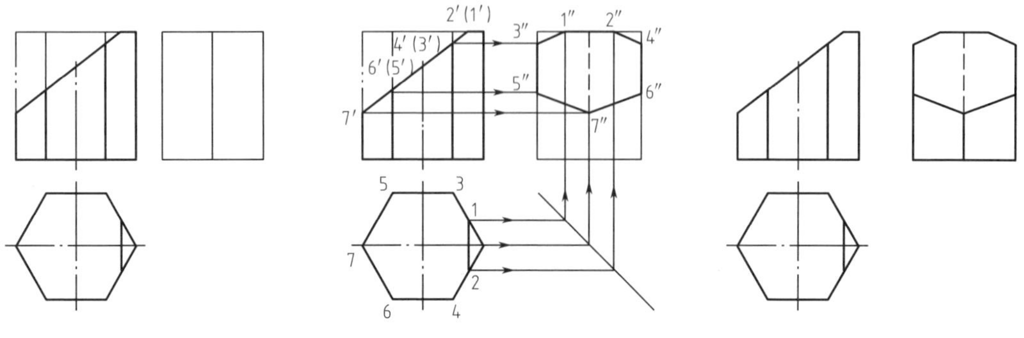

（a）　　（b）　　（c）

图2-29　六棱柱截交线画法

（3）棱锥的切割体三视图的画法

【例2-2】已知带切口的正四棱锥的正面投影，画出正四棱锥被切后的其他投影，如图2-30所示。

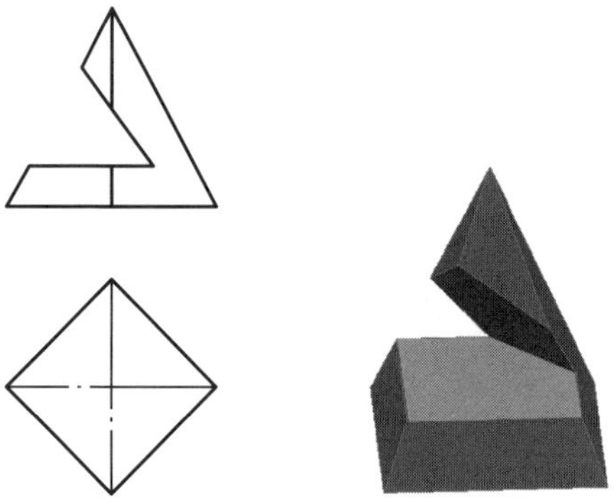

图2-30　四棱锥截交线

分析：由于切口有两个截平面，分别为水平截面和正垂截面，水平截面与正四棱锥底面平行，可以利用辅助平面法绘制出水平截面的水平投影，再求出侧面投影；正垂截面垂直于正面，在正面上具有积聚性投影，与正四棱锥的三条棱相交，同时还与水平截面相交于两点，所以截交线为五边形。五边形的五个顶点分别是三条棱线与正垂截面相交及与水平截面相交的交点。其中，在棱线上的三个点可以由直线上的点的投影规律作图，与水平截面的两个交点可以在水平截面的水平投影完成后得到。

作图方法如图2-31所示，具体如下：

① 画完整四棱锥三视图，如图2-31（a）所示。

② 由1′在as上作出1，过1作四条底边的平行线，再分别由4′（5′）在平行线上作出4、5，再作出水平截面的侧面投影。

③ 由6′分别在as和$a''s''$上作出6和6″，由2′（3′）作出在侧面的投影2″和3″，再由2′和2″作出2，同理也可以作出3。再由4′和4作出4″，由5′和5作出5″，然后再分别连接2、3、4、5、6和2′、3′、4′、5′、6′，即完成切口的投影。

④ 整理轮廓线，并判断其可见性。四棱锥被切后，有三条棱线被截去，故水平投影和侧面投影要去掉这三条棱线的一部分。SA棱线左边被切去，但右边没有，所以不可见，应画成虚线，如图2-31（b）所示。

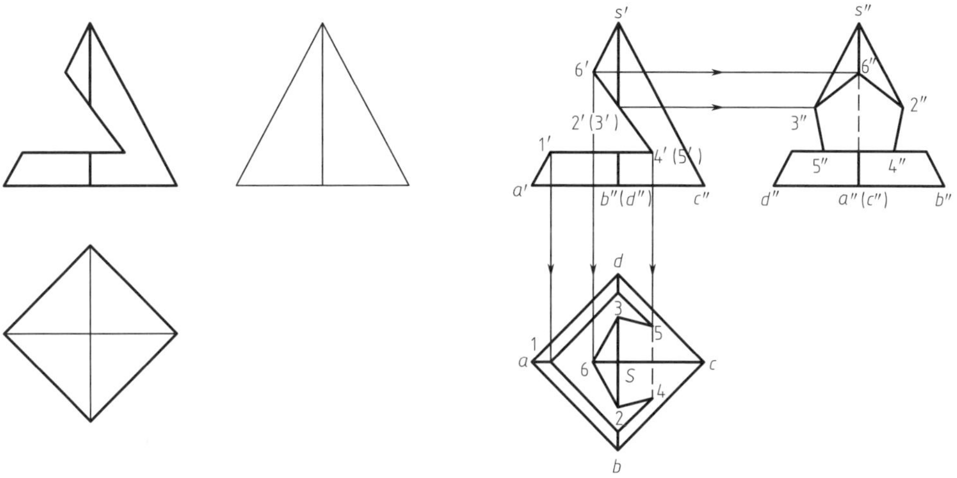

（a）　　　（b）

图2-31　四棱锥截交线画法

2. 曲面立体的截交线

曲面立体被截平面切去某些部分后的形体常称为曲面立体切割体，如图2-32所示。截平面截切曲面立体时表面产生的截交线，一般是封闭的平面曲线或平面曲线与直线围成的平面图形。因此，求曲面立体的截交线，就是求出截平面与曲面立体上各被截素线的交点，然后光滑连接即可。

图2-32　曲面立体切割体

作图方法：

当截平面及曲面立体（如圆柱）的某投影有积聚性时，则可利用积聚性的投影，直接求出截交线上点的其他投影。一般情况下采用辅助线法进行表面取点作图。

求截交线的关键是先求出截父线上若十个点的投影，然后依次光滑连接各点的同面投影成截交线的相应投影，其可见部分画粗实线，不可见部分画虚线。

（1）圆柱的截交线　圆柱表面截交线的形状取决于截平面相对于圆柱轴线的位置，有三种情况：当截平面平行于圆柱轴线时，在圆柱面上截得直线，截交线为一矩形；当截平面垂直于圆柱轴线时，在圆柱面上截得一个圆，截交线为一个圆；当截平面与圆柱轴线斜交时，在圆柱面上截得椭圆曲线，截交线为一椭圆。如图2-33所示为圆柱截交线的三种情况。

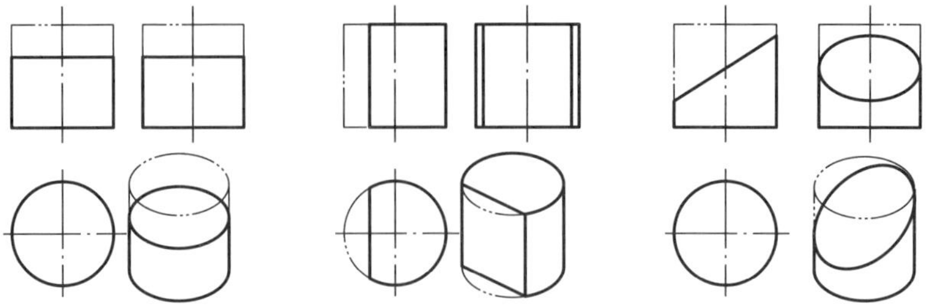

（a）截交线为圆　　（b）截交线为矩形　　（c）截交线为椭圆

图2-33　平面与圆柱的截交线

画圆柱切割体三视图的一般步骤如下：

① 用细线画出圆柱基本体的三视图及截平面（含截交线）的已知投影。

② 求作截交线上的特殊点的投影。特殊点是指截交线上的最高点、最低点、最前点、最后点、最左点、最右点及截交线的某投影可见部分与不可见部分的分界点，这些点常在圆柱体的转向轮廓线上。

③ 求作一般位置点的三投影。

④ 依次连接各点的同面投影成截交线的相应投影，其不可见部分画成虚线。

⑤ 按图线要求描深完成圆柱切割体三视图。

【例2-3】圆柱被正垂面截切，求出截交线的另外两个投影，如图2-34所示。

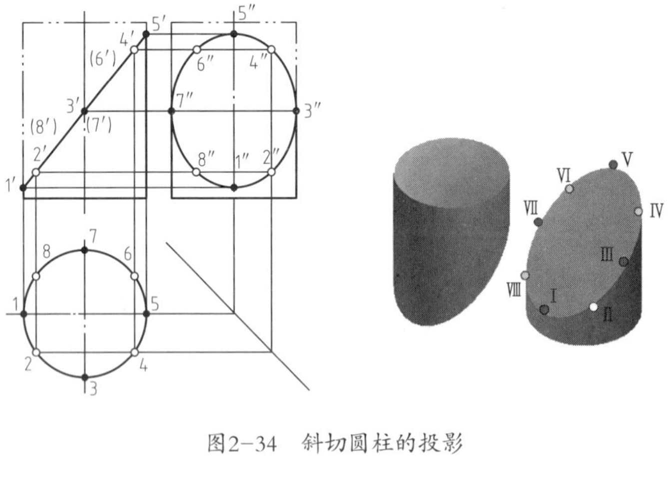

图2-34　斜切圆柱的投影

分析：由于截平面与圆柱轴线倾斜，故截交线为椭圆。截交线的正面投影积聚为一直线，而圆柱面具有积聚性，因而截交线的水平投影与圆柱面的投影重合，侧面投影为椭圆，可根据圆柱面上取点的方法作出。

作图：作图方法如图2-34所示，具体如下：

① 画完整圆柱三视图。

② 找出截交线上特殊点的正面投影1′、3′、5′、7′，它们也正是椭圆长、短

轴的四个端点，作出其水平投影和侧面投影。

③ 作出适当数量的一般点，在正面上选取一般点2′、4′、6′、8′，根据圆柱面的积聚性，求出其水平投影，再由点的投影关系作出侧面投影。

④ 将这些点依次光滑连接起来，即得截交线的侧面投影。

⑤ 整理轮廓线，由于侧面投影的转向轮廓线一部分被切，所以去除被切的轮廓线。

【例2-4】补画圆筒被挖切后立体的投影，如图2-35所示。

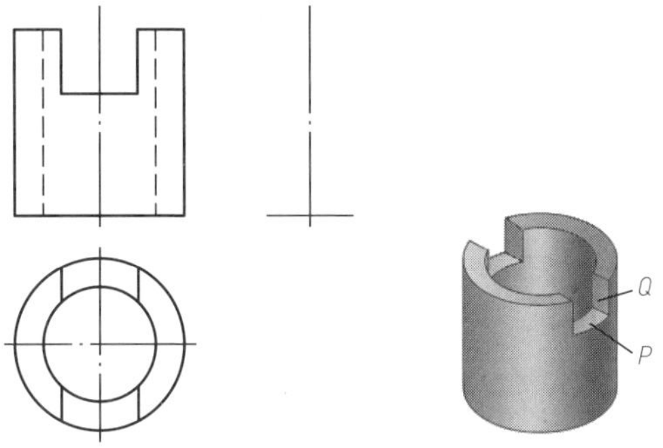

图2-35　补全圆筒切槽的三视图

分析：该立体是在圆筒的上部开出一个方槽后形成的。构成方槽的平面为垂直于轴线的水平*P*和两个平行于轴线的侧平面*Q*，它们与圆柱体和孔的表面都有交线，平面*P*与圆柱的交线为圆弧，平面*Q*与圆柱的交线为直线，平面*P*和*Q*彼此相交于直线段。

作图方法如图2-36所示，具体步骤如下：

① 作出完整基本形体（圆筒）的三面投影图，如图2-36（a）所示。

② 作出槽口截交线的投影，如图2-36（b）所示。

③ 考虑形体前后对称，并擦掉切去的线，作出形体的三面投影图，如图2-36（c）所示。

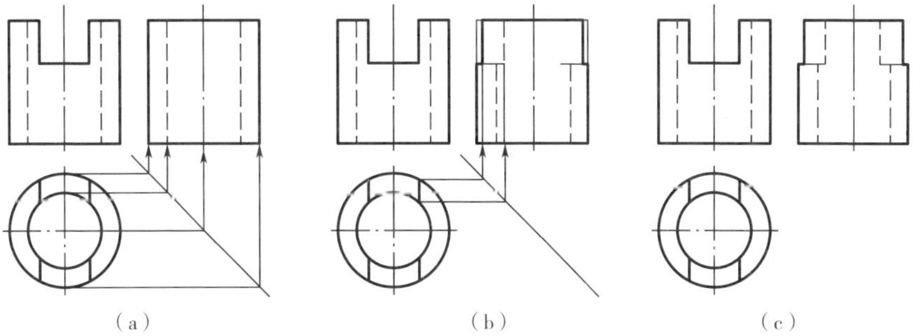

图2-36　圆柱切槽的三视图画法

（2）圆锥的截交线　根据截平面与圆锥轴线的位置不同，圆锥面的交线有以下五种情况。

第一种：截平面垂直于圆锥轴线，截交线为垂直于轴线的圆，如图2–37（a）所示。

第二种：截平面过锥顶，截交线为两相交直线，如图2–37（b）所示。

第三种：截平面倾斜于圆锥轴线，且$\beta=\psi$，截交线为抛物线，如图2–37（c）所示。

第四种：截平面倾斜于圆锥轴线，且$\beta>\psi$，截交线为椭圆，如图2–37（d）所示。

第五种：截平面平行于圆锥轴线，或截平面倾斜于圆锥轴线，且$\beta<\psi$，截交线为双曲线，如图2–37（e）所示。

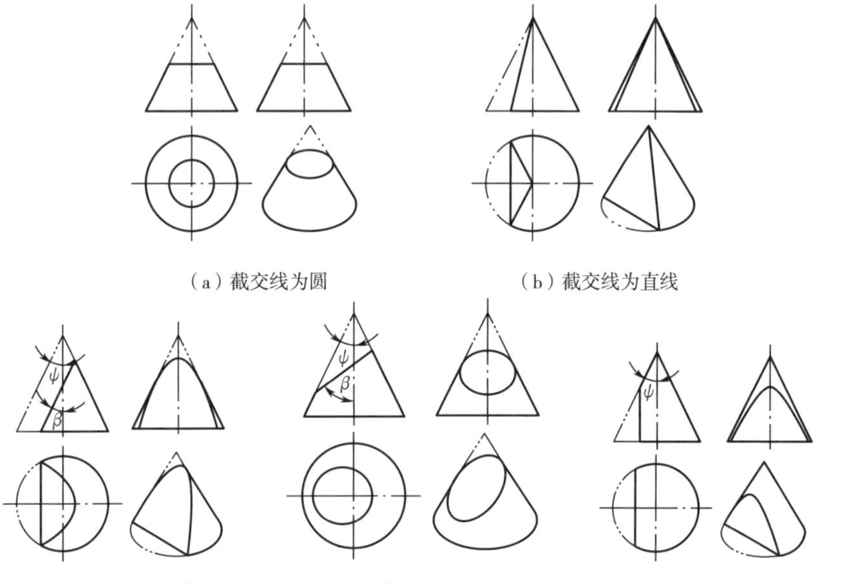

（a）截交线为圆　（b）截交线为直线

（c）截交线为抛物线　（d）截交线为椭圆　（e）截交线为双曲线

图2–37　平面与圆锥的截交线

【例2–5】如图2–38所示，圆锥被正垂面截切，求出截交线的另外两个投影。

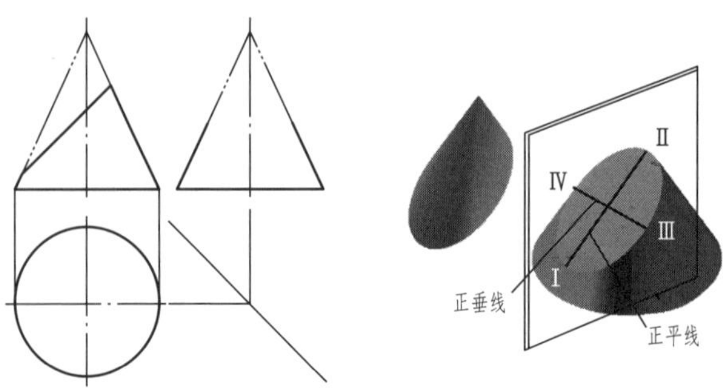

图2–38　斜切圆锥

分析：此种截交线为一椭圆。由于圆锥前后对称，故椭圆也前后对称。椭圆的长轴为截平面与圆锥前后对称中心平面的交线——正平线，椭圆的短轴是垂直于长轴的正垂线。

作图方法如图2-39所示，具体步骤如下：

① 画完整圆锥三视图。

② 先作出截交线上的特殊点的正面投影1′、5′、6′、2′，再作其水平投影和侧面投影。

③ 作出适当数量一般点的正面投影7′、8′、3′、4′，用辅助圆法求出其水平投影，再由“知二求三”得侧面投影。

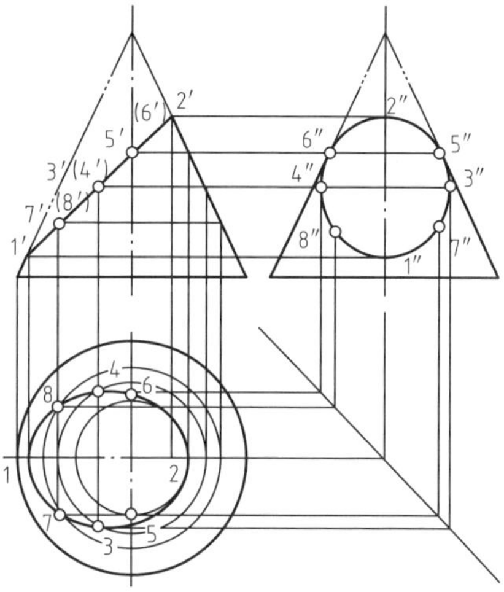

图2-39　斜切圆锥投影求法

④ 依次光滑连接各点，即得截交线的水平投影和侧面投影。

⑤ 整理，擦掉多余的线。

（3）圆球的截交线　圆球与任意方向截平面的截交线都是圆，圆的大小取决于截平面与球心的距离。截平面越远离球心，圆的直径越小，截平面通过球心时，截交线圆的直径最大。当截平面平行于投影面时，截交线在该投影面上反映实形，即圆；另两个投影积聚为直线，直线的长度均为圆的直径，如图2-40（a）所示。当截平面倾斜于投影面时，截交线在该投影面上的投影为椭圆，如图2-40（b）所示。

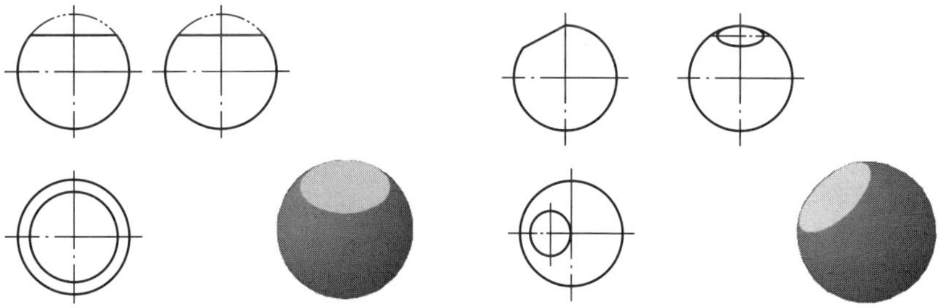

（a）截平面平行于水平面　　（b）截平面垂直于正面

图2-40　圆球的截交线

【例2-6】补全半圆球开槽后的水平和侧面投影，如图2-41（a）所示。

分析：由图2-41（a）所知，球表面的凹槽是由两个平行侧面和一个平行水平面的截面切割而成，它们与球表面的交线都是圆弧，截平面之间的交线为直线。作图的关键是确定截交线的半径。

作图方法如图2-41所示，具体步骤如下：

① 画出完整半圆球的投影，如图2-41（b）所示。

② 用辅助圆法作出槽的水平投影和侧面投影，如图2-41（c）所示。

③ 整理轮廓线，判断可见性。槽底的侧面投影不可见，应画成虚线。开槽部位的正面投影转向轮廓线被截去应擦掉，如图2-41（d）所示。

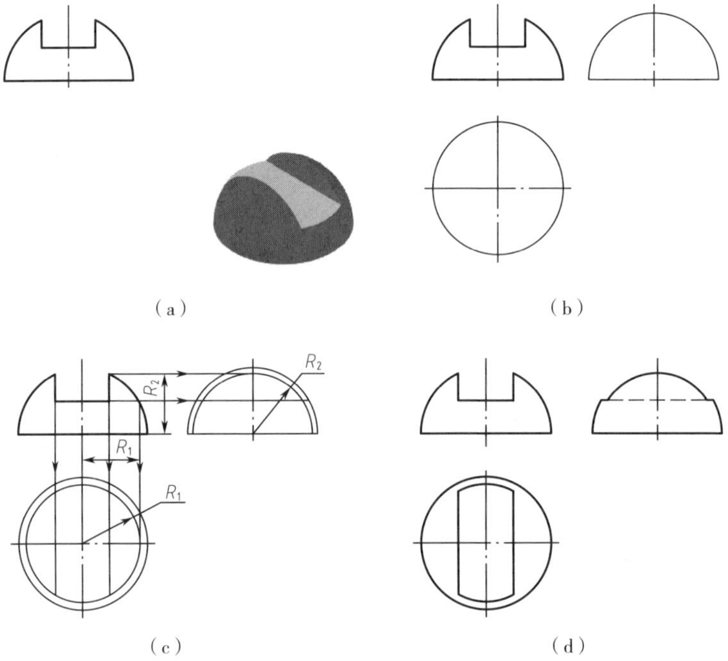

图2-41　半圆球开槽三视图画法

二、绘制两曲面立体表面交线的投影

两个相交的立体称为相贯体，相交的两立体表面产生的交线称为相贯线。常见的机械零件中以两曲面立体相交居多。

相贯线的一般性质如下：

由于立体表面是封闭的，因此相贯线一般为封闭的空间曲线，特殊情况是平面曲线和直线。

相贯线是两曲面立体表面的共有线，也是两相交立体的分界线，相贯线上的点是两立体表面上的共有点。

1. 常见相贯线的形状分析

（1）平面体与曲面体的相贯线　平面体与曲面体相交所产生的相贯线形状与平面截切曲面体的截交线形状相同，一般为平面曲线或组合线，如图2-42（a）所示。

（2）两曲面的相贯线 两曲面立体所产生的相贯线形状一般为空间曲线。两曲面相交时，轴线垂直相交为正交，轴线不垂直为斜交，轴线垂直不相交为偏交。常见的曲面立体相交产生的相贯线形状如图2–42（b）所示。

两曲面体相交，在特殊情况下，相贯线是平面曲线或直线，常见的特殊相贯线有以下三种情况：

（a）　　　　（b）

图2–42　相贯线的形状

① 两圆锥共锥顶相交或两圆柱轴线平行相交时，相贯线为直线，如图2–43（a）所示。

② 两个同轴回转体相交，其相贯线是垂直轴线的圆，如图2–43（b）所示。

③ 两等直径回转体相交或两回转体同时公切于一球相交时，其相贯线为平面椭圆曲线，如果平面曲线与投影面垂直，则投影为直线，如图2–43（c）所示。

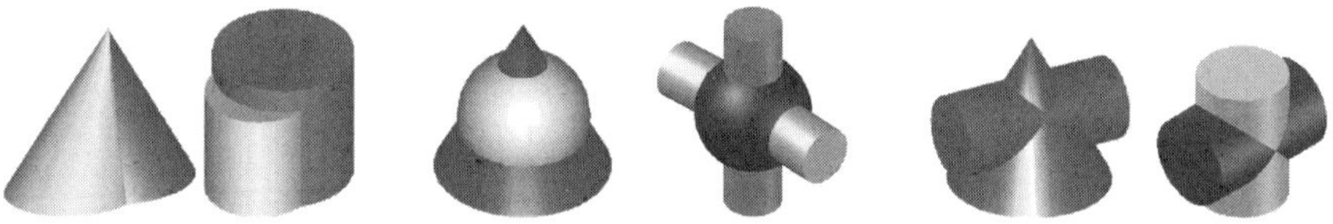

（a）相贯线为直线　　（b）相贯线为圆　　（c）相贯线为椭圆

图2–43　特殊相贯线的形状

2. 两个垂直正交圆柱的相贯线画法

求相贯线的实质，就是作出两立体表面一系列共有点。常用的方法有：立体表面取点法、辅助平面法和辅助球面法。对于两个垂直相交的圆柱的相贯线，只需要采用立体表面取点法即可。

求相贯线投影时，应先作出相贯线上一些特殊点的投影，如回转体投影的转向轮廓线上的点，对称的相贯线在其对称面上的点，以及最高、最低、最左、最右、最前、最后等确定相贯线形状和范围的点，然后求作一般点，从而作出相贯线的投影。

下面介绍相贯线的画法：

（1）表面取点法　如果两相交的回转体的投影有积聚性，可利用表面取点的方法求出相贯线的投影。

【例2-7】求作如图2-44（a）所示两圆柱体的相贯线。

分析：由投影图可知，直径不同的两圆柱轴线垂直相交，由于大圆柱轴线垂直于W面，小圆柱轴线垂直于H面，所以，相贯线的侧面投影和水平投影为圆，只有正面投影需要求作，如图2-44所示，相贯线为前后左右对称的空间曲线。

作图方法如图2-44（b）所示，具体如下：

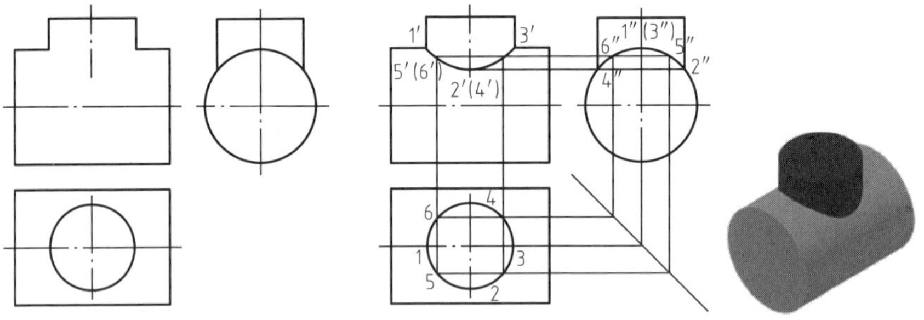

（a）　　　　（b）

图2-44　两圆柱相贯线

① 求特殊点。直接定出相贯线的最左点1和最右点3的三面投影。再求出相贯线的最前点2和最后点4的三面投影。

② 求一般点。在已知相贯线的侧面投影图上任取一重影点5″、6″，找出水平投影5、6，然后作出正面投影5′、6′。

③ 光滑连接各点，得相贯线。相贯线的正面投影左右、前后对称，后面的相贯线与前面的相贯线重影，只需按顺序光滑连接前面可见部分的各点的投影，即完成作图。

圆柱上穿孔或两圆柱孔相交的相贯线的形状和画法与两圆柱体相贯线的相同，如图2-45所示。

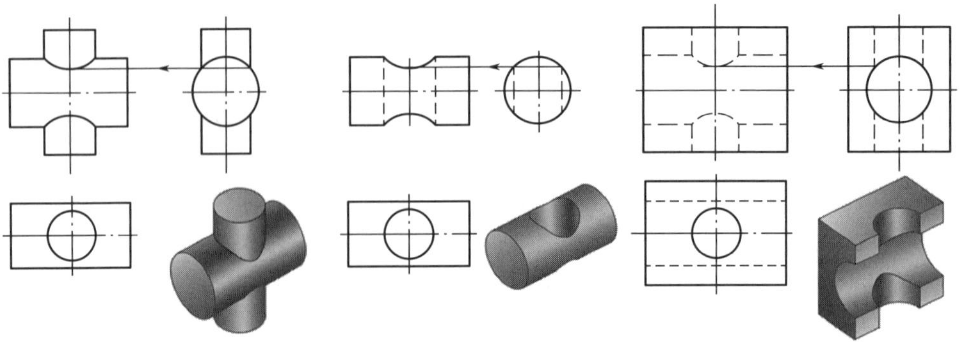

图2-45　两圆柱相贯线常见的情况

（2）相贯线的近似画法　绘制图样时，当两圆柱垂直正交且直径相差较大，并对交线形状准确度要求不高时，为作图方便常采用近似画法，即用大圆柱的半径作圆弧代替相贯线，该圆弧的圆心在小圆柱的轴线上，并通过两圆柱轮廓线的交点，如图2–46所示。

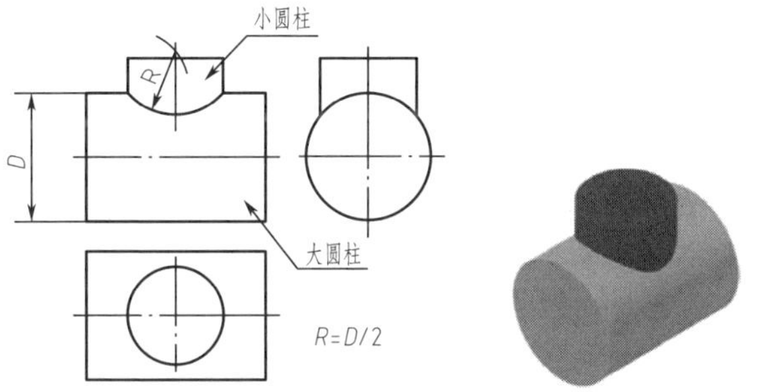

图2–46　相贯线的近似画法

两圆柱垂直正交相贯线形状

三、绘制组合体的三视图

从形体构成的角度来看，任何复杂的物体都可以看成是由若干个基本体叠加或切割而成的，这种由两个或两个以上的基本体组成的物体，称为组合体。组合体三视图是学习机械制图的基础。

1. 组合体的基本知识

（1）组合体的组合形式　组合体的组合形式有切割、叠加和综合三种形式。

① 切割式组合体。由基本体切割而成的组合体称为切割式组合体，简称切割体，如图2–47（a）所示。

② 叠加式组合体。由若干个基本体叠加而成的组合体称为叠加式组合体，简称叠加体，如图2–47（b）所示。

③ 综合式组合体。既有叠加又有切割的组合体称为综合式组合体，简称综合体，如图2–47（c）所示。

（a）　（b）　（c）

图2–47　组合体的组合形式

（2）分析组合体形体的方法　分析组合体形体的方法有形体分析法和线面分析法。

① 形体分析法。由于组合体的形状结构比较复杂，为了简化画图、读图及

标注尺寸，可以设想将组合体分解成若干个简单部分。这些简单部分可以是一个基本体，也可以是一个不完整的基本体，或是基本体的简单组合。通过分析这些简单部分的形状大小、组合形式、相对位置和表面间的相互关系，从而得到组合体的结构形状。这种分析组合体结构形状和投影的方法称为形体分析法。

对组合体进行形体分析时，应分析组合体由哪几个部分组成，各部分之间的相对位置，相邻两基本体的组合形式，是否产生交线等。

组合体能分解成哪些简单部分，要根据组合体自身的形状和结构来确定。如果分解以后的各部分从形体上看已经简单清楚了，可以不再细分。

形体分析法可以化繁为简，把复杂的组合体问题转为简单的基本体问题，是组合体画图、读图及尺寸标注最基本的方法。因此，熟练掌握这一基本方法，能使我们正确、迅速地解决组合体的看图、画图问题。

② 线面分析法。线面分析法就是以组合体的表面和棱线作为分析对象，将形体假想分解为若干个面，运用线面的投影规律，分析视图中线和线框的形状和空间位置，并借助立体的概念来想象出组合体的形状。

③ 两种分析法的选用。在组合体画图、读图和尺寸标注时，一般要运用形体分析法。线面分析法主要是针对切割体，特别是切割产生的面主要用线面分析法来分析。形体分析法是画图、读图和尺寸标注的主要方法，线面分析法是用于攻难点的辅助方法。

（3）组合体各组成部分表面连接关系　组合体按组成部分表面间的结合形式，可分为表面平行（平齐和不平齐）、相交和相切三种情况，如图2-48所示。

① 两表面平齐或不平齐。当形体以平面接触时，如两表面平齐，连成一个平面时，则在两形体表面衔接处不画分界线，如图2-48（a）所示。如两表面不平齐，也就是不共面，则在两形体表面衔接处应画分界线，如图2-48（b）所示。

② 两表面相切。当平面与曲面或两曲面相切时，由于它们的连接处为光滑过渡，不存在明显的轮廓线，所以在相切处不应画出分界线，如图2-48（c）所示。

③ 两表面相交。当两表面相交时，在相交处必须画出它们的交线（截交线或相贯线），如图2-48（d）所示。由于两形体组合的相互位置不同，其交线的形状也不一样。

2. 组合体三视图的画法

画组合体的三视图，应按一定的方法和步骤进行。通常先对组合体进行形体分析，选择最能反映其形状特征的方向作为主视图的投影方向，再确定其余视图，然后按投影关系，画出组合体的视图。现以图2-47（c）所示的组合体为例，说明组合体视图的画法。

（1）形体分析　了解该组合体是由哪些基本体组成的，它们的相对位置、

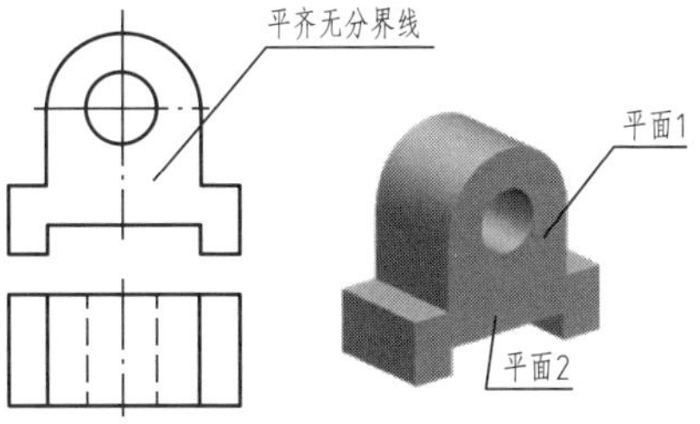

（a）表面平齐

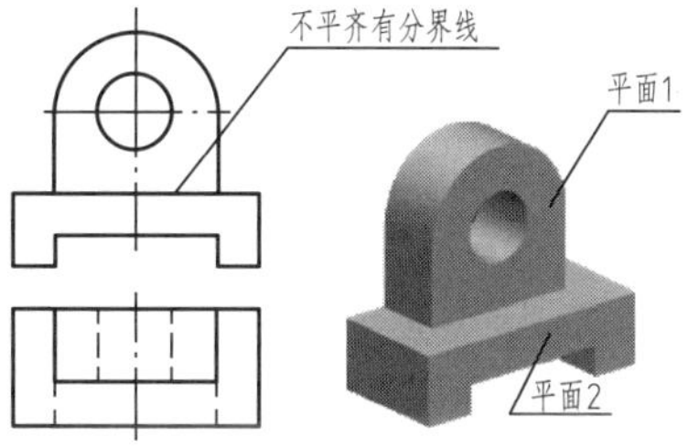

（b）表面不平齐

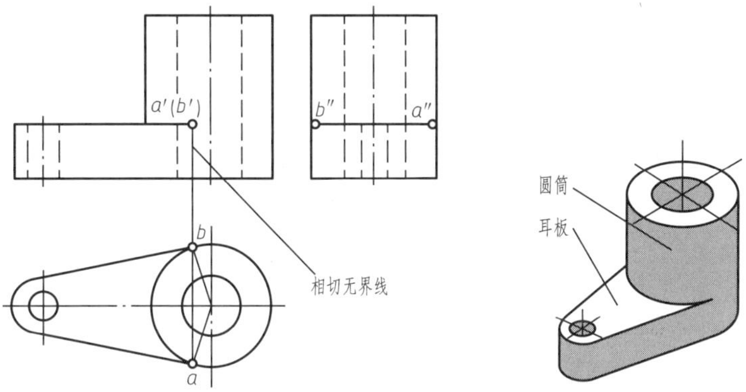

（c）表面相切

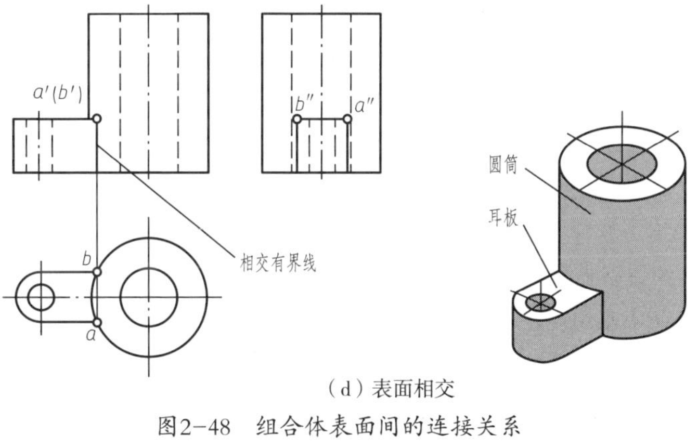

（d）表面相交

图2-48　组合体表面间的连接关系

组合形式以及表面间的连接关系是怎样的。对该组合体的结构，应有一个总体概念。例如该组合体可分为四个部分，圆筒、支承板、底板及肋板，支承板的两个侧面与圆筒相切，肋板与圆筒相交，其交线由圆弧和直线组成，肋板、支承板均叠加在底板上。

（2）确定主视图　主视图一般应能较明显地反映出组合体各组成部分形状和各种形体之间相对位置的主要特征，确定主视图包括以下两个方面：

① 确定组合体的放置。通常将组合体自然安放，使其主要平面或轴线平行或垂直于投影面。

② 选择主视图的投射方向。应选择较多地反映组合体形状特征和位置特征的方向作为投射方向，并尽可能减少其他视图上的虚线，尽量使画出的三视图长大于宽。

在选择主视图时，有必要多考虑几个方案并通过比较，选出较优的方案。该组合体选择表达特征形状最多的方向作为主视图。

（3）画图步骤

① 布置图面。根据实物的大小，结构的复杂程度和图线的多少选择适当的作图比例和图幅大小。作图比例尽可能选用1∶1，这样便于直接估量组合体的大小，也便于画图。图幅的大小，则要根据所绘制视图面积的大小来定，并注意留出标注尺寸和标题栏的位置。布图时，应根据各视图每个方向的最大尺寸和视图间有足够的地方标注全所需的尺寸，以确定每个视图的位置，并使各视图布置合理美观。根据各视图的位置，画出基准线。画好基准线后，每个视图在图样上具体位置就确定了。基准线是指画图时测量尺寸的基准，每个视图需要确定两个方向的基准线。一般常用对称中心线、轴线和较大的平面作为基准线，如图2-49（a）所示。

② 绘制底稿。根据形体分析法得到的各组成部分的形状及相对位置，逐一画出各组成部分的视图，如图2-49（b）~（e）所示。在画图过程中，为了迅速而正确地画出组合体的三视图，应注意以下两点：

画图的先后顺序，一般先从主视图入手，按“三先三后”的规律进行。即先画主要部分，后画次要部分；先画看得见的部分，后画看不见的部分；先画曲线，后画直线。

画图时，组合体每一基本体部分，最好是三个视图联系起来画，并应从反映形状特征的视图画起，即从特征视图画起。

③ 检查、描深。检查底稿、改正错误，擦去多余的图线，清理图面，然后再按规定的线型描深，如图2-49（f）所示。

【例2-8】画出图2-50所示切割式组合体的三视图。

分析切割式组合体时，要以形体分析法为主，线面分析法为辅进行分析；画图时应首先用形体分析法对组合体进行形体分析，再对不易表达的局部，运

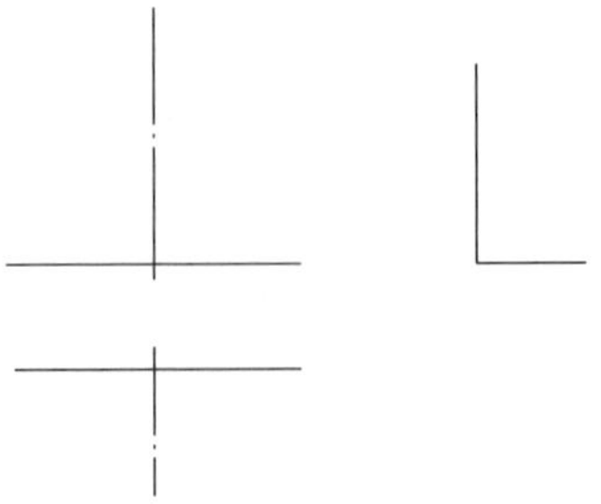

（a）画作图基准线

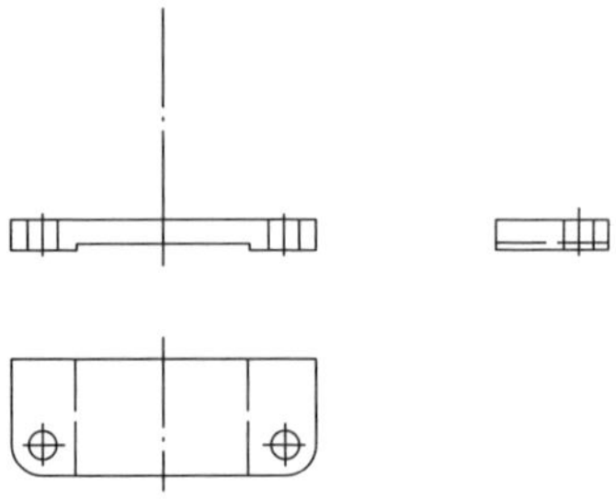

（b）画底板的三视图

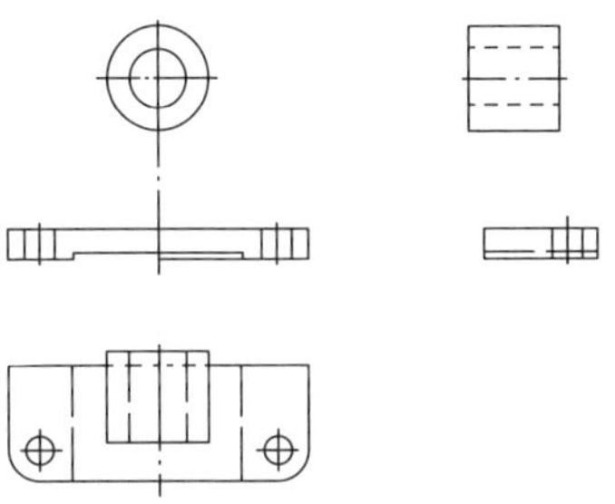

（c）画圆筒的三视图

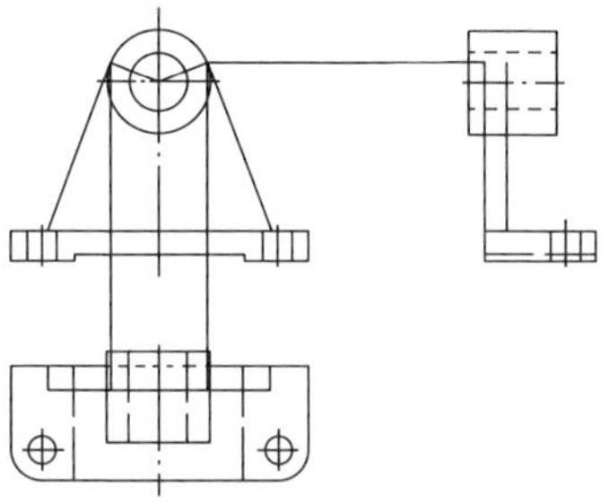

（d）画支承板的三视图

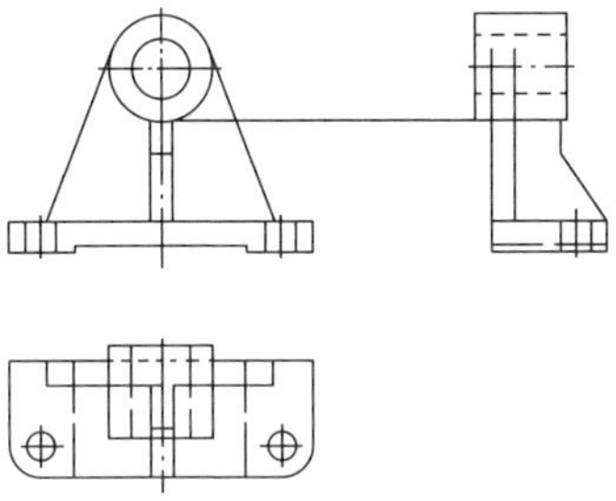

（c）画肋板的三视图

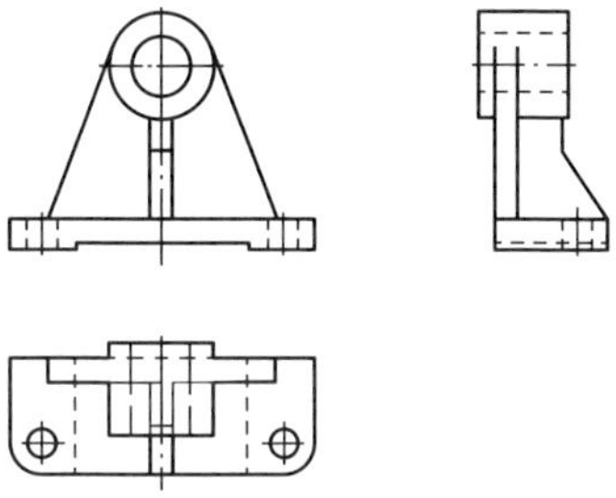

（f）擦掉多余的线、检查、描深

图2-49　组合体三视图的画法

用线面投影特性来分析视图中图线和线框的含义、线面的形状及空间相对位置。一般情况下，先画切割之前完整立体的三个视图，再依次画出各截平面的投影。

分析：该切割体可认为是在长方体上用多个截平面切掉三个部分而形成的，正垂面P截出的截交线为多边形，如图2-50所示。

作图过程如图2-51所示。

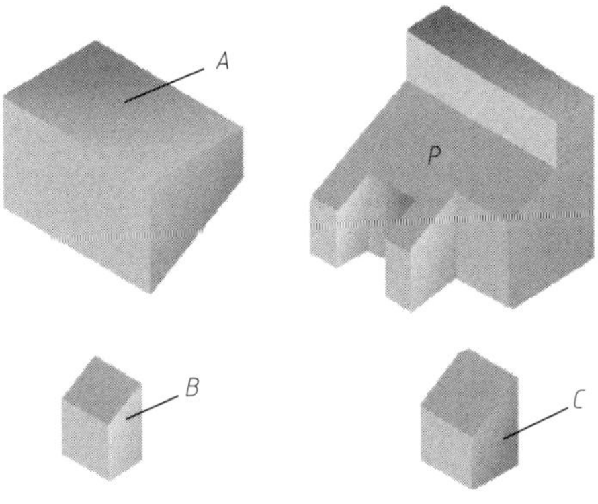

图2-50　切割式组合体形体分析

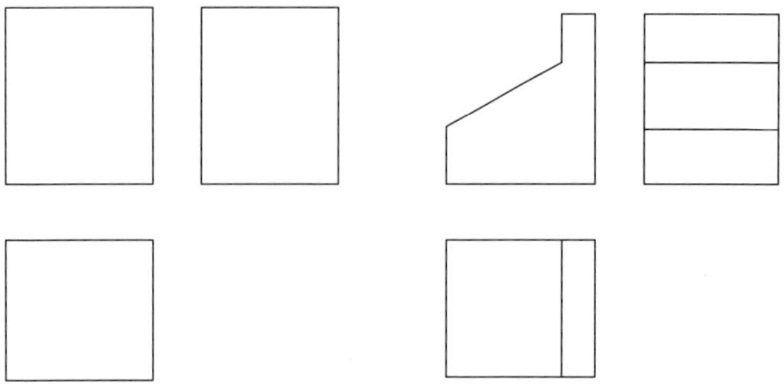

（a）画出基本体四棱柱　　（b）画切去形体A后的投影

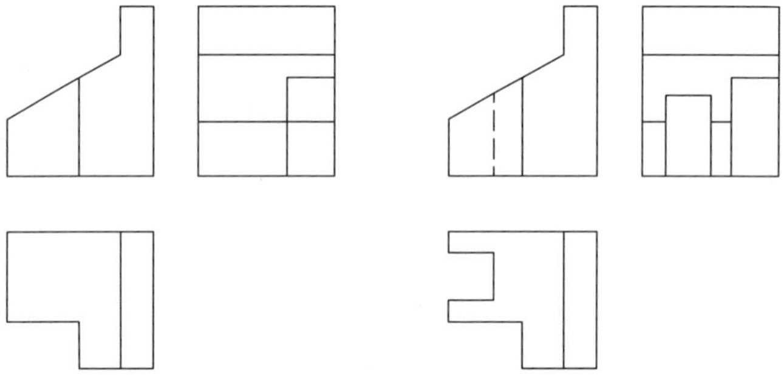

（c）画切去形体C后的投影　　（d）画切去形体B后的投影

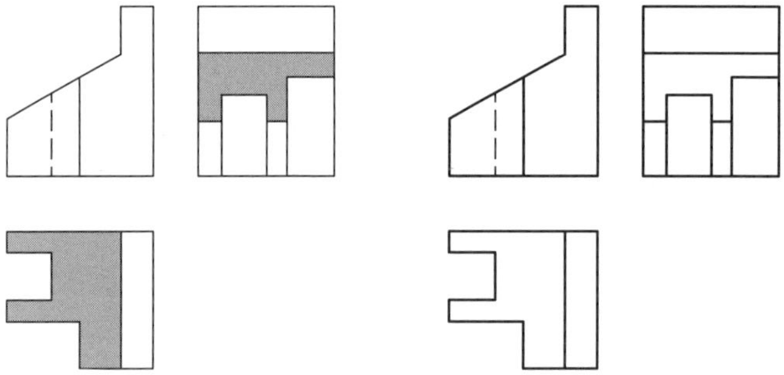

（e）检查　　（f）描深，完成全图

图2-51　切割式组合体三视图画法

四、标注组合体的尺寸

画出组合体的三视图，只是解决了形状问题，若想表明它的真实大小，还需要在视图上标注出尺寸。尺寸是工程图样的重要组成部分，是加工零件的主要依据。因此，标注尺寸是十分严肃、细致的工作，任何失误都有可能给生产带来损失。技术人员除要掌握好尺寸标注的基本知识和有关专业知识外，还必须有高度的工作责任心。

1. 基本体的尺寸标注

立体都有长、宽、高三个方向的尺寸。在视图上标注立体尺寸时，应将三个方向的尺寸标注齐全，但每个尺寸在图上只标注一次。

（1）平面立体的尺寸标注　平面立体一般应标注其长、宽、高三个方向的尺寸。常见平面立体的尺寸标注方法如图2-52所示。

注意：其中正六边形外接圆直径加括号表明仅是参考尺寸，不能作为零件加工依据。

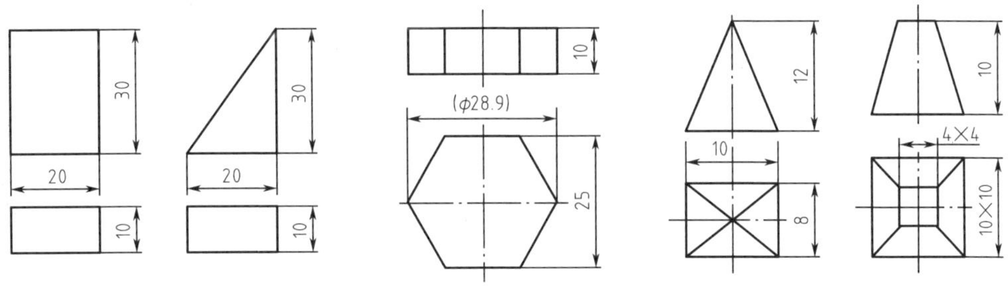

图2-52　几种常见平面立体的尺寸标注方法

（2）曲面立体的尺寸标注　曲面立体的直径一般应标注在投影为非圆的视图上，并在尺寸数字前加注直径符号“ϕ”，球直径应加注“$S\phi$”，对于螺钉、铆钉的头部、轴的端部等，在不致引起误解的情况下，可省略“*S*”。常见的几种曲面立体的尺寸标注方法如图2-53所示。

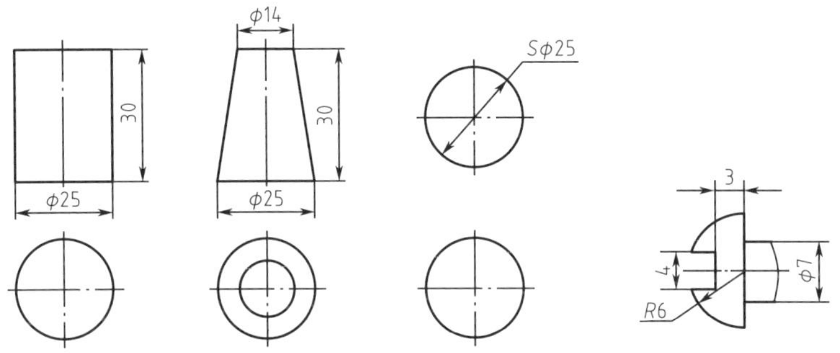

图2-53　几种常见曲面立体的尺寸标注方法

2. 截断体与相贯线的尺寸标注

（1）截断体尺寸标注　切割体除了要标注基本尺寸外，还要标注截切位置尺寸，由于截平面与立体的位置确定后，截交线即完全确定，不需标注截交线形状大小的尺寸。常见切割体的尺寸标注如图2-54所示。

（2）相贯体的尺寸标注　两立体相交除了要标出两立体的大小尺寸外，还要标出两立体的相对位置尺寸，但不能标注相贯线形状大小的尺寸，如图2-55所示。

3. 组合体的尺寸标注

（1）尺寸基准　标注尺寸应首先确定基准。所谓尺寸基准，就是标注尺寸

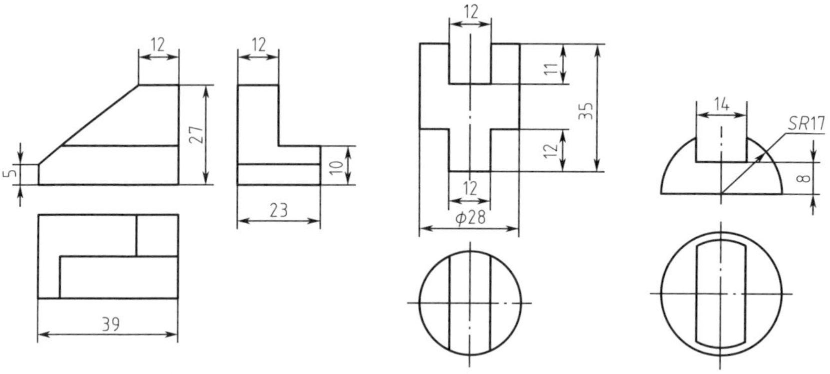

（a）　　（b）　　（c）

图2-54　常见切割体的尺寸标注

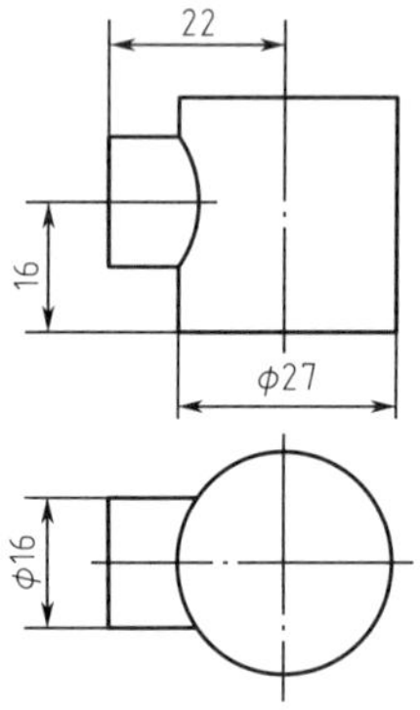

图2-55　相贯体的尺寸标注

的起始点。组合体有长、宽、高三个方向的尺寸，所以每个方向至少都应选择一个尺寸基准。一般选择组合体的对称平面、底面、重要端面、轴心线及对称中心线作为基准。

在确定了尺寸基准后，还应明确视图中应标注哪些尺寸，即尺寸的种类。

（2）尺寸种类

① 定形尺寸。确定组合体各组成部分形状大小的尺寸，称为定形尺寸。

② 定位尺寸。确定组合体各组成部分相对位置的尺寸，称为定位尺寸。

③ 总体尺寸。确定组合体外形的总长、总宽、总高的尺寸，称为总体尺寸。组合体一般应注出长、宽、高三个方向的总体尺寸，但对于具有圆弧面和圆孔的结构，通常把总尺寸只注圆弧和圆孔的中心线，而不直接注出总体尺寸。

组合体一般要标注出上述三类尺寸。

（3）尺寸标注的基本要求　组合体尺寸标注的基本要求是：正确、完整、清晰。

1）正确。尺寸标注必须符合国家标准的规定。

2）完整。所标注各类尺寸应齐全，做到不遗漏、不重复，并能完全确定物体的形状、大小和位置。因物体是由基本形体组合而成的，运用形体分析法了解分析组合体的结构形状，明确各组成部分之间的相对位置。然后逐个标注出各基本形体的定形尺寸、定位尺寸。标注定位尺寸时，要从长、宽、高三个方向考虑，检查这三个方向的尺寸是否齐全。最后再标注出组合体的总体尺寸，在标注总体尺寸时，要调整原来已经标注出的定形尺寸。

3）清晰。清晰是指所标注的尺寸位置明显，排列整齐，便于阅读和查找。

① 各基本形体的定形尺寸和有关的定位尺寸，要尽量集中标注，并尽量标注在该形体的两视图之间，以便于想象出物体的空间形状。

② 尺寸应标注在表示形体特征明显的视图上。

③ 尺寸应尽量标注在视图的外侧，以保持图形的清晰，如图2-56所示。

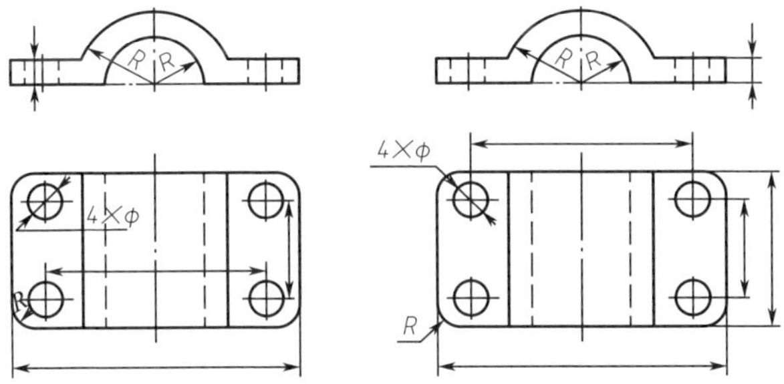

（a）不好　　（b）好

图2-56　尽量标注在视图的外边

④ 圆的直径一般注在投影为非圆的视图上，相同圆孔应标注数量，如图2-57（b）所示；圆弧的半径应注在投影为圆弧的视图上，相同圆角只标注一次，如图2-56（b）所示。

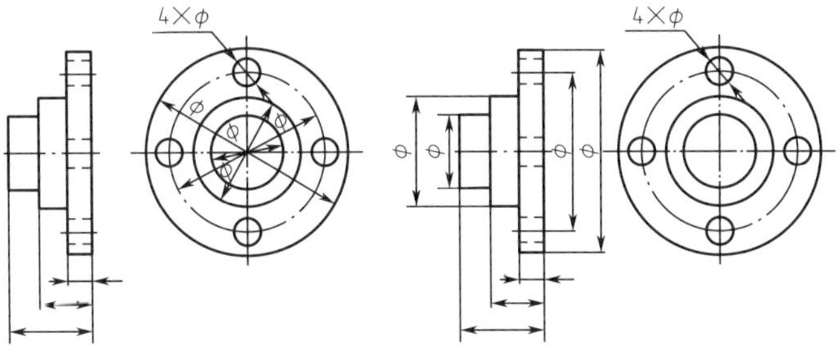

（a）不好　　（b）好

图2-57　圆的直径一般注在投影为非圆的视图上

⑤ 同一方向的几个连续尺寸应尽量放在同一条线上。平行并列的尺寸，应使较小的尺寸靠近视图，较大的尺寸依次向外标注，以免尺寸线与其他尺寸的尺寸界线相交，保持图面清晰，如图2-58（b）所示。

⑥ 尺寸尽量不标注在虚线上。

⑦ 内形尺寸与外形尺寸最好分别注在视图的两侧。

（4）标注方法和步骤

1）标注方法。标注组合体尺寸的基本方法是形体分析法。用形体分析法将组合体分解为若干个基本形体，以各基本形体为标注对象，先逐个分析这些基本形体的定形尺寸，再分解确定各基本形体相互位置关系的定位尺寸，最后

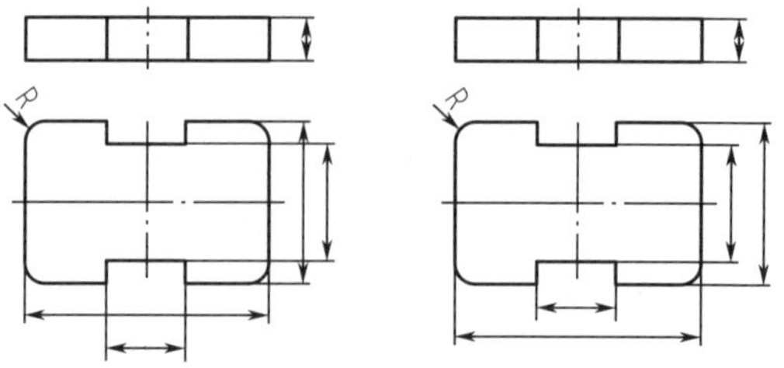

（a）不好　　（b）好

图2-58　尺寸排列要清晰

考虑组合体的总体尺寸。

2）标注步骤。组合体尺寸的标注，归纳起来可按以下步骤进行：

① 对组合体进行形体分析。

② 选择组合体长、宽、高三个方向的主要尺寸基准。

③ 标注各基本形体的定形尺寸。

④ 标注各基本形体相对组合体基准的定位尺寸。

⑤ 标注组合体的总体尺寸。

⑥ 检查、调整尺寸，把多余的和不合理的尺寸去掉。

3）组合体尺寸标注实例。标注组合体的尺寸，如图2-59所示。具体方法和步骤如下：

① 选定尺寸基准。长度方向是左右对称中心面、宽度方向是底板和立板的后面，高度方向是底板底面，如图2-59（a）所示。

② 逐个标注基本体的定形尺寸。底板及槽、圆筒、立板、加强板如图2-59（b）所示。

③ 逐个标注定位尺寸，如图2-59（c）所示。

④ 标注组合体的整体尺寸。底板的长、宽也是组合体的总长、总宽，圆筒

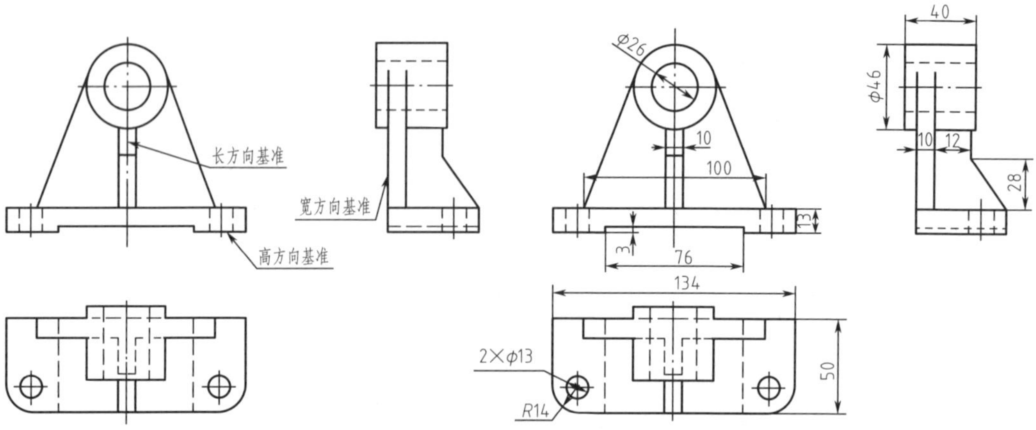

（a）　　（b）

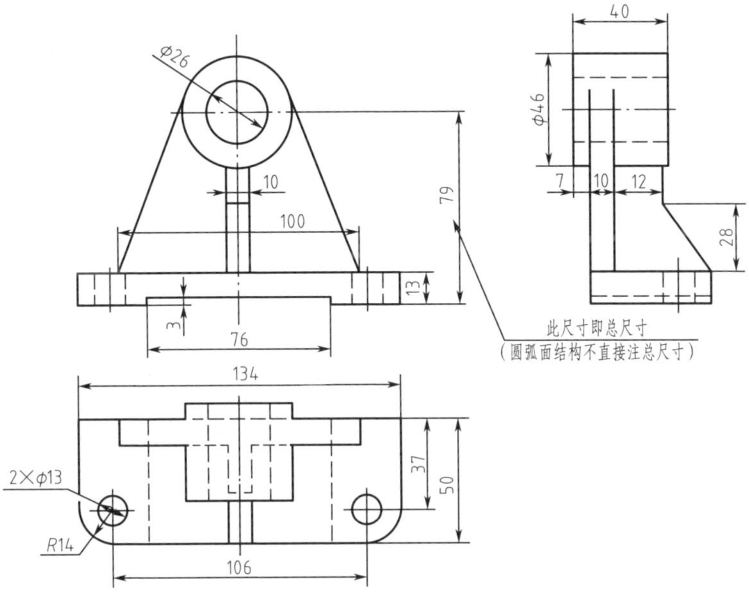

（c）

图2-59　组合体的尺寸标注

的定位尺寸79也是组合体的总高。最后全面进行核对，并改正错误，使所注的尺寸完整、正确、清晰，如图2-59（c）所示。

五、读组合体三视图

画图是将实物或想象（设计）中的形体，按照正投影原理，在图纸上画成平面图形，是一种从空间形体到平面图形的表达过程。

读图与画图恰恰相反，需要运用正投影原理，根据视图想象出空间形体的结构形状，是一种逆向思维，在想象中将平面图形还原成空间形体的过程。看图纸加工制造零件，就是读图的一种表现。

画图与读图，两者相辅相成，要能正确而迅速地看懂视图，必须掌握看图的基本方法和思维规律，培养空间想象能力和形体构思能力，并通过不断实践，逐步提高读图能力。

1. 读图的基本方法

（1）读图的思维准备　首先要浏览各视图，作概括性了解，依据三视图形成规律及放置位置的规定，明确各视图的名称，联想其投射方向、确定形体的空间方位及每个视图所能表达的形体的长、宽、高的对应关系，从而初步建立形体的大致空间形象。

（2）读图的基本要领

① 熟练掌握基本体的形体表达特征。三视图中若有两个视图的外形轮廓为

矩形，则该基本体为柱体；若为三角形，则该基本体为锥体；若为梯形，则该基本体为棱台或圆台。要明确判断上述基本体是棱柱还是圆柱，还必须借助第三个视图的形状。

② 几个视图联系起来识读才能确定形状。一般来说，一个视图不能确定物体的形状，如图2-60所示的三组视图，它们的主视图都相同，但实际上是三种不同形状的物体。

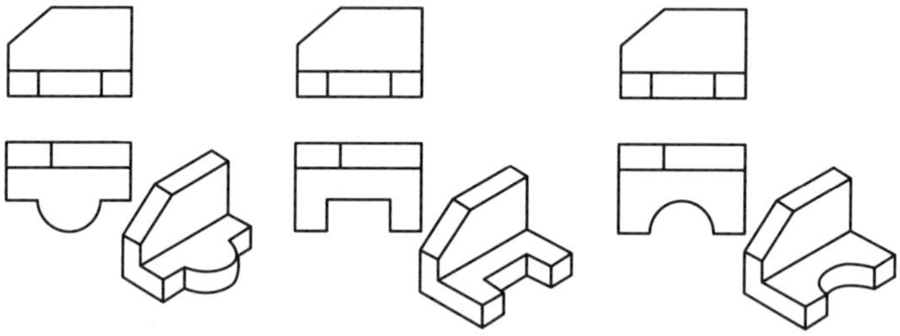

图2-60　主视图相同的物体

有时，即使两个视图都相同，物体的形状也不能唯一确定，如图2-61所示的三组视图，它们的主、俯视图都相同，但表示了三种不同形状的物体。

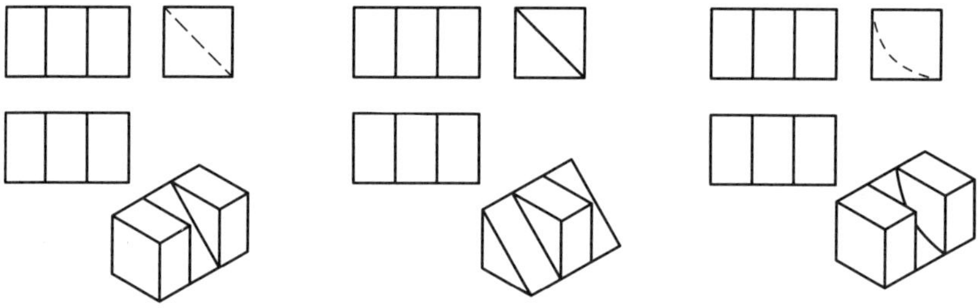

图2-61　主、俯视图相同的物体

因此，读图时要将几个视图联系起来，互相对照分析，才能正确地想象出该物体的形状。

③ 明确视图中图线、线框的含义。形体的视图是由各种图线和封闭线框组成的。看图时，应根据空间几何元素的投影特性，对其进行正确分析构想，弄清各种图线及线框的投影含义，建立起它们的空间形象。

④ 抓住特征视图分析。事物的特征易于引起注意，也便于记忆。反映物体形状特征最充分的那个视图，就是特征视图。抓特征视图就是抓住组合体的“形状特征”视图和“位置特征”视图。

“形状特征”视图：就是最能反映组合体形状特征的视图，如图2-62所示的俯视图。

“位置特征”视图：就是最能反映形体相互位置关系的视图，如图2-63所示。显然，左视图就是“位置特征”视图。

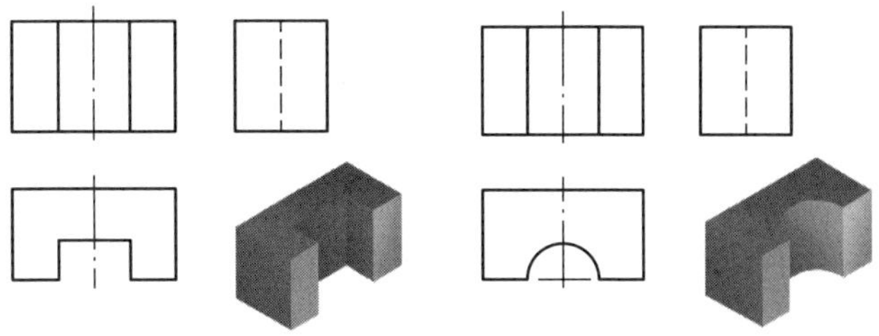

图2-62　形状特征视图

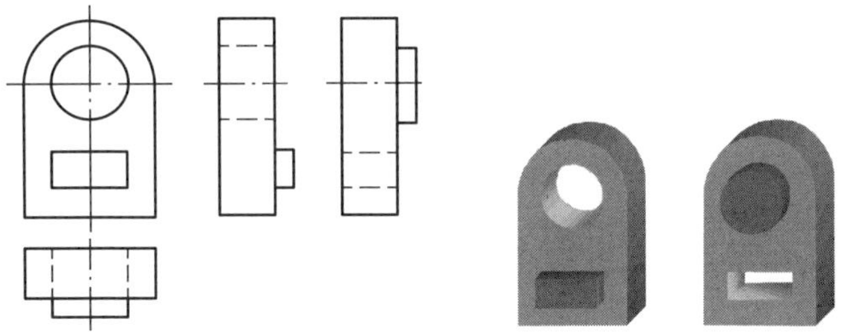

图2-63　位置特征视图

找到特征视图，再与其他视图联系起来，就能较快地想象出物体的结构形状。有时由于组合体各组成部分的形状和位置特征并不一定都集中在某一方向上，因此，反映各部分形状特征和位置特征的投影也不会都集中在某一视图上。看图时必须善于找出反映特征的投影，这样就便于想象其形状与位置。

综上所述，运用看图的基本知识和思维规律，可以比较正确地引导图形思维路线，帮助看图者少走弯路。

2. 形体分析法读图

形体分析法读图是读图的基本方法，其基本原理，就是根据所给出的视图，以构成组合体的各基本形体作为分析对象，从反映物体形状特征的视图着手，配合其他视图，通过对图形进行分解，搞清物体的组成部分的形状及彼此之间的相对位置和组合形式，最后综合想象物体的整体形状。其分析思路是：视图所示的组合体由哪些基本形体构成？它们之间的相对位置如何？其表面组合形式又怎样？

下面以图2-64（a）所示的物体三视图为例，说明用形体分析法读组合体三视图的一般方法和步骤。

（1）分线框，对照投影，如图2-64（a）所示。

（2）想出形体，确定相对位置，如图2-64（b）~（d）所示。

（3）综合归纳，想出整体，如图2-64（e）~（f）所示。

一般的读图顺序是：先看主要部分，后看次要部分；先看容易确定的部分，后看难以确定的部分；先看某一组成部分的整体形状，后看其细节部分形状。

在一般情况下，叠加型组合体，用形体分析法看图即可解决问题。但对于

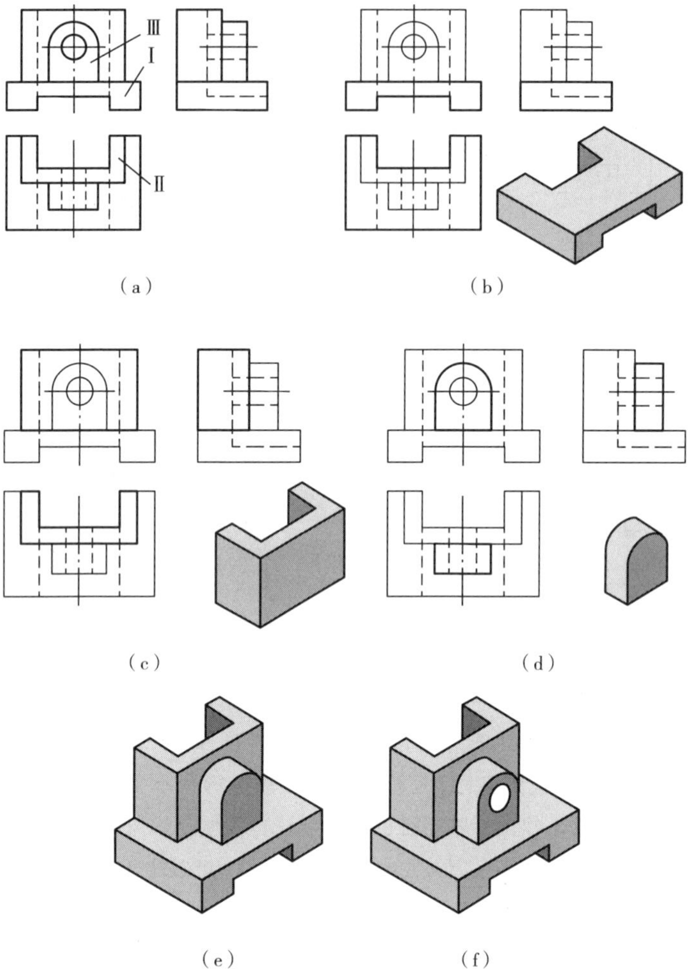

图2-64　形体分析法读三视图

一些较复杂的物体（复杂的切割型组合体），仅用形体分析法看图还不够。对于视图中局部复杂的部分，有些需要用线面分析法来帮助解决。

3. 线面分析法读图

线面分析法读图就是以组合体的表面和棱线作为分析对象，运用线面的投影规律，分析视图中线和线框的含义和空间位置，并借助立体的概念来想象出组合体的形状。它是读图的一种辅助方法，多用于局部复杂投影及切割型组合体视图。

用线面分析法读图，必须首先弄懂视图中线条、线框的空间意义。视图中线条、线框的空间意义是线面分析法读图的基础。视图中的线框分析应按照“若非类似形必有积聚性”的规律进行。如图2-65所示为用线面分析法看图的例子。

（1）形体分析　从图2-65（a）可以看出该物体为切割体，主视图的矩形缺一个角，俯视图的矩形缺前后对称的两个角，左视图的下半部左右各缺两个矩形，并在顶面往下有一阶梯孔，这样从三视图可初步了解该形体是由长方体截切而成。

（2）线面分析　图2-65（b）~（f）是线面分析的过程。

（3）综合想象整体　通过形体分析和线面分析就已了解各部分的形状，根据它们在视图中的上下、前后、左右的相对位置关系，综合起来就可以想象出组合体的整体形状，如图2-65（f）所示。

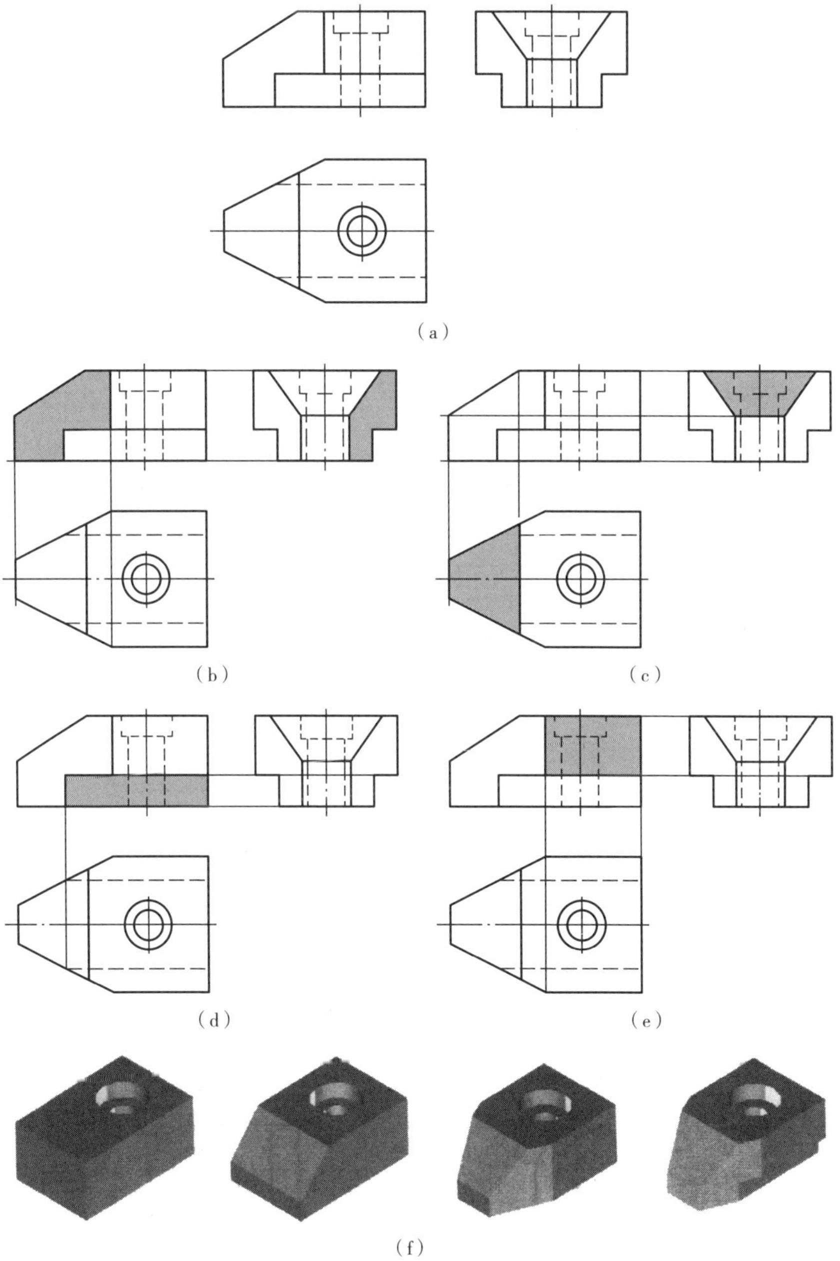

图2-65　线面分析法读三视图

综上所述，读图时常把形体分析和线面分析这两种方法结合起来进行，并以形体分析法为主，分别看懂组合体各组成部分的形状，然后综合想象出组合体的整体形状，辅以线面分析法来帮助分析想象。切割型组合体的读图，采用线面分析法较为方便。同时在看图的过程中还必须注意运用看图的基本规律。

4. 补视图与补缺线

补视图、补缺线就是根据已知的视图，通过分析比较，想象出立体的形状和结构，并经过试补、调整、验证，补画出所缺的视图或图线。补视图、补缺线是提高看图能力和空间想象力的方法之一，也是培养工程技术人员综合审图能力的主要途径。

【例2-9】已知如图2-66（a）所示组合体的主、左视图，补画其俯视图。

（1）分析形体　该物体是综合式组合体，对投影想形体，可以看出该组合体是由两个部分叠加，两个部分叠加方式为相切。

（2）综合想整体　根据各部分形状及各形体相互位置关系，综合想象出整体形状，如图2-66（b）所示。

（3）补画左视图　运用形体分析法逐一补画出各部分的俯视图，如图2-66（c）~（e）所示。画图时要注意各部分连接处的图线。

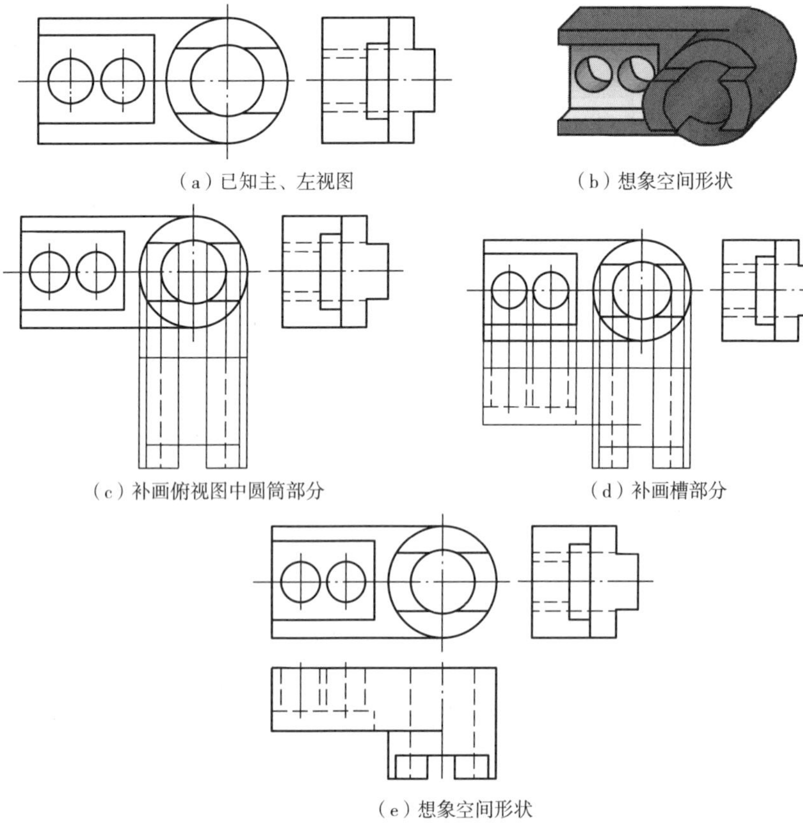

（a）已知主、左视图　（b）想象空间形状

（c）补画俯视图中圆筒部分　（d）补画槽部分

（e）想象空间形状

图2-66　补画视图示例

【例2-10】已知如图2-67（a）所示组合体的主、俯视图，补画其左视图。

（1）分析　由视图可知，该组合体是由基本体切割而成的，如图2-67（b）所示。可以从投影面垂直面入手来完成这些被切割面的第三个投影。

（2）补画左视图　补画过程如图2-67（c）~（e）所示。

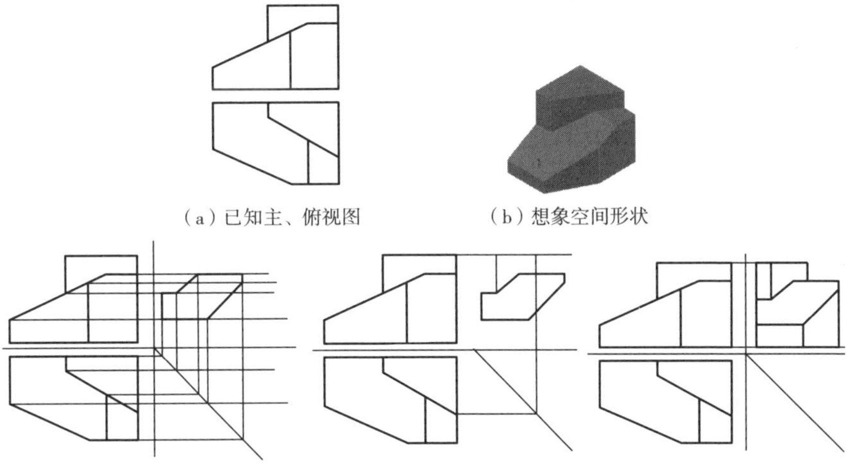

（a）已知主、俯视图　（b）想象空间形状

（c）绘制正垂面　（d）绘制铅垂面　（e）绘制其他部分

图2-67　补画视图示例

【例2-11】补画如图2-68（a）所示三视图中所缺的图线。

（1）分析形体，想象组合体形状　该组合体是一个L形柱体在两块板上分别开了两个凹槽，在左右两侧被截切了两个平面，这两个平面是正垂面，其整体的形状如图2-68（b）所示。

（2）补缺线

①分析正垂面的投影，其正面投影积聚为直线，侧面投影为L形，按投影规律补画其水平投影缺少的三条线，并画出顶上的凹槽的水平投影，如图2-68（c）所示。

②补画出底面凹槽的正面投影和侧面投影，补画出顶面凹槽的侧面投影，如图2-68（d）所示。

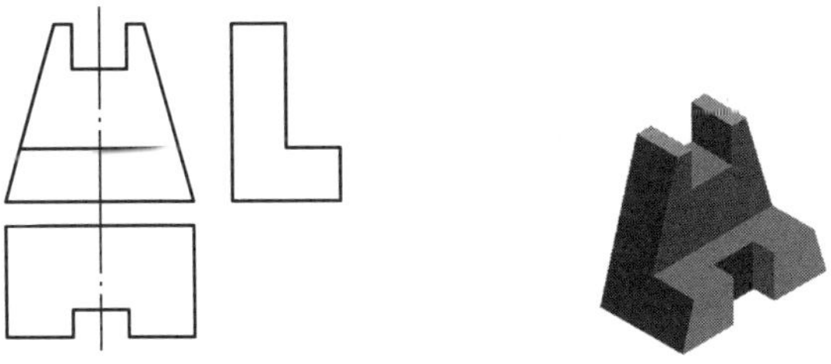

（a）　（b）

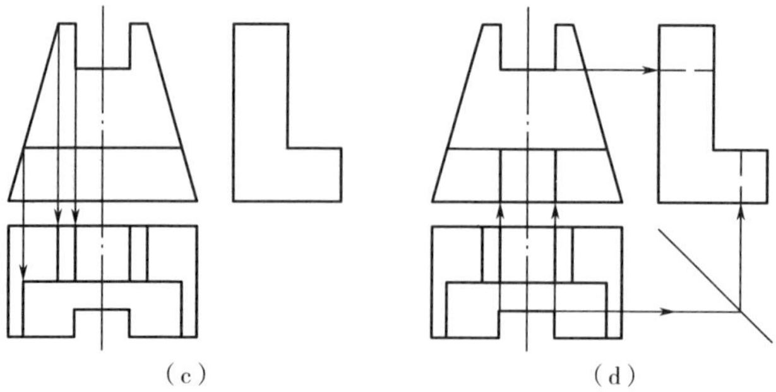

图2-68　补画视图中所缺的图线

课中蕴含的哲理

机械图样采用正投影法来表达物体。一个正投影视图只能反映物体两个方向的形状，正如宋代文学家苏轼诗句，“横看成岭侧成峰，远近高低各不同”，把物体向三个互相垂直的投影面作正投影，就可以表达物体三个方向的形状了，这就是三视图。

在我们的工作、学习中，要有这种多角度看问题的科学思维方法。

詹天佑是我国清朝末年杰出的工程师，从北京到张家口这一段铁路，最早是在他的主持下修筑成功的。这是第一条完全由我国的工程技术人员设计施工的铁路干线。在开凿八达岭隧道时，遇到了许多困难，八达岭山势高、岩层厚，如果采用常规的方法，不仅费时费力，还有塌方的危险。正当其他工程师不知所措时，詹天佑想到了中部凿井的新方法，先从山顶往下打一口竖井，再分别向两头开凿，两头也同时施工。使用这个方法不到半个月，隧道就竣工了，把工期整整缩短了一半。詹天佑正是从另一个角度去看待这个问题，才最终把问题迎刃而解，圆满、顺利的完成了任务。

第三章 图样的基本表示法

教学目标

（1）掌握视图、剖视图和断面图的画法、标注方法和使用条件。

（2）掌握局部放大图的画法和简化画法的规定。

（3）能初步应用各种表示方法，完整、清晰地表达物体的结构形状。

在工程实际中，由于物体的结构形状是多种多样的，仅用三视图往往不能做到完整、清楚、简便地表达。为此，国家标准《技术制图》《机械制图》规定了视图、剖视图、断面图、局部放大图、简化画法等基本表示法。

第一节 视图

一、基本视图

机件向基本投影面投射得到的视图，称为基本视图。

对于形状复杂的机件，为了完整、清晰地表达它的各方面的形状，国家标准规定，在原有三个投影面的基础上，再增设三个投影面，组成一个正六面体，这六个投影面称为基本投影面，如图3-1（a）所示。机件分别向六个基本投影面投射，再按如图3-1（b）所示展开，即得到六个基本视图，如图3-1（c）所示。

除了前面介绍过的主、俯、左三个视图外，还有右视图（由右向左投射所得的视图），仰视图（由下向上投射所得的视图），后视图（由后向前投射所得的视图）。

六个基本视图一般应按图3-1（c）所示的位置关系配置。按规定位置配置的视图，一般不标注视图的名称，并且各视图间仍保持“长对正、高平齐、宽相等”的“三等”投影关系。从视图中还可以看出机件前后、左右、上下的方位关系。

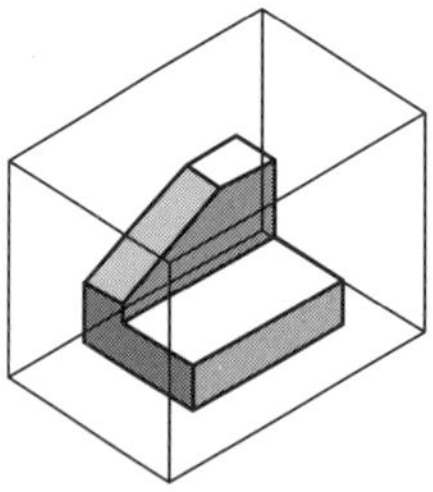

（a）六个投影面

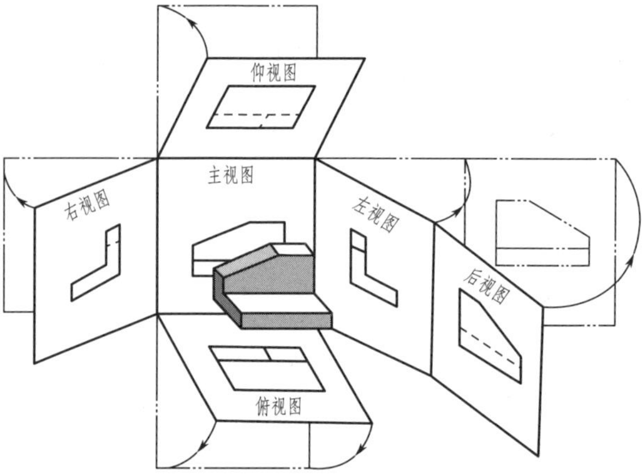

（b）投影面展开

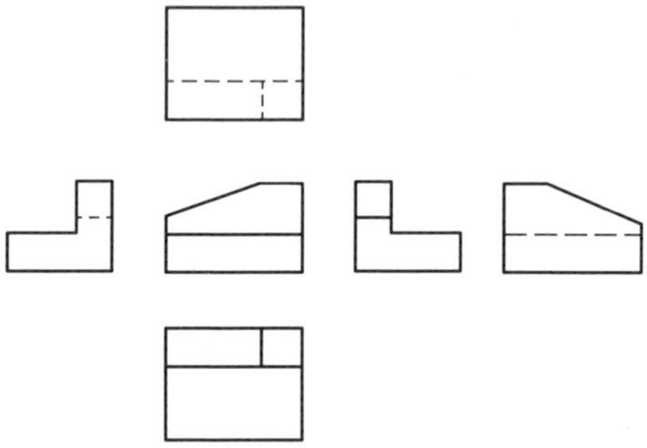

（c）六个基本视图

基本视图的形成

图3-1　六个基本视图的形成与配置

实际绘图时，不是任何机件都需要画六个基本视图，而是根据机件结构特点和复杂程度，根据需要选用必要的基本视图。

值得注意的是：六个基本视图中，一般优先选用主、俯、左三个视图。任何机件的表达，都必须有主视图。绘制技术图样时，应首先考虑看图方便，还应根据机件的结构特点，选用适当的表达方法。在完整、清晰地表达机件形状的前提下，力求制图简便。

二、向视图

向视图是可以自由配置的视图。

有时为了合理地利用图幅，各视图不能按规定的位置关系配置时可自由配置，但应在视图上方用大写拉丁字母（如*A*、B、…、*F*）标注出该视图的名称“×”，并在相应视图附近用箭头指明投射方向，注上相同的字母，如图3-2

所示。

三、局部视图

将机件的某一部分向基本投影面投射所得的视图，称为局部视图。局部视图是一个不完整的基本视图，利用局部视图可以减少基本视图的数量，补充表达基本视图尚未表达清楚的部分，如图3-3所示。

画局部视图时应注意：

（1）画局部视图时，其断裂边界画波浪线或双折线，如图3-3所示中的*A*向局部视图。当所表示的局部视图的外轮廓成封闭时，则不必画出波浪线，如图3-3所示中的*B*向局部视图。波浪线作为断裂边界，应画在机件的实体上，不可画在机件的中空处。

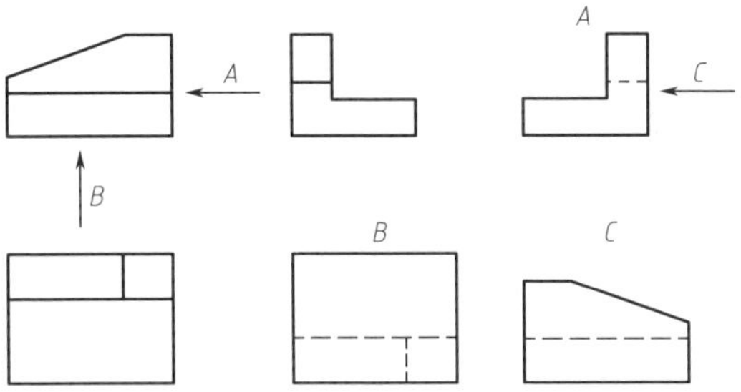

图3-2　向视图

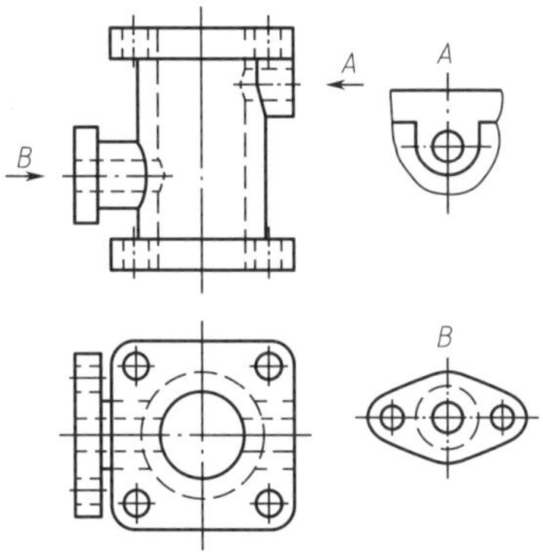

图3-3　局部视图

（2）局部视图的配置可选用以下形式：

① 按基本视图的配置形式配置，中间如果没有其他图形隔开，则不必标注，如图3-4（b）中位于俯视图处的局部视图。

② 按向视图的配置形式配置，此时需要标注，如图3-3中的*A*、*B*向局部视图。

四、斜视图

当物体的表面与投影面成倾斜位置时，其投影不反映实形，表达不够清晰，也不便于画图和看图。为了清晰地表达，可以如图3-4（a）所示加一个与倾斜表面平行的辅助投影面，将倾斜部分向辅助投影面进行投射，在辅助平面上就可得到倾斜结构的实形。这种将机件向不平行于基本投影面的平面投射所得的视图称为斜视图。

画斜视图时应注意：

（1）画斜视图只是为了表达机件上的倾斜结构的实形，故画出其实形后，就可以用波浪线断开，不必画出其余部分的视图，如图3-4（b）中的*A*向视图。

（2）斜视图的配置和标注一般按向视图相应的规定，在不致引起误解时，允许将斜视图旋转配置，此时应加注旋转符号，如图3-4（b）所示。旋转符号为半径等于字体高度的半圆形，表示斜视图名称的大写字母应靠近旋转符号的箭头端。

（3）斜视图一般按投影关系配置，必要时也可配置在其他适当位置。

（4）必须在视图上方标出视图的名称“×”，在相应的视图附近用箭头指明投射方向，并注上同样的大写拉丁字母“×”，如图3-4（b）所示。

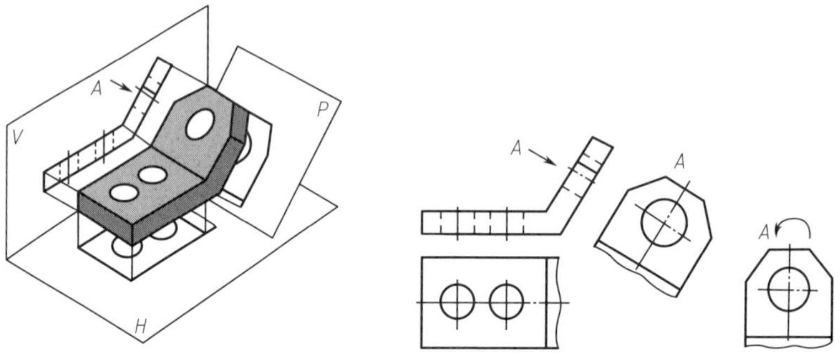

（a）　　（b）

图3-4　斜视图

第二节　剖视图

一、剖视图的基本概念

用视图表达机件时，机件内部的结构形状都用虚线表示。如果视图中虚线过多，就会使图形不够清晰，而且标注尺寸也不方便。为了清楚地表达机件内部的结构形状，尽量避免在视图中出现过多的虚线，国家标准规定采用假想剖开机件的方法使不可见部分转化为可见部分，从而将虚线变为实线。

1. 剖视图的形成

假想用剖切面从适当的位置剖开机件，将处在观察者和剖切面之间的部分移去，而将其余部分向投影面投影所得到的视图，称为剖视图，如图3–5所示。剖视图主要用于表达机件的内部形状结构。

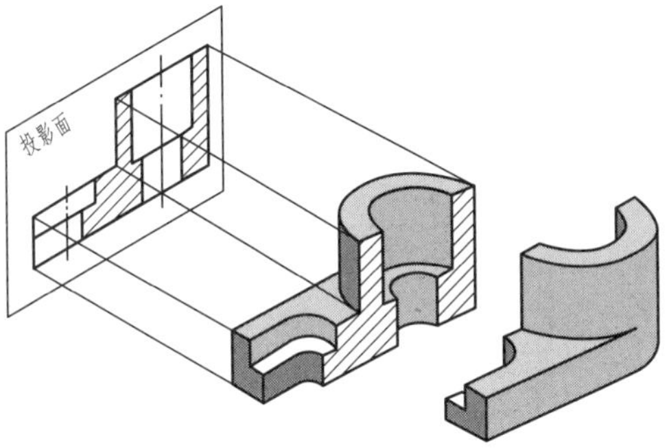

图3–5　剖视图的形成

剖视图的形成

2. 剖视图的画法

（1）确定剖切面的位置　剖切面一般应通过机件的对称面或轴线，并平行于选定的投影面，如图3–6所示。剖切面也有通过非对称面的。一般情况下应使剖切面通过尽量多的内部结构，以充分反映物体的内部实形。

（2）画剖视图　剖开机件后，假想将处在观察者和剖切面之间的部分移去，将剩下的后半部分向*V*面投射，画出剖开后的可见轮廓线，再绘制剖面符号，完成标注，如图3–6（b）所示。

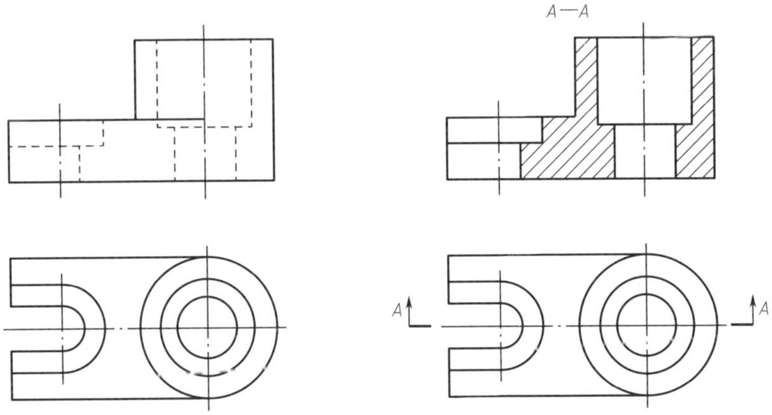

（a）视图　　（b）剖视图

图3–6　剖视图的画法

画剖视图注意事项：

（1）剖切平面的选择：确保有效地消除虚线。一般通过机件的对称面或轴线且平行或垂直于投影面。

（2）剖切是一种假想，其他视图仍应完整画出，如图3-7中的俯视图。

（3）剖切面后方的可见部分要全部画出，尤其注意孔后面的线，如图3-7所示。

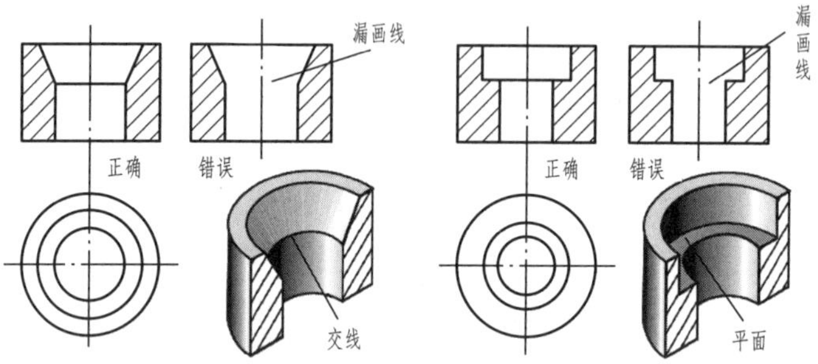

（a）　　　　（b）

图3-7　剖切面后方的可见部分要全部画出

（4）剖视图上一般不画虚线，以增加图形的清晰性。但若画出少量虚线可减少视图数量时，也可画出必要的虚线。

（5）剖切面与物体的接触部分称为剖面区域，画剖视图时，剖面区域中应画上剖面符号，见表3-1。当不需在剖面区域中表示材料的类别或表示金属材料时，剖面符号用通用剖面线表示。通用剖面线是与图形的主要轮廓线或剖面区域的对称中心线成45°（或135°）的细实线。同一物体所有视图上的剖面线方向相同，间距相等，剖面线的间距一般取2～4mm，如图3-8（a）所示。

表3-1　　材料的剖面符号

金属材料（已规定剖面符号者除外）		砖		木材	纵剖面	
非金属材料（已规定剖面符号者除外）		混凝土			横剖面	
玻璃及供观察用的其他透明材料	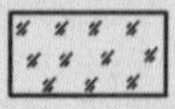	钢筋混凝土	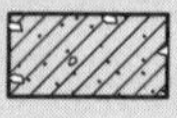	液体		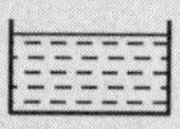
转子、电枢、变压器和电抗器等的迭钢片		基础周围的泥土		木质胶合板（不分层数）		
绕圈绕组元件	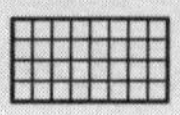	型砂、填沙、粉末冶金、砂轮、陶瓷、刀片、硬质合金刀片等	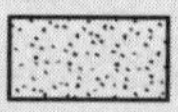	格网（筛网、过滤网等）		

当图形的主要轮廓线或剖面区域的轴线与水平成45°角时，该图形的剖面线应画成与水平成30°或60°角，但其倾斜方向与其他图形的剖面线必须一致，如图3-8（b）所示。

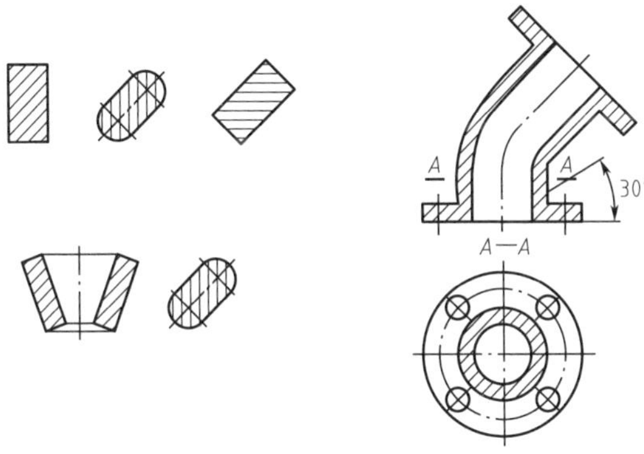

（a）通用剖面线的画法　　（b）30°或60°剖面线的画法

图3-8　剖面线的角度

3. 剖视图的标注

下面以图3-6（b）为例说明机械制图中剖视图的标注内容及规则：

（1）剖切符号　指示剖切面的起、讫和转折位置的符号（线长5～8mm的粗实线），并尽可能不与图形的轮廓线相交。

（2）投射方向　在剖切平面的起、讫处用箭头表示投射方向。

（3）剖视图名称　在剖切平面的起、讫和转折处注上同样的字母，在剖视图的上方用大写拉丁字母标出剖视图的名称“×－×”。

（4）省略标注　当剖视图按投影关系配置，中间没有其他图形隔开时，可以省略箭头。例如图3-6（b）的剖切符号起、讫处的箭头就可省略不画；当单一剖切平面通过机件的对称平面或基本对称平面，且剖视图按投影关系配置，中间没有其他图形隔开时，可省略全部标注，例如图3-6（b）就可省略全部标注。

二、剖视图的种类

按剖切平面剖开机件范围大小的不同，剖视图可分为全剖视图、半剖视图和局部剖视图。

1. 全剖视图

用剖切平面完全地剖开机件所得的剖视图，称为全剖视图，如图3-6（b）、图3-8（b）所示。

全剖视图主要用于内部结构比较复杂、外部形状比较简单，或者外形虽然复杂，但在其他视图已表达清楚的机件。

2. 半剖视图

当机件具有对称平面，且向垂直于对称平面的投影面投射时，可以以对称中心线为界，一半画成剖视图，另一半画成视图，这种图形叫半剖视图，如图3-9所示。

主视图半剖

俯视图半剖

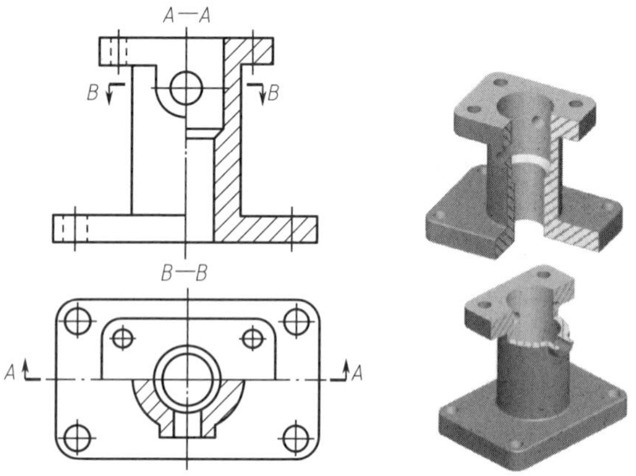

图3-9　半剖视图

半剖视图主要用于内、外结构形状都需要表达的对称机件。当机件的形状接近于对称，且不对称部分已另有图形表达清楚时，也可以画成半剖视图，如图3-10所示。

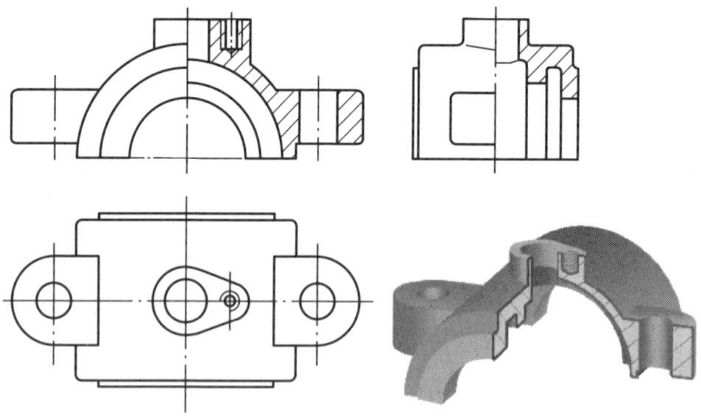

图3-10　不对称机件的半剖视图

画半剖视图时，应注意：

（1）在表示外形的半个视图中，一般不画虚线。

（2）半个剖视图和半个视图必须以点画线分界，如果机件的轮廓线恰好和点画线重合，则不能采用半剖视图。此时应采用局部剖视图，如图3-13（b）所示。

（3）半剖视图中的剖视部分的位置通常按以下原则配置：主、左视图中应位于对称中心线右侧；俯视图中应位于对称中心线下方，如图3-9和图3-10所示。

（4）半剖视图中标注对称结构的尺寸时，由于结构形状未能完整显示，则尺寸线应略超过对称中心线，并只在另一端画出箭头，如图3-11所示。

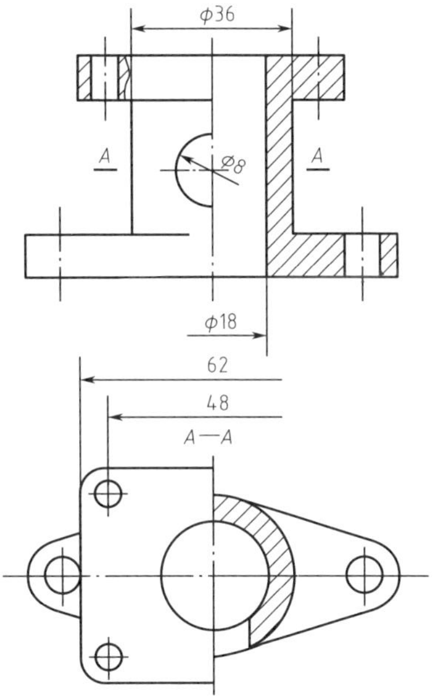

图3-11　半剖视图的标注

3. 局部剖视图

用剖切平面局部地剖开物体所得的剖视图，称为局部剖视图，如图3-12所示。

局部剖视图不受图形是否对称的限制，在任何部位剖切、剖切面有多大，均可根据实际机件的结构选择，是一种比较灵活的表达方法，特别是当机件的内部和外部形状都需要表达，机件又不对称，不能采用半剖时，可以采用局部剖视图的方法来表达。但在同一机件的视图上，局部剖视图不宜过多，否则会使表达过于零乱。

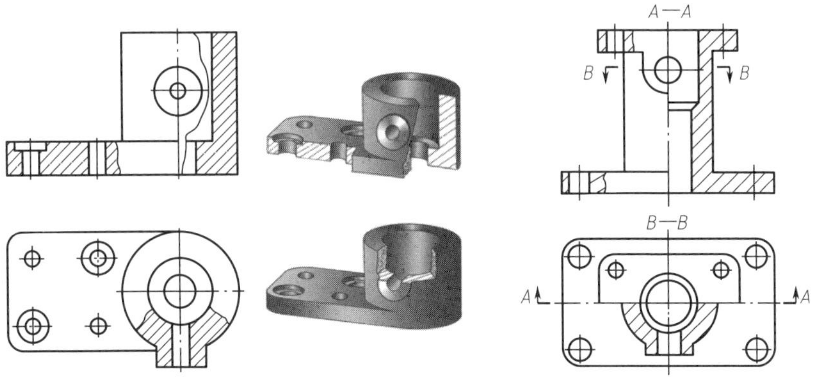

（a）　　　　（b）

图3-12　局部剖视图

局部剖

局部剖视图中，剖视图与视图之间以波浪线为界。

关于波浪线的画法，应注意以下三点：

（1）波浪线不能与轮廓线重合，如图3-13所示。

（2）波浪线不能超出图形轮廓线，如图3-14所示。

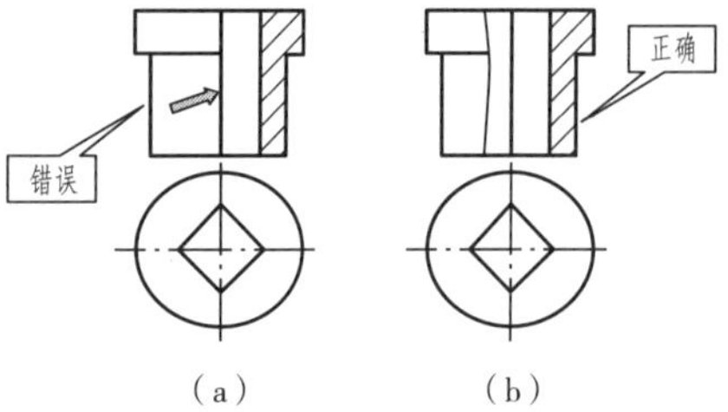

图3-13　机件轮廓线与对称中心线重合时

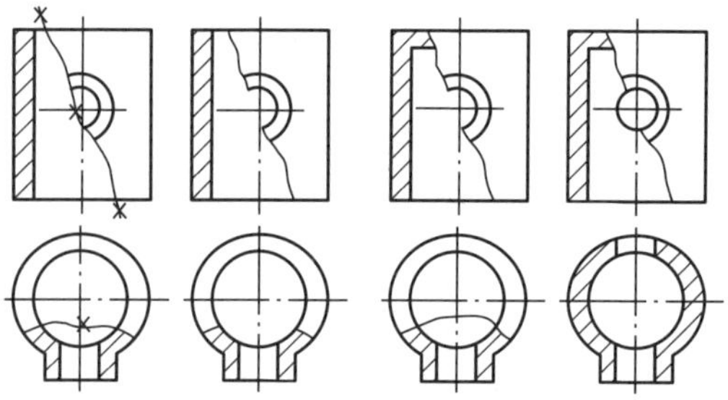

图3-14　波浪线的画法

（3）波浪线如遇到孔、槽等结构时，必须断开，如图3-14所示。

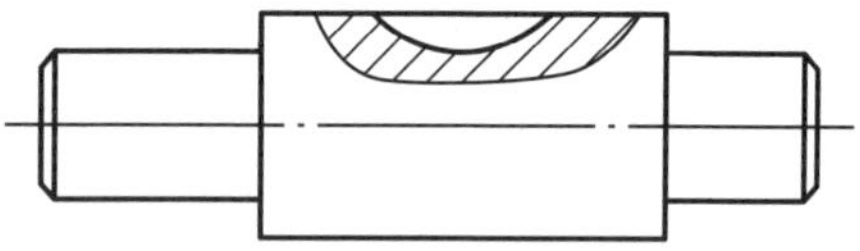

图3-15　实心杆的局部剖视图

局部剖视图适用情况：

（1）机件上有局部内形需要表达的，实心杆上有孔、槽时，应采用局部剖视图，如图3-15所示。

（2）机件的内外结构都需要表达，但又不能采用半剖视图，这时，如果内外结构不相互重叠，则可以将一部分画成剖视图表达内形，另一部分画成视图表达外形，如图3-12（a）所示。

（3）当图形的对称中心线或对称平面与轮廓线重合，要同时表达内外结构形状，又不宜采用半剖视图时，可采用局部剖视图，其原则是保留轮廓线，如图3-13（b）所示。

注意：

（1）当被剖结构为回转体时，允许将该结构的中心线作为局部剖视图与视图的分界线。

（2）单一剖切平面的剖切位置明显时，局部剖视图的标注可省略。

三、剖切面的种类

由于机件内部结构形状多种多样，仅用一个与基本投影面平行的平面剖切是不够的，为此，国家标准中规定可用三种剖切面剖开机件以获得剖视图。

1. 单一剖切面

当机件的内部结构位于一个剖切面上时，可选用单一剖切面。

（1）用一个平行于某一基本投影面的平面剖切机件，可得到如图3-6（b）所示的全剖视图、图3-9所示的半剖视图和图3-12所示的局部剖视图。

（2）用不平行于任何基本投影面的剖切平面剖开机件简称斜剖。斜剖常用来表达与基本投影面倾斜的内部结构形状，如图3-16所示。

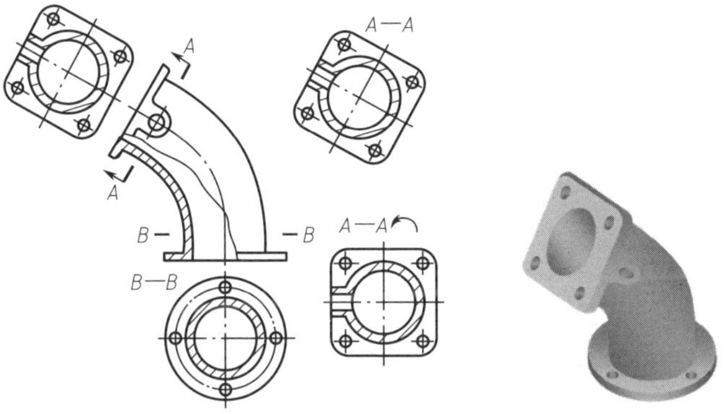

图3-16　斜剖

斜剖

采用斜剖方法绘制剖视图应注意：

① 斜剖所采用的投影面平行于剖切平面，但不平行于任何基本投影面。

② 用斜剖方法绘制的剖视图一般配置在与剖切符号相对应的位置上；在不致引起误解时，允许将图形旋转，但应标注旋转符号，如图3-16所示。其他标注规则如前所述。

2. 平行的剖切平面

用几个平行的剖切平面剖开机件简称阶梯剖。阶梯剖常用于内部层次较多的机件，如图3-17所示。

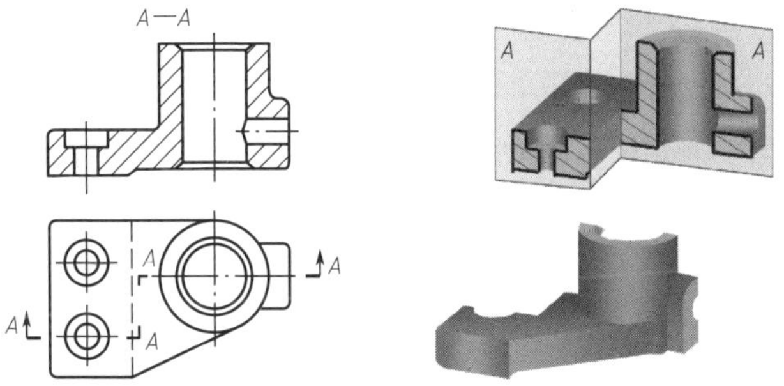

图3-17　阶梯剖

阶梯剖

注意事项：

（1）不应画出各剖切平面转折处的界线，如图3-18所示。

（2）剖切平面转折处不应与图中的轮廓线重合，如图3-19所示转折处与图中的轮廓线重合了，所以图中的画法是错误的。

（3）图形内不应出现不完整要素，如图3-20所示。当只有两个要素在图形上具有公共对称中心线或轴线时，可以以对称中心线或轴线为界各画一半，如图3-21所示。

（4）阶梯剖必须标注，标注规则如前所述。

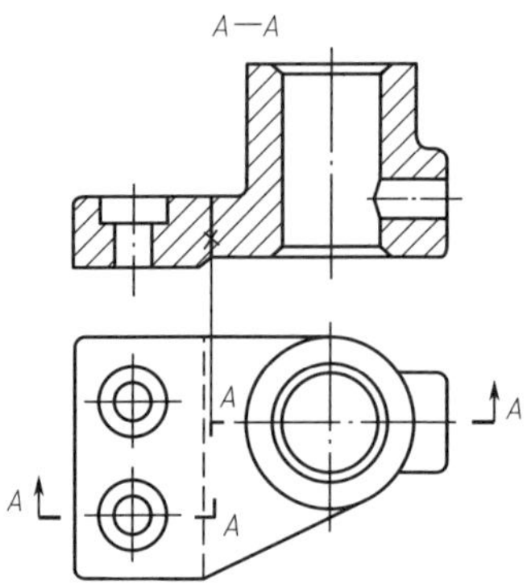

图3-18　转折处不应画线

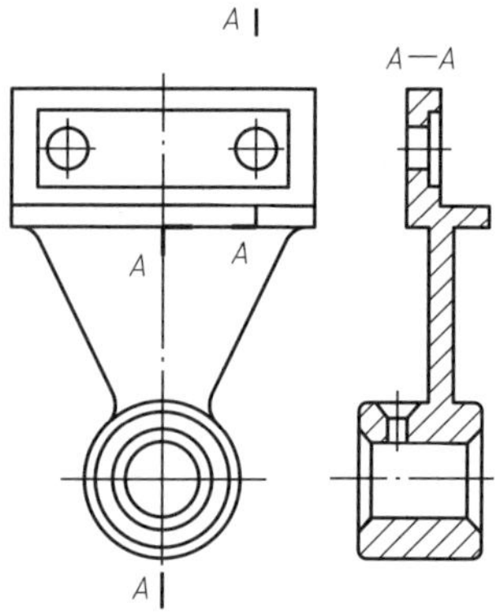

图3-19　转折处不应与轮廓线重合

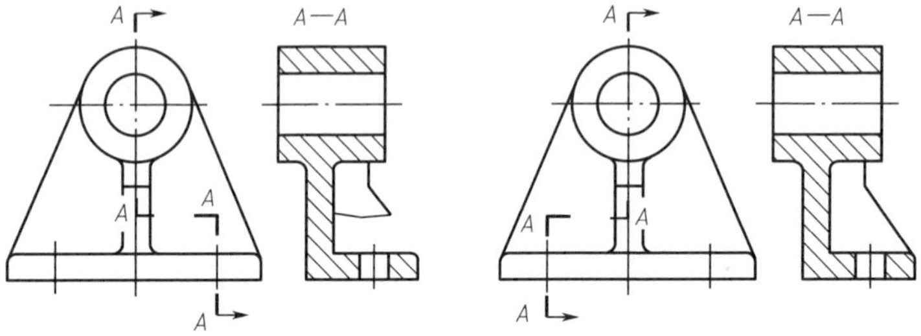

（a）错误　　（b）正确

图3-20　不应出现不完整的要素

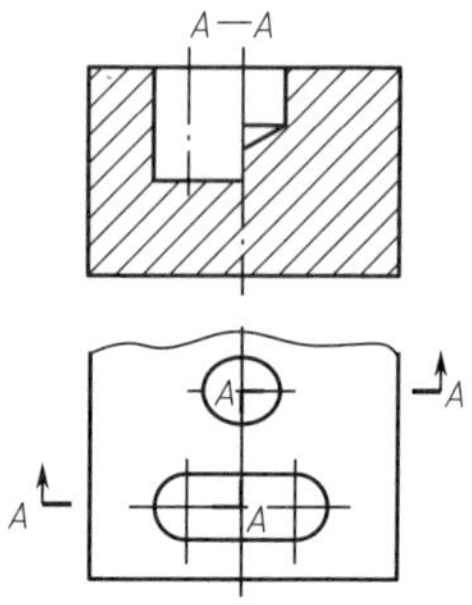

图3-21　阶梯剖特殊画法

3. 相交的剖切平面

当机件的内部结构形状较复杂时，用几个相交的剖切平面（交线垂直于某一投影面）剖开机件简称旋转剖。旋转剖常用于具有明显回转轴线的零件，如图3-22所示。

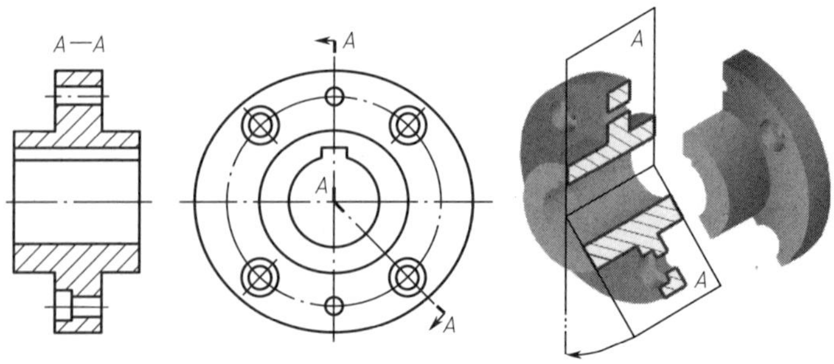

图3-22　旋转剖

注意事项：

（1）两剖切面的交线一般应与机件的轴线重合。

（2）画这种剖视图时，先假想按剖切位置剖开机件，然后将被剖切面剖开的结构及有关部分旋转到与选定的投影面平行再进行投射。有关部分是指与被切结构有直接联系且密切相关的结构，如图3–23（a）所示。

（3）位于剖切平面后的其他结构，一般仍按原来的位置投射，如图3–23（b）所示。

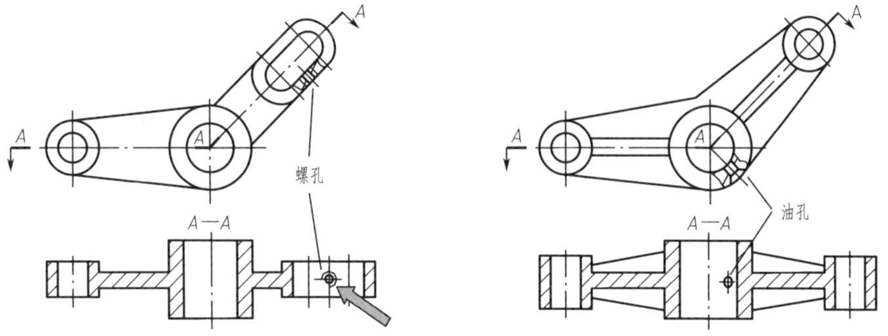

（a）　　（b）

图3–23　剖切平面后的结构

（4）当剖切后产生不完整要素时，该部分按不剖绘制，如图3–24所示。

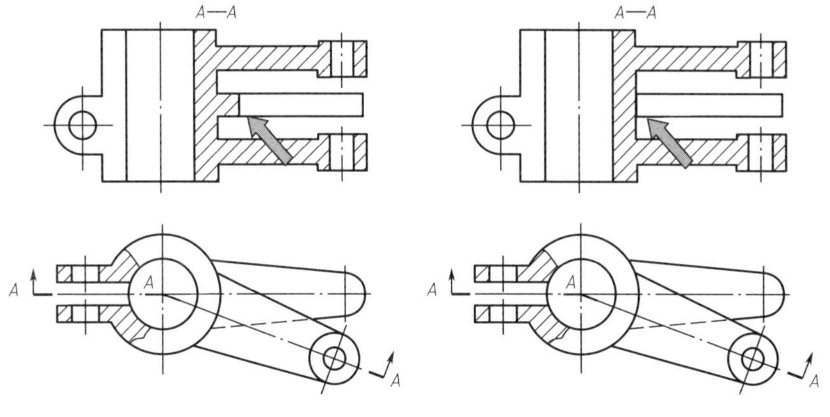

（a）错误　　（b）正确

图3–24　不应出现不完整要素

4. 相交剖切面与其他剖切平面的组合

用组合的剖切平面剖切机件的方法简称为复合剖。采用复合剖必须标注。复合剖的画法和标注方法与阶梯剖、旋转剖相同，如图3–25所示。

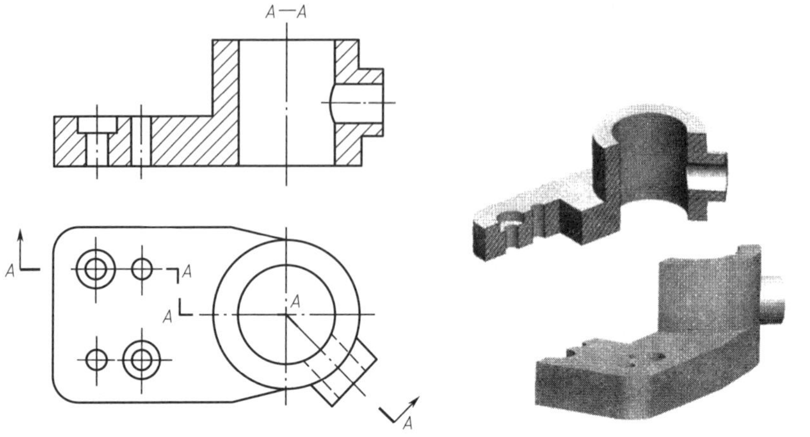

图3-25　复合剖

第三节　断面图

一、断面图的概念

假想用剖切面将机件的某处切断，仅画出该剖切面与物体接触部分的图形，称为断面图，简称断面，如图3-26（a）所示。

断面图主要用来表达机件的某一部位的断面形状，如臂、轮辐、肋、键槽、型材等结构的断面。为了得到机件的结构实形，剖切平面一般应垂直于机件的主要轴线或该处的轮廓线。

画断面图时，应特别注意断面图与剖视图之间的区别。断面图只画出机件剖切处的断面形状，而剖视图除了画出断面形状外，还要画出剖切平面后面的机件轮廓投影，如图3-26（b）所示。

断面图

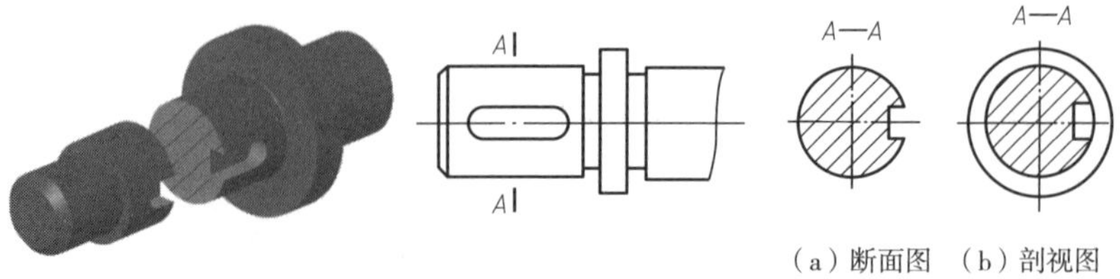

（a）断面图　（b）剖视图

图3-26　断面图与剖视图的区别

二、断面图的种类及画法

按断面图配置位置不同，断面图分为移出断面图和重合断面图两种。

1. 移出断面图的画法

画在视图轮廓线外的断面图称为移出断面图，如图3-27所示。

画移出断面时应注意:

（1）移出断面图的轮廓线用粗实线绘制。

（2）当剖切平面通过由回转面形成的孔或凹坑的轴线时，这些结构应按剖视绘制，如图3-27所示。

（3）当剖切平面通过非回转面形成的孔或凹坑，会导致完全分离的两个断面时，这些结构也应按剖视绘制，如图3-28所示。

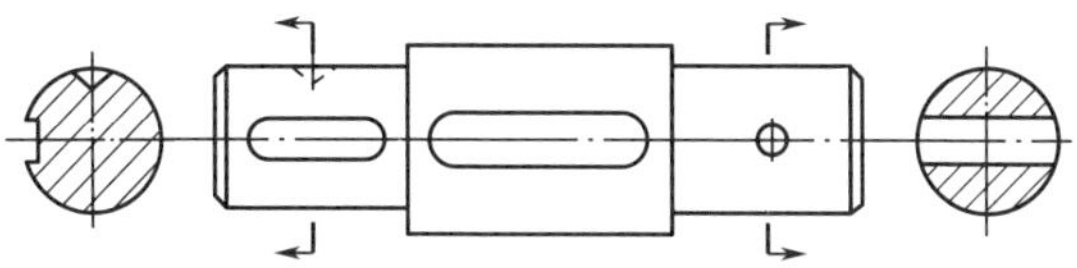

图3-27 移出断面图画法

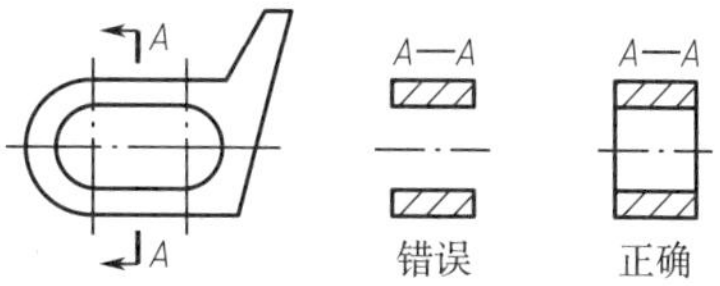

图3-28 完全分离的结构

（4）当断面图形对称时，也可画在视图的中断处，如图3-29所示，此时，视图应用波浪线（或双折线）断开。

（5）剖切平面应与被剖切部分的主要轮廓线垂直。由两个（或多个）相交的剖切平面剖切得出的移出断面，中间一般应断开，如图3-30所示。

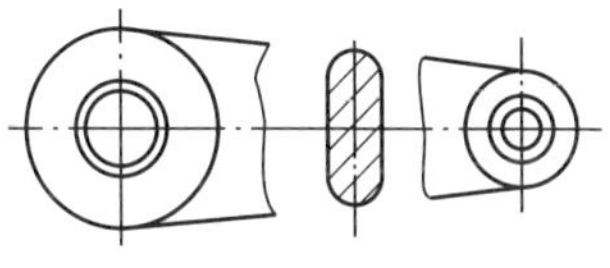

图3-29 画在中断处

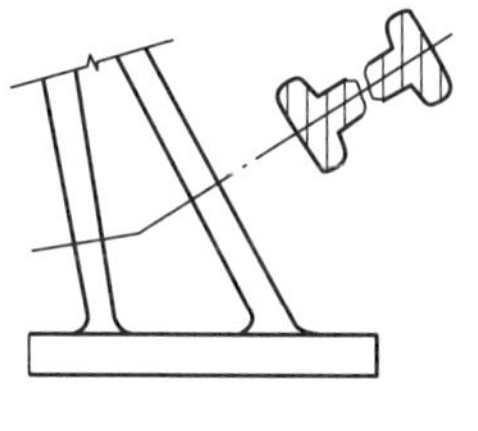

图3-30 两个或多个剖切平面

2. 重合断面图

画在视图内的断面图称为重合断面图，如图3-31所示。重合断面是假想剖切平面垂直地通过机件结构要素的轴线或轮廓线，然后将得到的断面旋转90°，使之与视图重合。重合断面图是重叠画在视图上的，一般多用在断面形状较简单的情况下。

画重合断面图时应注意:

（1）重合断面图的轮廓线用细实线绘制。

（2）当视图中的轮廓线与重合断面图的图形重合时，视图中的轮廓线仍应连续画出，不可间断，如图3-31（b）所示。

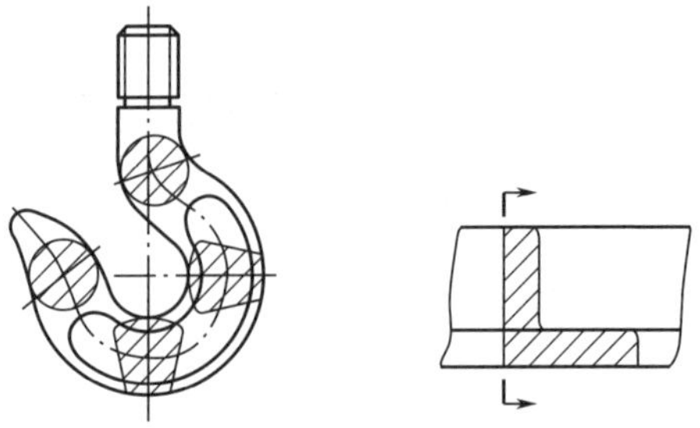

（a）　　　　（b）

图3-31　重合断面图

3. 断面图的标注

有关剖视图标注的基本规定同样适应于断面图。

（1）移出断面图的标注

① 配置在剖切符号延长线上的不对称的移出断面，可省略字母，如图3-32（b）所示。

② 按基本视图配置的不对称移出断面图和不配置在剖切延长线上的对称移出断面图，均可省略箭头，如图3-32（c）和图3-32（d）所示。

③ 配置在剖切线的延长线上的对称的移出断面，可省略标注，如图3-32（a）所示。

（2）重合断面图的标注　重合断面图若为对称图形，则不必标注，如图3-31（a）所示。若图形不对称，当不致引起误解时，也可省略标注，如图3-31（b）所示中的标注也可以省略。

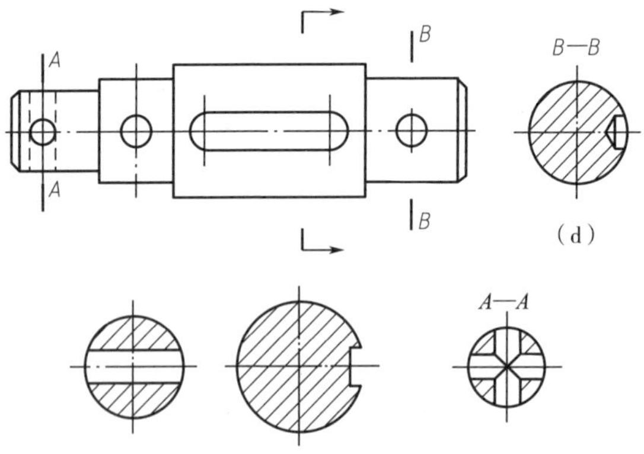

（a）　　（b）　　（c）

图3-32　移出断面图的标注

第四节　局部放大图和简化画法

除了用视图、剖视图和断面图表达外，对机件上一些特殊结构，为保证图形清晰和作图简便，国家标准还规定了局部放大图、简化画法和规定画法等表达方法。

一、局部放大图

当机件上某些细小结构在原图上表达不够清楚或不便标注尺寸时，可将这些细小结构用大于原图的比例单独画出，这种用大于原图比例画出的机件上的局部结构图形，称为局部放大图，如图3-33所示。局部放大图的比例为图中图形与其实物相应要素的线性尺寸之比，而并非是与原图形大小之比。画局部放大图时，应用细实线圈出被放大的部位。

局部放大图可根据需要画成视图、剖视图、断面图，与被放大部分的表达方式无关，当同一机件上有几个被放大的部位时，必须用罗马数字依次标明被放大的部位，并在局部放大图上方用分数形式标出相应的罗马数字和采用的比例，如图3-33中Ⅰ、Ⅱ两处局部放大图。当机件上被放大的部位只有一个时，在局部放大图的上方只需注明所采用的比例即可。

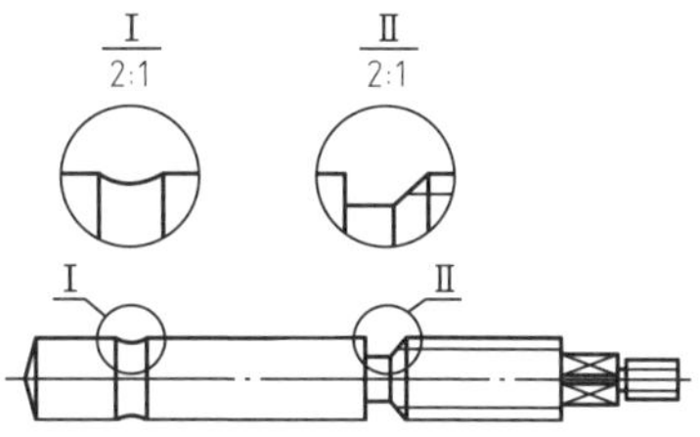

图3-33　局部放大图

同一机件上，不同部位的放大图相同或对称时，可只画出一个部位的局部放大图。

二、简化画法

1. 剖视图中的规定画法

对机件上的肋、轮辐及薄壁等结构，如按纵向剖切，不画剖面符号，而用粗实线将它与相邻接部分分开。但是这些结构按横向被剖切时，在反映厚度的剖视图上，其剖面要画上剖面符号，如图3-34（a）所示。

当机件回转体上均匀分布的肋、轮辐、孔等结构不处于剖切平面上时，可假想将这些结构旋转到剖切平面位置画出，如图3-34（b）、（c）所示。

2. 较长机件折断的规定画法

较长的机件（如轴、杆、型材等）沿长度方向的形状一致或按一定规律变化时，可断开后缩短绘制，但尺寸应标注实长，如图3-35所示。

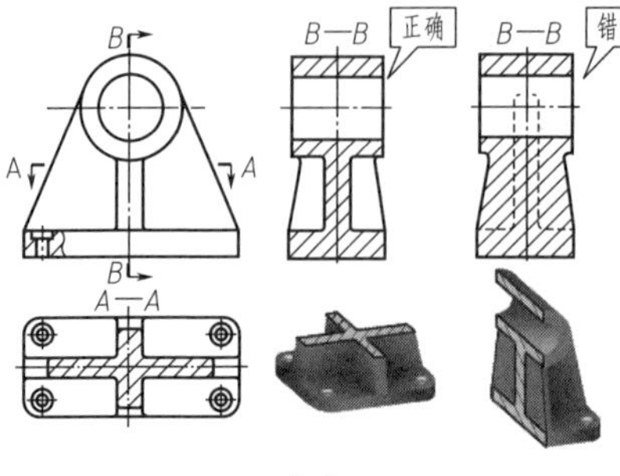

（a）

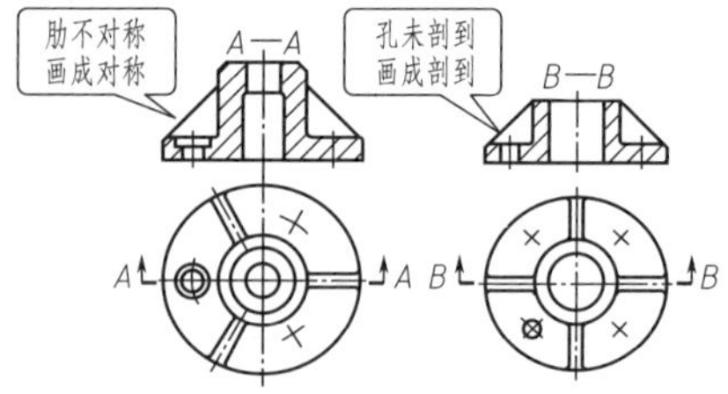

（b）

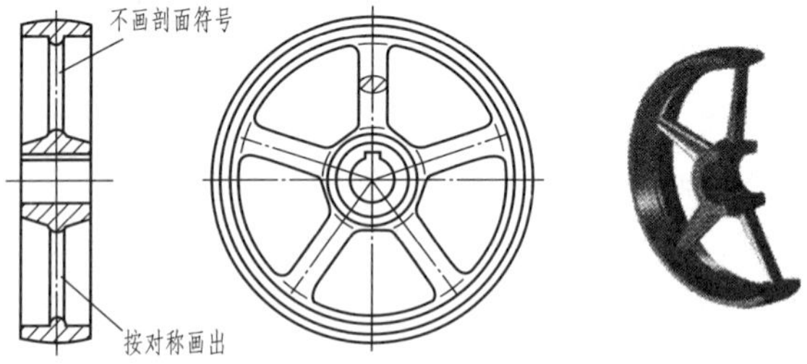

（c）

图3-34　剖视图中的规定画法

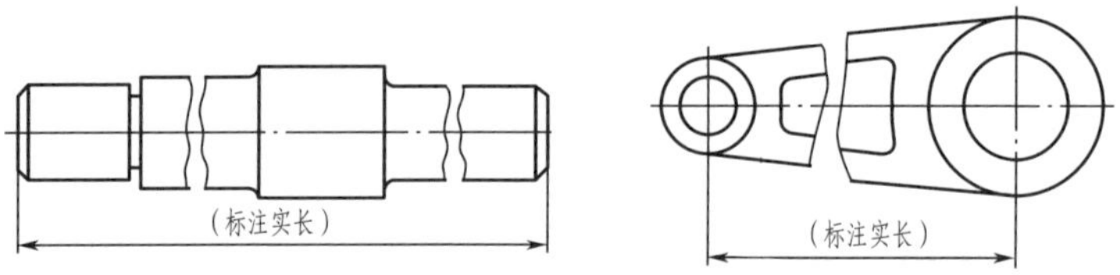

图3-35　较长杆件折断的规定画法

3. 对称机件的省略画法

在不致引起误解时，对于对称机件的视图可只画一半或1/4，并在对称中心线的两端画出两条与其垂直的平行细实线。有时还可用略大于一半画出，如图3-36所示。

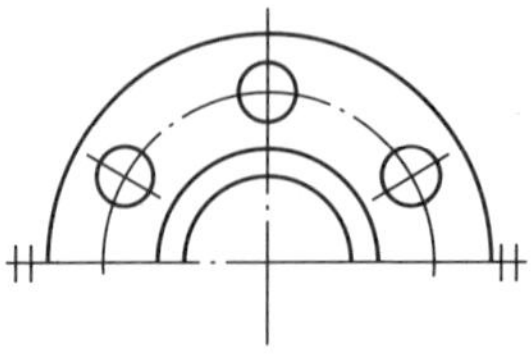
（a）

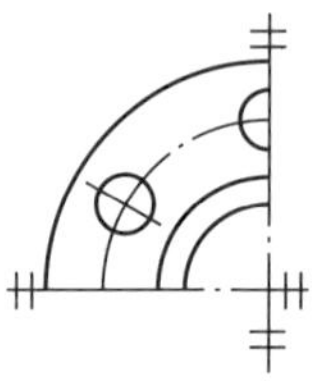
（b）

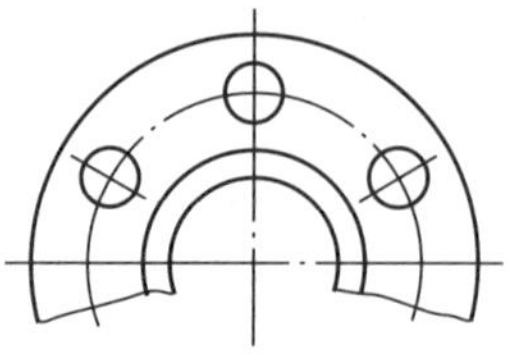
（c）

图3-36　对称机件的省略画法

4. 平面的表示法

当图形不能充分表达平面时，可用平面符号（相交的两细实线）表示，如图3-37所示。

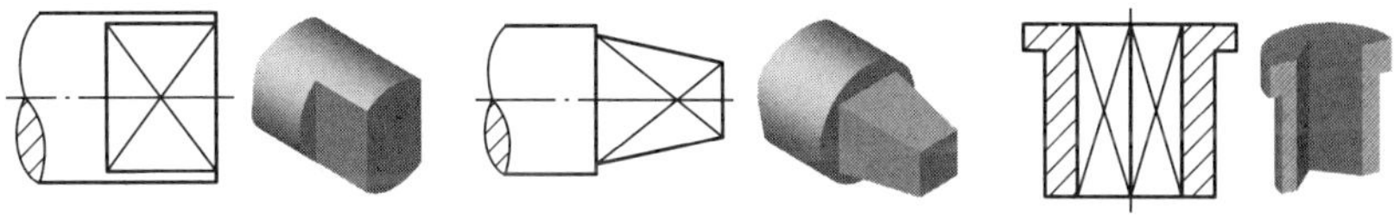

（a）　（b）　（c）

图3-37　平面的表示法

5. 细小结构的简化画法

机件上细小的结构，若在一个图形中已表达清楚，则其他图形可简化或省略，如图3-38（a）、（b）所示。

6. 相同要素的简化画法

当机件具有若干相同结构（齿、槽等），并按一定规律分布时，可只画出几个完整的结构，其余用细实线连接，在零件图中注明该结构的总数，如图3-38（c）所示。

若干直径相同且成规律分布的孔（圆孔、螺孔、沉孔等），可仅画出一个或几个，其余只需用点画线表示出中心位置，在零件图中注明孔的总数，如图3-38（d）所示。

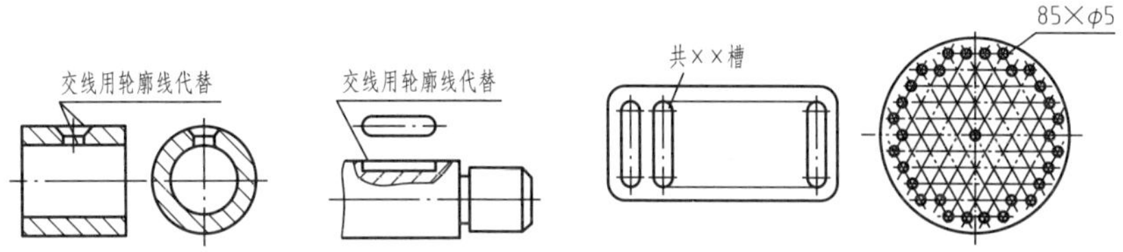

（a）　（b）　（c）　（d）

图3-38　简化画法

7. 断面图的简化画法

在不致引起误解时，零件图中的移出断面图允许省略剖面符号，但剖切位置与断面图的标注仍按规定标注。

当表达一个物体时，首先要对物体进行形体分析，根据它的结构特点，综合应用国家标准规定的表示图样的方法选择表达方案。较好的表达方案应该是用较少的图形，把零件结构完整地、清晰地表达出来，使得画图、看图都比较方便。

三、第三角画法简介

国家标准规定技术图样优先采用第一角画法，世界上多数国家如中国、英国、法国、德国、意大利、俄罗斯等国家都采用第一角画法，美国、日本、加拿大等国家采用第三角画法，为适应国际技术交流的需要，应了解第三角画法。

1. 第三角画法形成规律、画法原理

三个互相垂直的投影面*V*、*H*、*W*，将*W*面左侧空间划分为四个区域，按顺序分别称为第一角、第二角、第三角、第四角，如图3-39（a）所示。将物体放在第三角，使投影面处在观察者和物体之间进行投射。

（1）三视图的形成与投影面的展开

① 三视图的形成。

主视图：从前向后投射，在正平面（*V*面）上所得的视图。

俯视图：从上向下投射，在水平面（*H*面）上所得的视图。

右视图：从右向左投射，在侧平面（*W*面）上所得的视图。

② 投影面的展开。

如图3-39（b）所示，*V*面保持不动，将*H*面向上旋转，*W*面向右（前）旋转，使*H*、*W*面与*V*面展开成一个平面，即得到第三角画法的三视图。

（2）三视图之间的“三等”投影关系与方位关系

①“三等”关系。主视图、俯视图长对正；主视图、右视图高平齐；俯视图、右视图宽相等，如图3-39（c）所示。

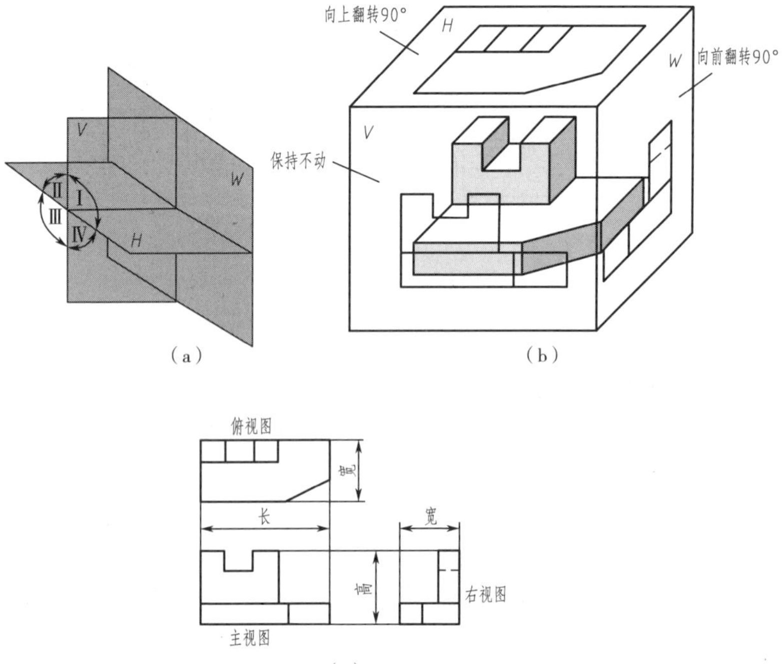

图3-39　第三角画法

② 方位关系。由于第三角画法的投影面处于物体与观察者之间，因此在俯视图、右视图中靠近主视图的一侧表示物体的前面，远离主视图的一侧表示物体的后面。这与第一角的画法恰恰相反。主视图反映上下、左右关系；俯视图反映左右、前后关系；右视图反映上下、前后关系。

2. 第一角、第三角画法比较

第一角和第三角画法都采用正投影法，各视图间保持“长对正、高平齐、宽相等”的对应关系。它们的主要区别是：

（1）物体在投影体系中的位置不同　第一角画法是将物体放在第一分角表达，第三角画法是将物体放在第三分角表达。

（2）物体、投影面与观察者的相对位置关系不同　在第一角画法中，物体处于观察者与投影面之间，即物体、投影面与观察者的相对位置关系为：人—物—面。在第三角画法中，投影面处于观察者与物体之间，即物体、投影面与观察者的相对位置关系为：人—面—物。

（3）基本视图的展开及各视图的配置不同　第三角画法的主视图与第一角画法的主视图一致（没有变化）；第三角画法的左视图与第一角画法的左视图的位置左右颠倒；第三角画法的俯图与第一角画法的俯视图的位置上下对调。各视图的展开及配置对比如图3-40所示。

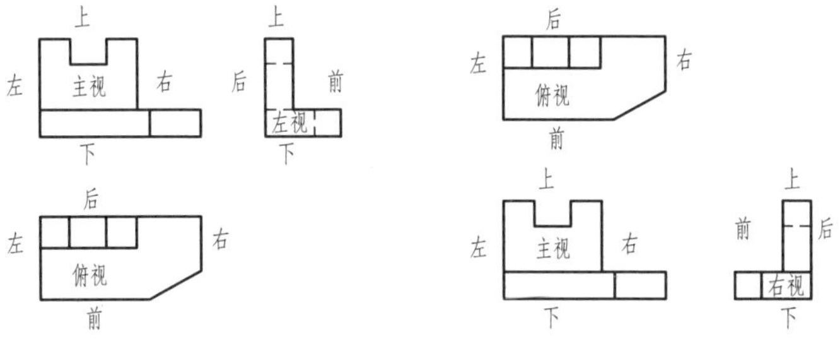

（a）第一角画法　　（b）第三角画法

图3-40　第一角和第三角比较

由于各视图的配置不同，第三角画法的仰视图、俯视图、右视图、左视图，靠近主视图的一边（里边），表示物体的前面，远离主视图的一边（外边）表示物体的后面。这与第一角画法“里后外前”正好相反。

总之，第三角投影与第一角投影都是采用正投影法，均符合投影规律。但由于机件所在分角不同，即人、物、投影面之间的相对位置关系不同，故展开后所得各视图的相互位置和对应关系也就有所不同。只要熟练掌握第一角投影的特点，运用第一角投影的原理，读、画第三角投影图是不成问题的。

3. 有关规定

在ISO国际标准中规定，第一角画法用图3-41（a）的符号表示，第三角画法用图3-41（b）的符号表示。在此基础上，国标规定，当采用第一角画法时可不画识别符号，必要时才画出；采用第三角画法时，必须画出识别符号，识别符号画在标题栏内。

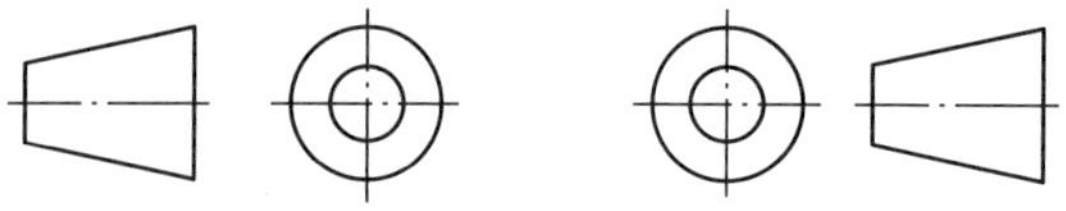

（a）第一角画法识别符号　　（b）第三角画法识别符号

图3-41　第一角和第三角画法识别符号

课中蕴含的哲理

机械制图国家标准规定了基本视图、斜视图、剖视图、断面图等各种表达方法，在表达物体形状时，面对形状各异、复杂多变的物体，要设想自己是看图者，选择其中最合适的表达方法，以方便别人看图。

清代名臣李鸿章，有一次外出办事，路过家乡，前去拜访他的恩师徐子苓。刚到恩师门口，看门的仆人见李鸿章身着官服，便急着要进府禀报。李鸿章连忙叫住对方，让其先等一等，他想换上一身普通衣服再进去拜见恩师。

身边的人对此不解，李鸿章解释说："穿着这套官服拜见恩师，恩师定会顾及着我当官的身份而产生压力，难免心里会感到不自在，我若是换上普通衣服，用寻常的样子去拜见，老师就会感到放松，我们之间也就不会产生隔阂了。"

做人做事与绘图何尝不是一个道理，要懂得换位思考，多为他人着想，心怀悲悯，善待周围的人与物，温暖了世界，也将温暖我们自己。

第四章 机械制图的基本技能

教学目标

（1）正确使用绘图工具绘制平面图形。

（2）了解轴测图的基本知识。

（3）掌握正等轴测图的绘制方法，基本掌握斜二等轴测图的绘制方法。

第一节 绘制平面图形

零件的轮廓形状是由直线、圆弧及其他平面曲线组成的几何图形，熟练掌握常见几何图形正确的作图方法，是提高绘图速度、保证绘图质量的重要保障。

一、常见几何图形的画法

1. 圆的等分及作正多边形

（1）用三角板与丁字尺配合作圆周六（三）等分及作正六（三）边形 已知正六（三）边形的外接圆直径，可利用丁字尺、三角板和圆规配合完成作图，如图4-1所示。

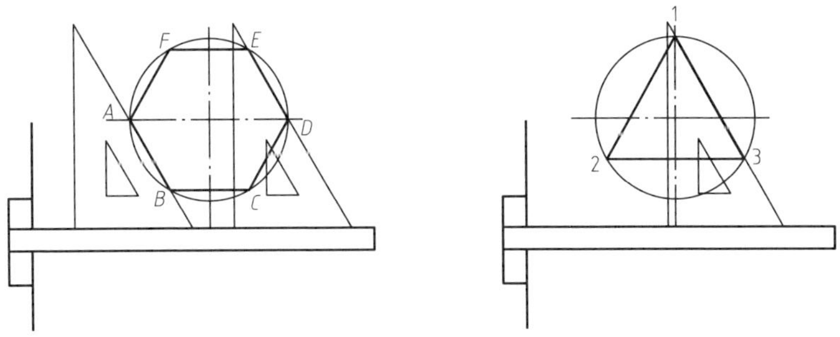

（a） （b）

图4-1 用三角板与丁字尺配合作已知圆的内接正六（三）边形

（2）用圆规作圆周六（三）等分及作正六（三）边形　已知正六（三）边形的外接圆直径，可通过用圆规六（三）等分外接圆完成作图，如图4-2所示。

作正六边形演示

作正三角形演示

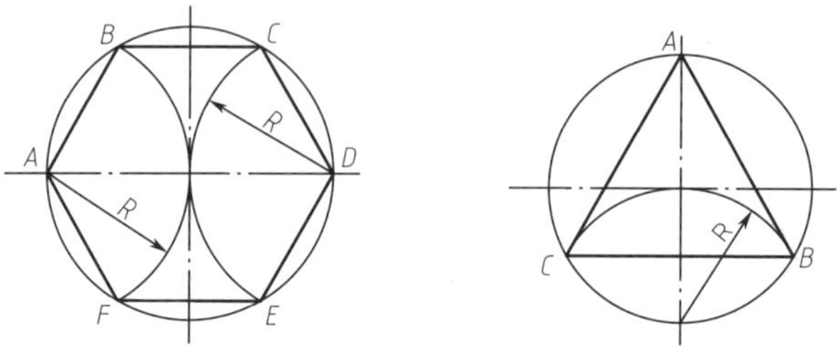

（a）　　（b）

图4-2　用圆规作已知圆的内接正六（三）边形

2. 斜度

斜度是指一直线（或平面）对另一直线（或平面）的倾斜程度。斜度的大小通常以斜边（或斜面）的高与底边长的比值来表示，并将此值化为1∶n的形式，标注时在比例数字之前加注斜度符号。如∠1∶n，符号的方向应与斜度方向一致，如图4-3所示。

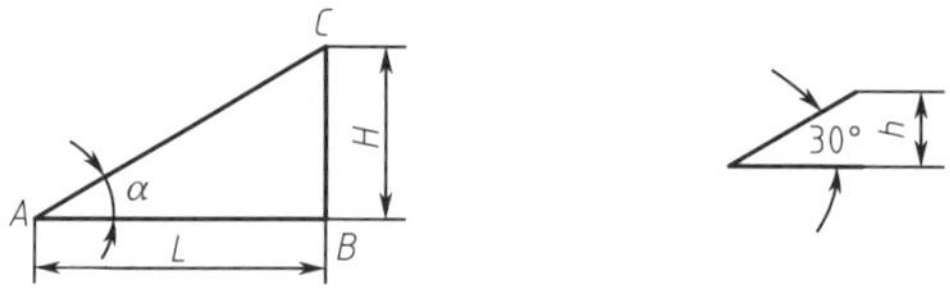

（a）斜度＝tanα=H/L=1:n　　（b）斜度符号　h=字高　符号线宽=h/10

图4-3　斜度

斜度的画法和标注如图4-4所示。

作斜度演示

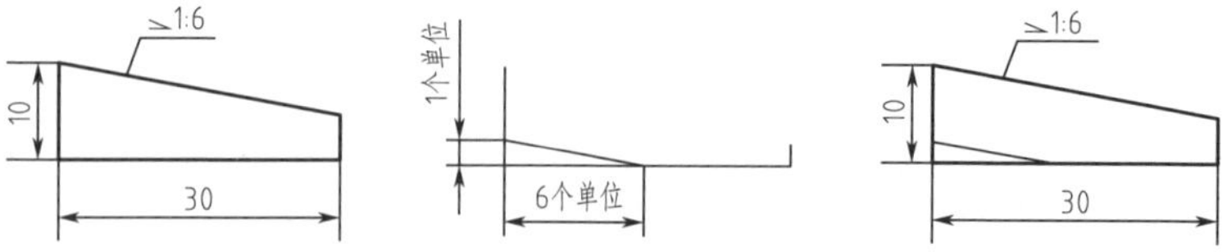

（a）　　（b）　　（c）

图4-4　斜度的画法和标注

3. 锥度

锥度是指圆锥的底面直径与高度之比，即D∶L，而正圆台的锥度是底圆直径与顶圆直径之差与两底圆间距离之比。标注时加注锥度符号，符号的方向应与锥度方向一致，如图4-5所示。

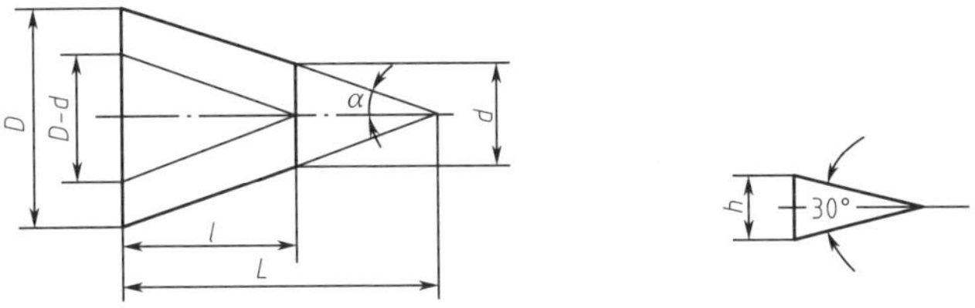

（a）锥度＝2tanα=D/L=$(D-d)/L$=1:n　　（b）锥度符号 h=字高 符号线宽=$h/10$

图4-5　锥度

锥度的画法和标注如图4-6所示。

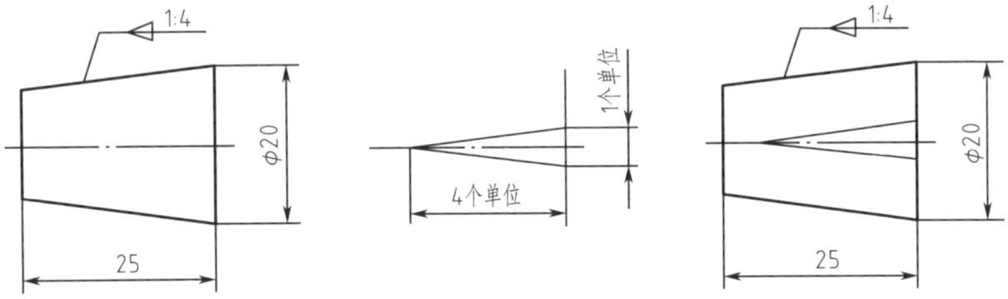

（a）　　（b）　　（c）

图4-6　锥度的画法和标注

作锥度演示

4. 圆弧连接

由一线段圆滑地过渡到另一线段的关系，称为圆弧连接，圆弧连接的零件如图4-7所示。用圆弧连接圆弧或直线，该圆弧称为连接弧。圆弧连接的实质就是圆弧与相邻直线或圆弧相切，因此，作图时必须先求出连接弧的圆心和确定连接点（切点）的位置。

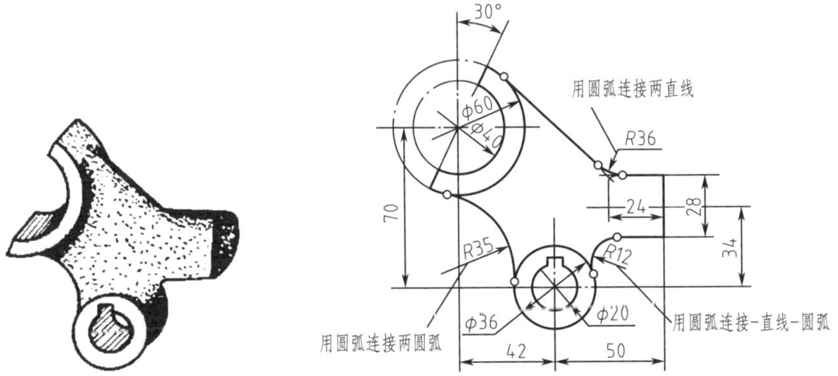

图4-7　圆弧连接的零件

（1）用半径为R的圆弧连接两已知直线。

作图原理：半径为R 的连接圆弧与已知直线连接（相切）时，连接弧圆心O的轨迹是与已知直线相距为R的平行线；切点为连接弧圆心向已知直线所作垂线的垂足T，如图4-8（a）所示。

作图：

两直线成锐角或钝角的情况，如图4-8（b）所示。

① 作两条辅助线分别与两已知直线平行且相距R，交点O即为连接圆弧的圆心。

② 由点O分别向两已知直线作垂线，垂足即切点M、N。

③ 以点O为圆心，R为半径，在切点M、N之间画弧。

两直线成直角的情况，如图4-8（c）所示。

① 以角的顶点A为圆心，R为半径画弧，与已知直线相交得M、N点，即切点。

② 分别以M、N为圆心画弧，交点O即为连接圆弧的圆心。

钝角或锐角作图演示

直角作图演示

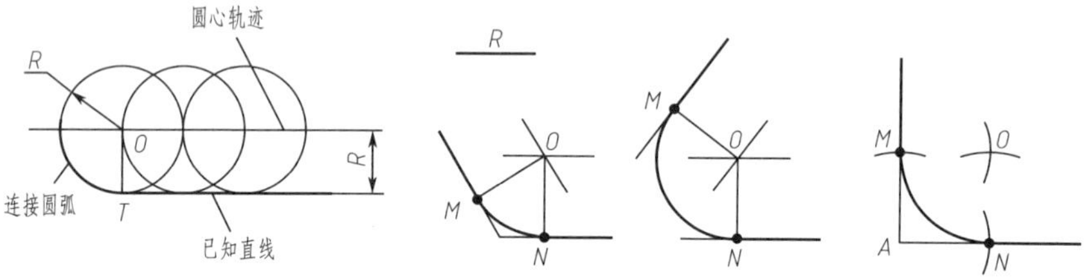

（a）作图原理　　（b）钝角或锐角作图　　（c）直角作图

图4-8　圆弧连接两直线

③ 以点O为圆心，R为半径，在切点M、N之间画弧。

（2）用半径为R的圆弧连接两已知圆弧（外切），如图4-9所示。

作图原理：当一个半径为R的连接圆弧与已知圆弧（半径为R_1）外切时，则连接圆弧圆心的轨迹是已知圆弧的同心圆弧，其半径为R_1+R；切点为两圆心的连线与已知圆的交点T，如图4-9（a）所示。

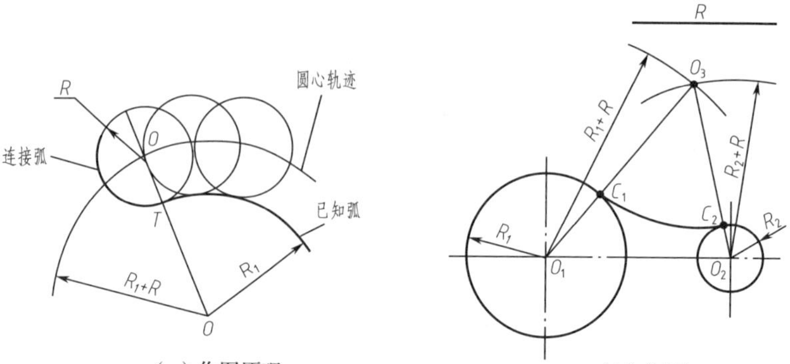

（a）作图原理　　（b）作图

外连接作图演示

图4-9　圆弧外连接两已知圆弧

作图：

① 以O_1为圆心，R_1+R为半径画圆弧。

② 以O_2为圆心，R_2+R为半径画圆弧，得交点O_3。

③ 分别连接O_1O_3、O_2O_3求得两个切点C_1、C_2。

④ 以O_3为圆心，R为半径，在切点C_1、、C_2之间画弧，如图4-9（b）所示。

（3）用半径为R的圆弧连接两已知圆弧（内切），如图4-10所示。

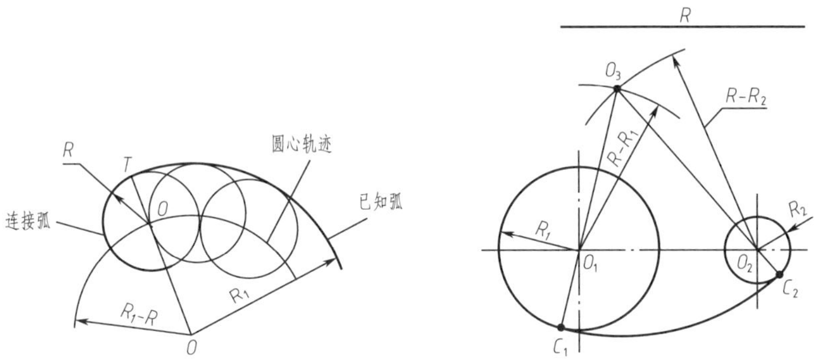

（a）作图原理　　（b）作图

图4-10　圆弧内连接两已知圆弧

内连接作图演示

作图原理：

当一个半径为R的连接圆弧与已知圆弧（半径为R_1）内切时，则连接圆弧圆心的轨迹是已知圆弧的同心圆弧，其半径为R_1-R（或$R-R_1$）；切点为两圆心的连线与已知圆的交点T，如图4-10（a）所示。

作图：

① 以O_1为圆心，$R-R_1$为半径画圆弧。

② 以O_2为圆心，R-R_2为半径画圆弧，得交点O_3。

③ 分别连接O_3O_1、O_3O_2并延长求得两个切点C_1、C_2。

④ 以O_3为圆心，R为半径，在切点C_1、C_2之间画弧，如图4-10（b）所示。

（4）用半径为R的圆弧连接已知圆弧和直线，如图4-11所示。

① 以O_1为圆心，R_1+R为半径作圆弧。

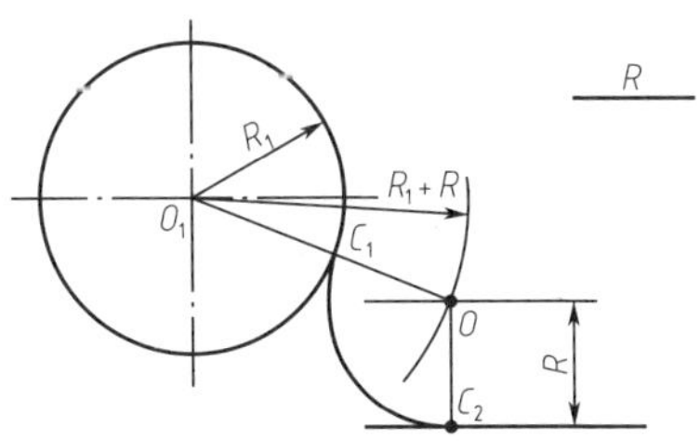

图4-11　圆弧连接已知圆弧和直线

圆弧连接圆弧和直线演示

② 作与已知直线平行且相距为R的直线，得交点O。

③ 连接O_1O，求得与已知圆弧的切点C_1。

④ 由O向已知直线作垂线，求得与已知直线的切点C_2。

⑤ 以O为圆心，R为半径，在切点C_1、C_2之间画弧，如图4-11所示。

注意：无论哪种形式的连接，连接圆弧的圆心都是利用动点运动轨迹相交的概念确定的。与直线等距离的点的轨迹是直线的平行线，与圆弧等距离的点的轨迹是同心圆弧。

二、绘制平面图形

绘制平面图形，首先应对平面图形作尺寸和线段性质分析，以确定正确的绘图步骤。

1. 平面图形的尺寸分析

（1）尺寸基准　标注尺寸的起点，称为尺寸基准。分析尺寸时，首先要找尺寸基准。通常以图形的对称轴线、较大圆的中心线、图形轮廓线作为尺寸基准。一个平面图形具有两个坐标方向的尺寸，每个方向至少要有一个尺寸基准。尺寸基准常常也是画图的基准。画图时，要从尺寸基准开始画，如图4-12（a）所示。

（2）尺寸分类　根据尺寸的作用，平面图形中的尺寸可分为两类：

① 定形尺寸。决定平面图形形状的尺寸，称为定形尺寸。如圆的直径、圆弧半径、多边形边长、角度大小等均属定形尺寸，如图4-12（a）中$\phi 30$、$\phi 40$、$R48$等。

② 定位尺寸。决定平面图形中各组成部分与尺寸基准之间相对位置的尺寸，称为定位尺寸。如圆心、封闭线框、线段等在平面图形中的位置尺寸，如图4-12（a）中9、15、90等。

2. 平面图形的线段分析

根据定形尺寸和定位尺寸的概念，可以把图形中的线段分为三种，如图4-12（b）所示。

（1）已知线段　定形、定位尺寸齐全的线段，称为已知线段。作图时该类线段可以直接根据尺寸作图，如图中的$\phi 40$、$R48$，圆心位置的两个定位尺寸均为已知的圆弧，根据图中所注尺寸能直接画出。

（2）中间线段　具有定形尺寸，但定位尺寸不齐全，需根据另外的几何条件才能画出线段，称为中间线段，如图4-12（b）所示中的$R23$、$R40$，这种已知圆心的一个定位尺寸的圆弧，需画出与其一端连接的线段后，才能确定其圆心位置。

（3）连接线段　只有定形尺寸没有定位尺寸的线段，称为连接线段，如图4-12（b）中的$R3$、$R60$、$R40$，这种只已知半径尺寸，而无圆心的两个定位

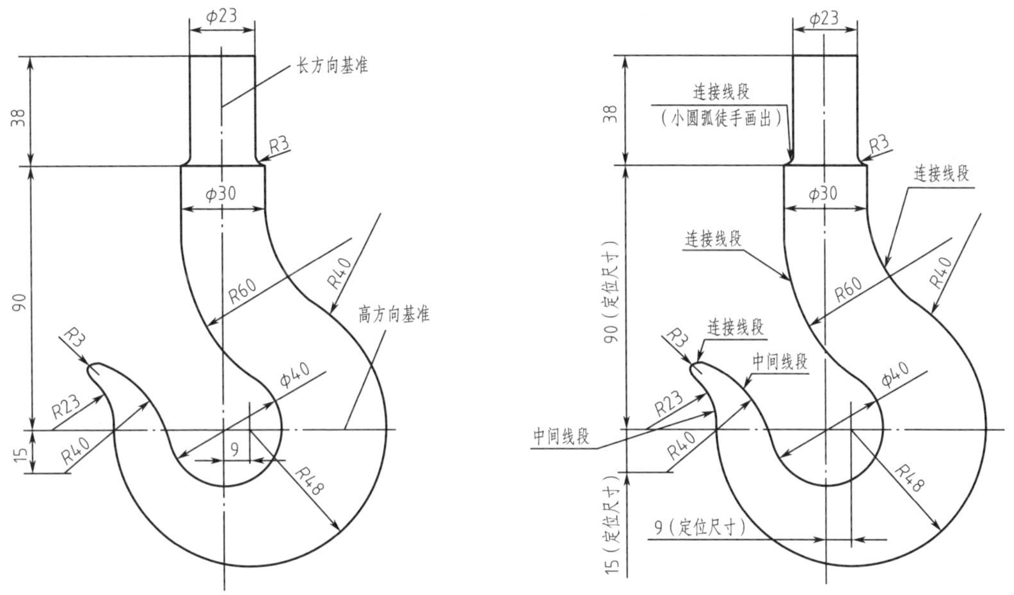

（a）吊钩的尺寸分析　　（b）吊钩的线段分析

图4-12　吊钩作图分析

尺寸的圆弧，需要画出与其两端相连接的线段后，通过作图才能确定其圆心位置。

3. 确定平面图形的作图方法和步骤

一般从图形的基准线画起，再按已知线段、中间线段、连接线段的顺序作图。对圆弧来说，先画已知圆弧，再画中间圆弧，最后画连接圆弧。

平面图形的画图步骤归纳如下：

① 画底稿线：按正确的作图方法绘制，要求图线细而淡，图形底稿完成后检查，如发现错误，应及时修改，擦去多余的图线。

② 描深、加粗图线。

③ 标注尺寸：为提高绘图速度，可一次完成。

4. 作图

吊钩的作图过程，如图4-13所示。注：不使用圆规画出的较小圆弧徒手绘出。

5. 标注吊钩尺寸

平面图形尺寸标注的基本要求是：正确、完整、清晰。

以上是用尺规绘制平面图形的作图方法，在AutoCAD计算机绘图中，操作方法主要有以下不同。

① 画连接线段时：圆角情况下，不管是圆弧连接直线还是圆弧，以及外切连接弧，如图4-12（b）所示的两个圆角*R*3和连接线段*R*40，均可用编辑命令

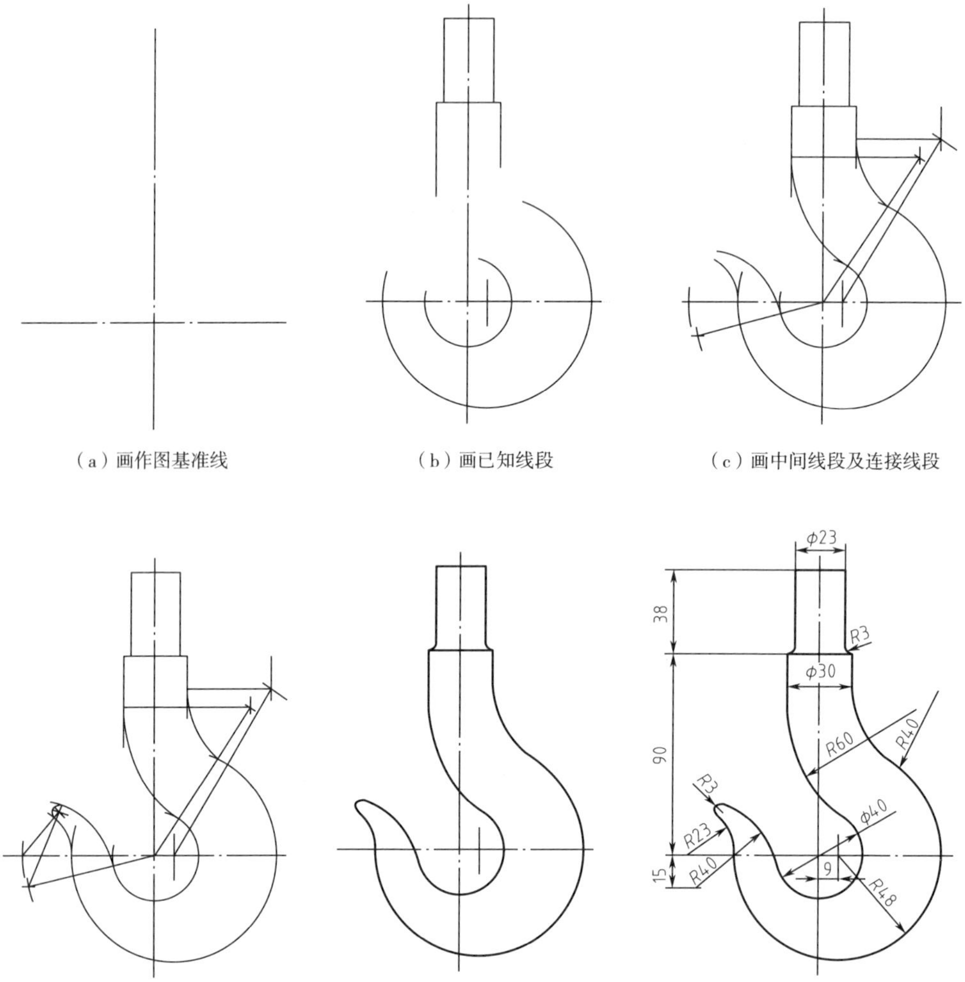

（a）画作图基准线　（b）画已知线段　（c）画中间线段及连接线段

（d）画连接线段　（e）描深、加粗图线　（f）标注尺寸

图4-13　吊钩的作图

"圆角"方便地画出。

非圆角的情况下，除外切连接弧外的所有连接线段，如图4-12（b）所示连接线段*R*60，可用绘图命令"圆"，结合编辑命令"修剪"，画出连接弧。

以上均不必求出连接圆弧的圆心和切点，操作方法见图8-13的示范视频。

② 画中间线段时：如图4-12（b）所示的*R*23、*R*40，可先根据中间弧与已知弧的相切关系，利用作图原理，确定中间弧的圆心，再用绘图命令"圆"，结合编辑命令"修剪"，画出中间线段，不必求出切点，操作方法见图8-33的示范视频。

③ 作圆周等分及作正多边形：用绘图命令"多边形"直接画出，操作方法见图8-14的示范视频。

第二节 绘制轴测图

多面正投影完全可以表示空间物体的形状和大小，但是它的立体感差，缺乏看图基础的人难以看懂。而轴测图是一种同时反映物体长、宽、高三个方向的单面投影图。它具有立体感，一般不能反映出物体各表面的实形，同时作图较复杂。因此，在工程上常把轴测图作为辅助图样，同时，通过画轴测图可以帮助读者想象物体的形状，培养空间想象能力。

一、绘制基本体的轴测图

1. 轴测图的基本知识

（1）轴测图的形成 将物体连同确定其空间位置的直角坐标系，沿不平行于任一坐标面的方向，用平行投影法将其投射在单一投影面上所得的具有立体感的图形称为轴测图，如图4-14所示。

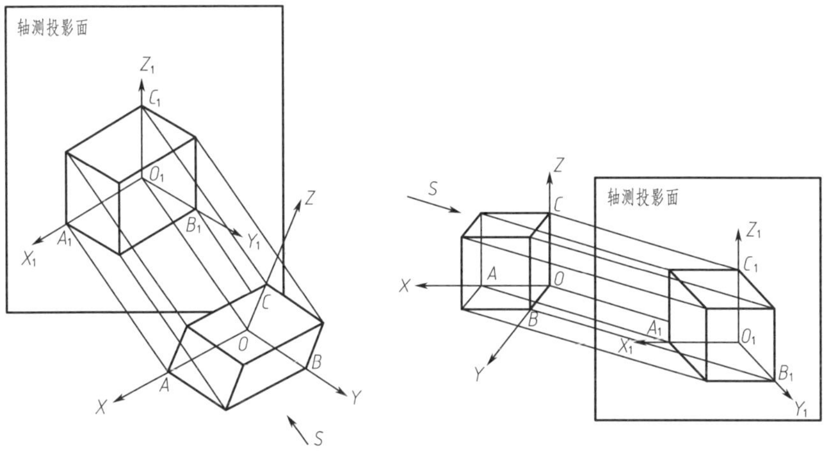

（a）正轴测图的形成　　（b）斜轴测图的形成

图4-14 轴测图的形成

得到轴测投影的面称为轴测投影面。

用正投影法形成的轴测图称为正轴测图；用斜投影法形成的轴测图称为斜轴测图。

（2）轴测投影的术语

1）轴测轴和轴间角。建立在物体上的坐标轴OX、OY、OZ在投影面上的投影O_1X_1、O_1Y_1、O_1Z_1称为轴测轴，轴测轴间的夹角$\angle X_1O_1Y_1$、$\angle X_1O_1Z_1$、$\angle Y_1O_1Z_1$称为轴间角，如图4-15所示。

2）轴向伸缩系数。物体上平行于坐标轴的线段在轴测图上的长度与实际长度之比称为轴向伸缩系数。X、Y、Z轴的轴向伸缩系数分别为p、q、r。

3）轴测图的投影特性。由于轴测图是根据平行投影原理作出的，因此其具有以下性质：

① 平行性。空间相互平行的直线，它们的轴测投影也相互平行。

② 等比性。空间平行于坐标轴的线段，其轴测投影的伸缩系数与该坐标轴的伸缩系数相等。

画轴测图时，必须先确定轴间角和轴向伸缩系数，然后按轴测轴的方向测量尺寸画图。

2. 正等轴测图画法

（1）正等轴测图的形成　将物体放置成使它的三条坐标轴与轴测投影面具有相同的夹角，然后向轴测投影面作正投影，用这种方法作出的轴测图称为正等轴测图。

（2）正等轴测图的参数及画法

轴间角：$\angle X_1O_1Y_1=\angle X_1O_1Z_1=\angle Y_1O_1Z_1=120°$

轴向伸缩系数：$p=q=r=0.82$

为使作图方便，常采用简化轴向伸缩系数：$p=q=r=1$。用简化轴向伸缩系数画轴测图，沿各轴向所有尺寸都用真实长度量取，并不影响轴测图的形状，只是图形比实际投影大了约1.22倍，如图4-15所示。

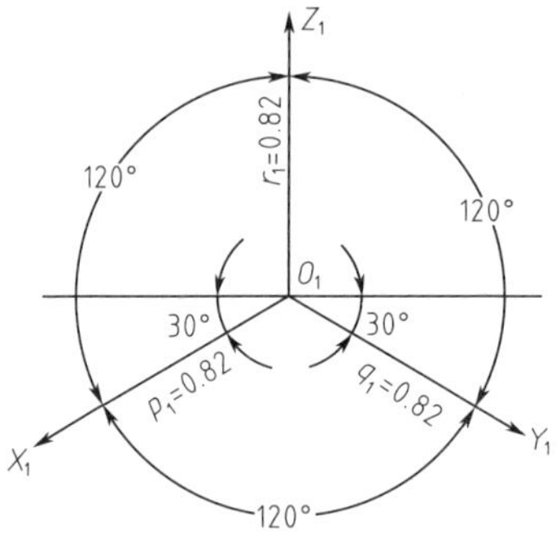

图4-15　正等轴测图的轴测轴和轴向伸缩系数

（3）基本体的正等轴测图画法　轴测图上可不必画出轴测轴，而画出参照轴测轴，然后以测量尺寸方便为原则选定起画点，依据“平行性”“等比性”画出。

画基本体轴测图常用特征面画法。对柱类形体，先画出反映柱体形状特征的可见底面，再画出可见的侧棱，然后画出另一底面的可见轮廓线；对台（或锥）类形体，先画出两底面（或底面和锥顶），再画出可见的侧棱。

1）平面体的正等轴测图画法。棱柱的正等轴测图画法如图4-16所示。

棱锥的正等轴测图画法如图4-17所示。

2）曲面立体的正等轴测图画法。

① 圆的正等轴测图画法。在正等轴测图中，形体上圆的投影成为椭圆。在实际作图中，不要求准确画出椭圆曲线，而是采用“四心椭圆法”进行近似作图（即用四段圆弧近似作出椭圆）。

图4-18所示为平行于坐标面的圆的正等轴测图。

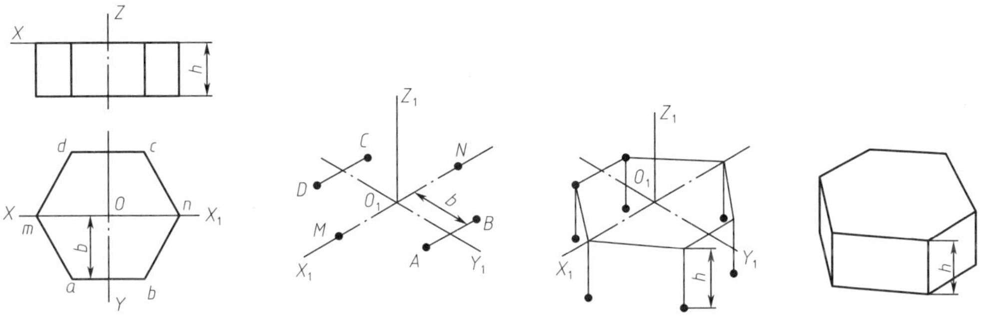

（a）已知六棱柱视图　（b）画特征面　（c）画棱线　（d）画底面，擦掉辅助线

图4-16　六棱柱的正等轴测图画法

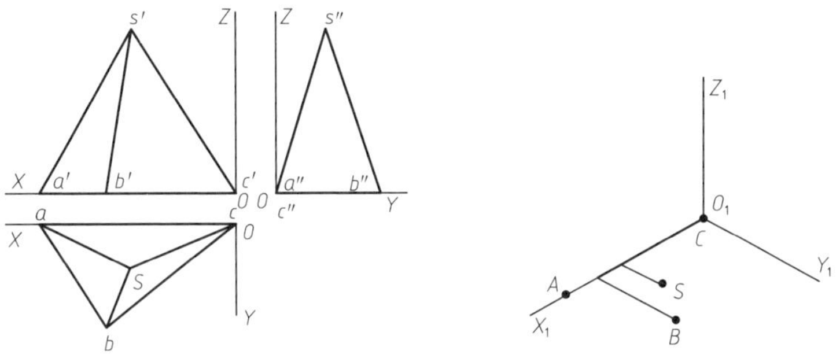

（a）已知三棱锥三视图　（b）画特征面各顶点A、B、C，确定锥顶S的水面投影点

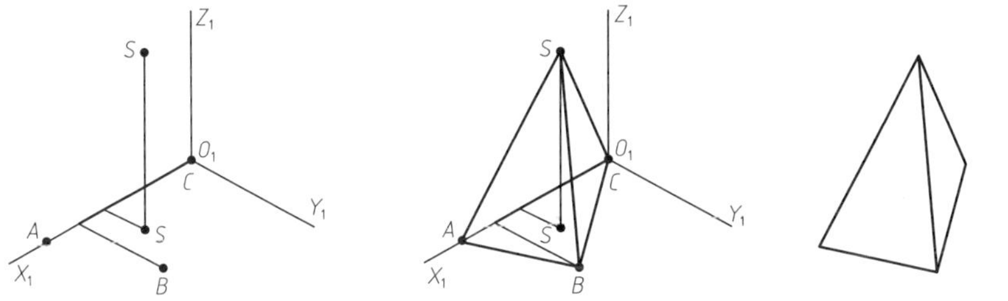

（c）确定锥顶S点　（d）连线　（e）擦掉不可见轮廓线、辅助线

图4-17　三棱锥的正等轴测图画法

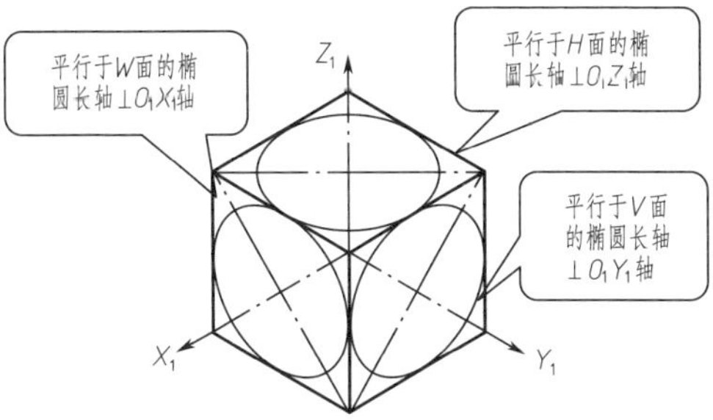

图4-18　平行于投影面的圆的正等轴测图

现以水平圆为例，介绍“四心椭圆法”的画图步骤，如图4–19所示。

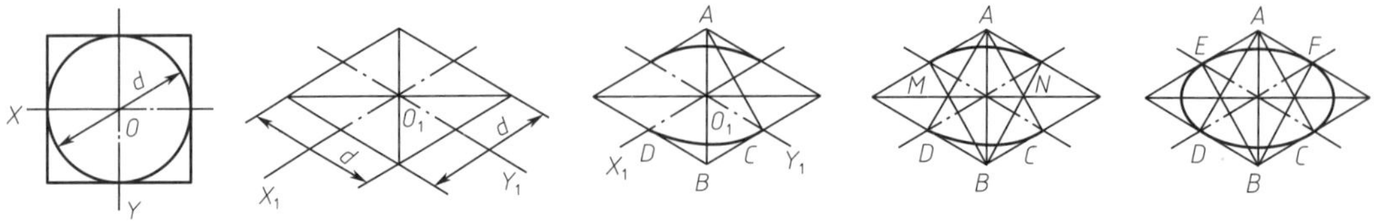

图4–19　四心椭圆法

第一步：在视图中画圆的外切正方形。

第二步：画圆的外切菱形。

第三步：确定四段圆弧的圆心（A、B、M、N）和半径。

第四步：分别画出四段彼此相切的圆弧。

② 圆柱、圆台、圆锥的正等轴测图画法如图4–20所示。

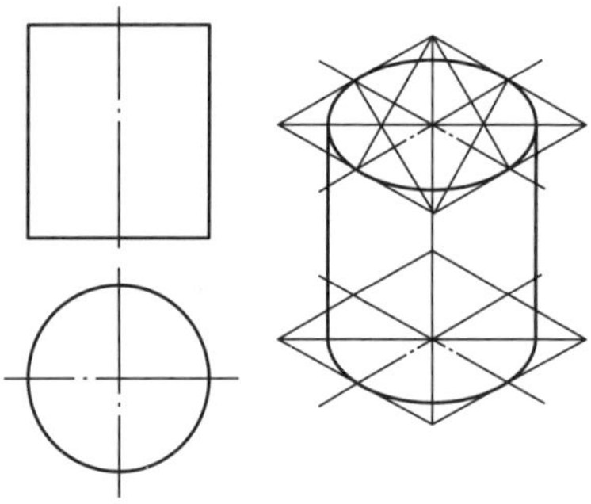

（a）先作上底面的椭圆，移动圆心作下底面椭圆，再作椭圆的公切线

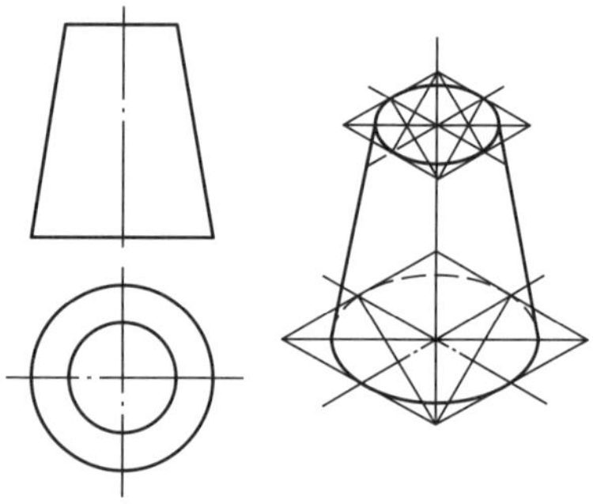

（b）先作上底面的椭圆，移动圆心作下底面椭圆，再作椭圆的公切线

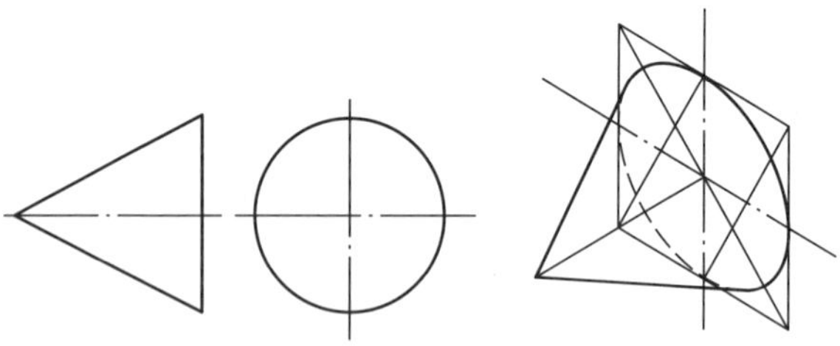

（c）先作底面的椭圆，再确定锥顶位置，然后过锥顶作椭圆的切线

图4–20　圆柱、圆台、圆锥的正等轴测图画法

③ 1/4圆柱面的正等轴测图画法如图4–21所示。

④ 半圆柱面的正等轴测图画法如图4–22所示。

与1/4弧比较，半圆弧需要确定两个圆心（O_1、O_2），画两段圆弧，方法同上。

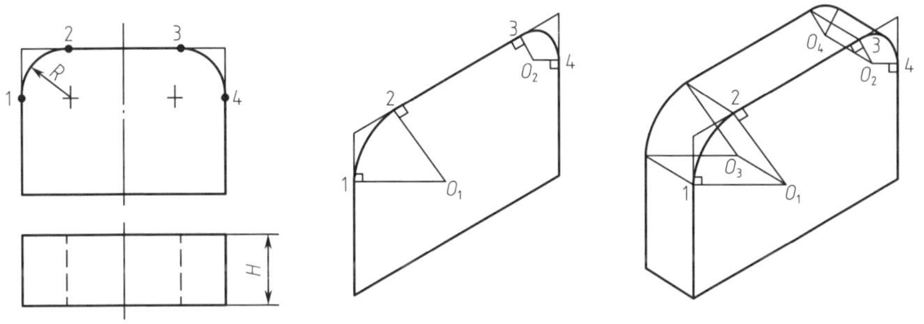

（a）在视图上定出圆弧切点及半径　（b）画出长方形的正等测，在对应角上截取相应切点并作垂线得圆心，画出圆弧　（c）移动圆心和切点，画出后面轮廓和公切线

图4-21　1/4圆柱面的正等轴测图画法

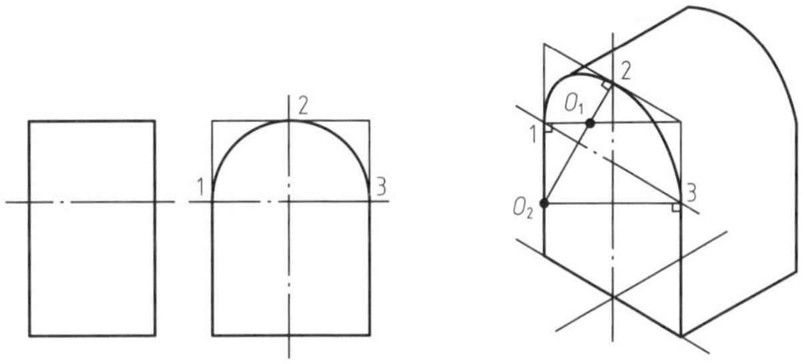

（a）　（b）

图4-22　半圆柱面的正等轴测图画法

二、绘制组合体的轴测图

1. 组合体正等轴测图画法

画组合体正等轴测图时，常采用切割法和叠加法。

（1）切割法　切割法用于画切割体的轴测图。画图的主要思路：先画出基本体，然后通过“移线”的方法依次画出切割处，如图4-23所示。切割时要注意切割位置的确定，必须沿轴测量。

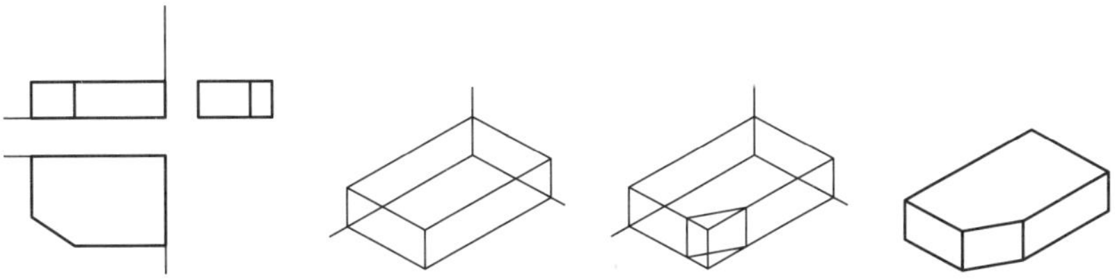

（a）视图　（b）画参照轴测轴、画出原柱体　（c）采用移线法，按尺寸画出切角　（d）擦去多余图线，检查描深，完成作图

图4-23　用切割法画物体正等轴测图示例

（2）叠加法　叠加法用于画叠加体的轴测图。画图的主要思路：从主到次逐个画出各基本体的轴测图，擦去被遮挡的图线，如图4–24所示。叠加时一定要注意基本体之间的定位。

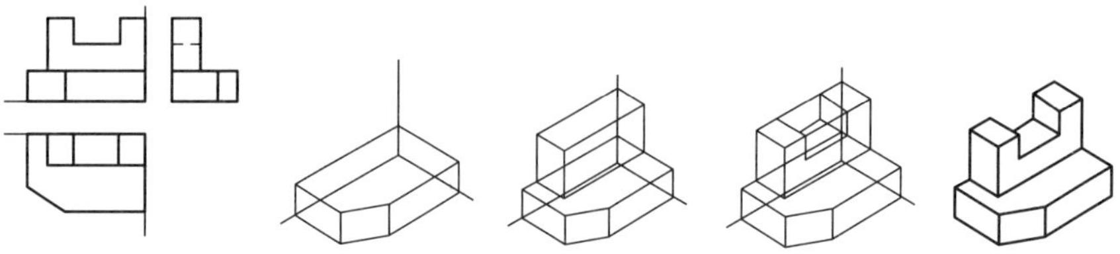

图4–24　用叠加法画物体正等轴测图示例

2. 组合体斜二轴测图画法

（1）斜二轴测图的形成　将物体放置成使它的一个坐标面平行于轴测投影面，然后用斜投影的方法向轴测投影面进行投影，得到的轴测图称为斜二轴测图，简称斜二测。

（2）斜二轴测图的轴测轴、轴间角、轴向伸缩系数　图4–25表示了斜二轴测图的轴测轴、轴间角等参数及画法。

轴间角：$\angle X_1O_1Y_1=\angle Y_1O_1Z_1=135°$，$\angle X_1O_1Z_1=90°$

轴向伸缩系数：$p=r=1$，$q=0.5$

（3）斜二测的画法　斜二轴测图在作图方法上与正等轴测图基本相同，画斜二轴测图时注意以下几点：

① 平行于V面的圆仍为圆，反映实形；平行于V面的各平面的形状，一般从前向后依次完成。

② Y轴的轴向系数为0.5，因此宽度方向尺寸要缩短一半。

③ 平行于H面的圆为椭圆，长轴对O_1X_1轴偏转7°，长轴≈$1.06d$，短轴≈$0.33d$；平行于W面的圆与平行于H面的圆的椭圆形状相同，长轴对O_1Z_1轴偏转7°。

斜二轴测图中圆的画法如图4–26所示。由于两个椭圆的作图相当烦琐，所以当物体这两个方向上有圆时，一般不用斜二轴测图，而采用正等轴测图。

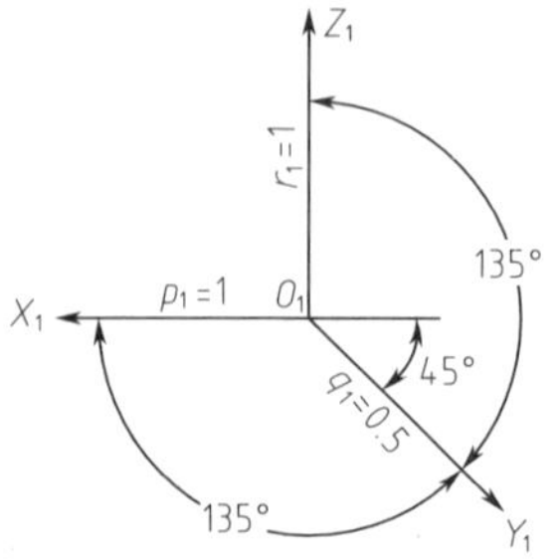

图4–25　斜二轴测图的轴间角与轴向伸缩系数

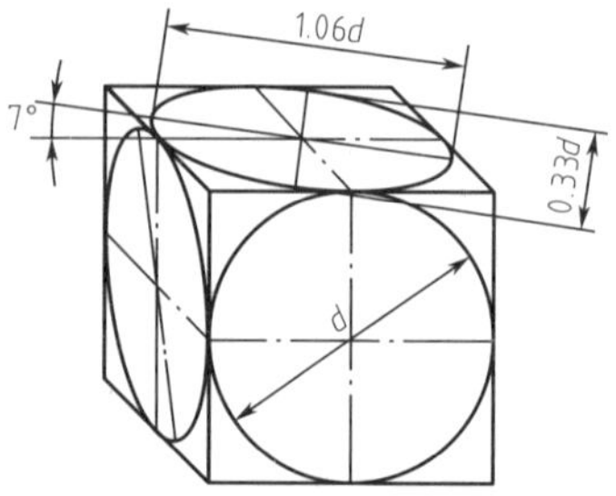

图4–26　斜二轴测图中圆的画法

【例4-1】已知组合体主、俯视图，画斜二轴测图。

绘图方法和步骤如图4-27所示。

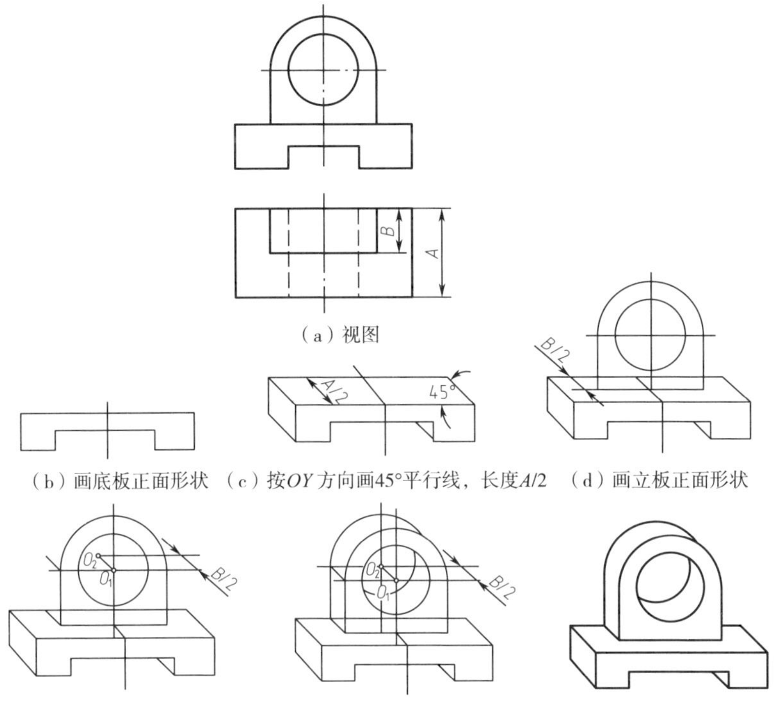

（a）视图

（b）画底板正面形状 （c）按OY方向画45°平行线，长度$A/2$ （d）画立板正面形状

（e）按OY方向画45°平行线，长度$B/2$ （f）作后面轮廓和圆的切线 （g）擦去多余图线，检查描深，完成作图

图4-27 斜二轴测图的画法

以上是用尺规绘制轴测图的方法，在AutoCAD计算机绘图中，把“草图设置”作相关修改，即可方便绘制正等轴测图。

在“草图设置”对话框中，【捕捉和栅格】选项卡，〖捕捉类型〗区选择“栅格捕捉–等轴测捕捉”；【极轴追踪】选项卡，勾选“启用极轴追踪”，〖捕捉类型〗区选择“增量角”为30°，〖对象捕捉追踪设置〗区选择“用所有极轴角设置追踪”。

绘图过程中，用F5键可切换轴测平面。此外，画轴测圆时，需用“椭圆”命令，用备选项“等轴测圆”的方式绘制，大家可在学完第八章后自行练习。

课中蕴含的哲理

绘制零件图、装配图需要先学会各种平面图形的绘制方法，轴测图的绘制，对培养空间想象、空间思维能力有一定帮助，同时，轴测图作为一种辅助图样，也需要我们去了解、掌握，这些是看图、绘图的基础。

《论语·卫灵公》中，“工欲善其事，必先利其器”告诉我们，工匠要想做好自己的工作，必须事先磨快工具。一个人要胜任工作，必须首先学好本领。今日读好书，来日才能大展鸿图。

第五章 绘制和识读零件图

教学目标

（1）掌握螺纹的规定画法和标注方法。

（2）掌握螺纹紧固件的简化画法、标记和连接画法。

（3）掌握直齿圆柱齿轮及其啮合的规定画法。

（4）掌握普通平键连接、销连接、滚动轴承、圆柱螺旋弹簧的规定画法。

（5）掌握标准件、常用件的画法。

（6）掌握零件的表达方法。

（7）掌握零件图的尺寸和技术要求的标注。

（8）掌握识读零件图的方法。

第一节 标准件、常用件表示法

在生产实际中，有些零件使用较广泛，国家标准将其形式、结构、材料、尺寸、精度等均予以了标准化，如螺栓、双头螺柱、螺钉、螺母、垫圈，以及键、销、轴承等，此类零件统称标准件，由专门厂家进行大批量生产。齿轮、弹簧等国家标准对其部分结构及尺寸参数进行了标准化的零件称为常用件，如图5-1所示齿轮油泵中的标准件、常用件。

图5-1 齿轮油泵中的标准件、常用件

这些机件中大部分都含有多次重复出现的、已经标准化的结构，如螺纹、齿轮、键等，绘图时如果画出其真实投影，则十分烦琐，为此，国家标准规定了这些结构要素的特殊表示法。

一、绘制螺纹及螺纹紧固件连接图

1. 螺纹的画法

（1）螺纹的基本要素

① 牙型。在通过螺纹轴线的剖面上，螺纹的轮廓形状称为牙型。常用普通螺纹的牙型为三角形，如图5-2所示。

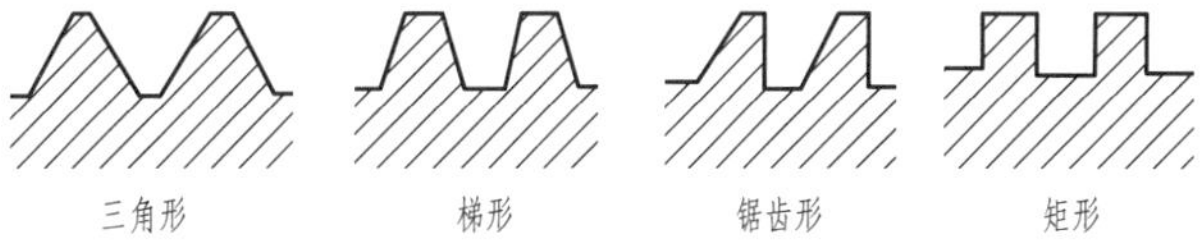

图5-2　螺纹牙型

② 大径、小径和中径。大径是指和外螺纹的牙顶、内螺纹的牙底相切的假想柱面或锥面的直径；小径是指和外螺纹的牙底、内螺纹的牙顶相切的假想柱面或锥面的直径；在大径和小径之间，设想有一柱面或锥面，在其轴线剖面内素线上的牙宽和槽宽相等，则该假想柱面或锥面的直径称为中径，如图5-3所示。

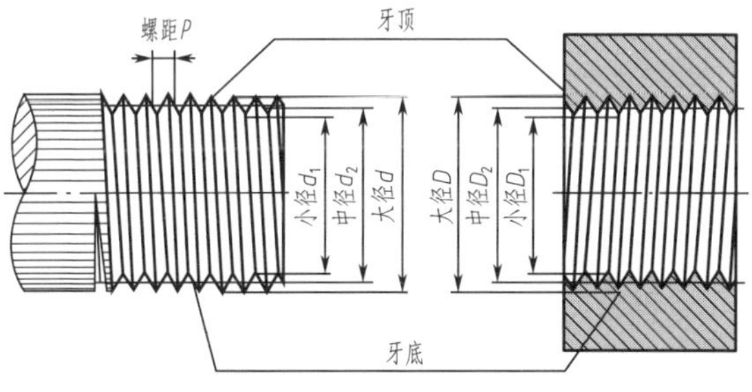

（a）外螺纹　　（b）内螺纹

图5-3　螺纹参数

③ 线数。形成螺纹的螺旋线的条数称为线数。有单线和多线之分，多线螺纹在垂直于轴线的剖面内是均匀分布的，如图5-4所示。

④ 螺距和导程。相邻两牙在中径线上对应两点轴向的距离称为螺距。同一条螺旋线上，相邻两牙在中径线上对应两点轴向的距离称为导程，如图5-4所示。线数n、螺距P、导程P_h之间的关系为：$P_h=nP$。

⑤ 旋向。沿轴线方向看，顺时针方向旋入的螺纹为右旋螺纹，逆时针旋入

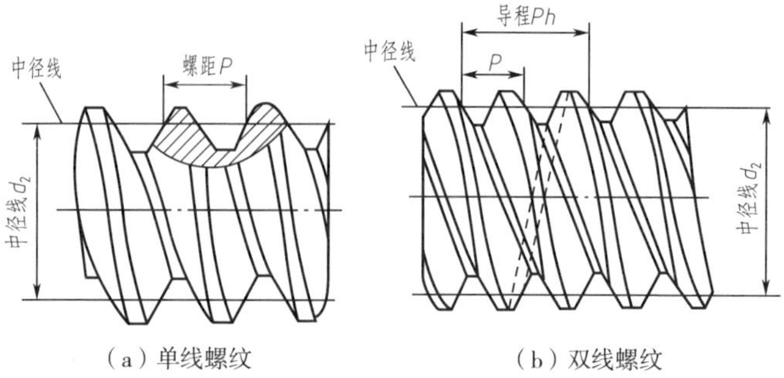

图5-4　单线螺纹和双线螺纹

的螺纹为左旋螺纹。

以上这五个基本要素都相同的内、外螺纹才能互相旋合。

（2）螺纹的画法规定

① 外螺纹的画法。外螺纹的牙顶用粗实线表示，牙底用细实线表示。在与轴线平行的视图上，倒角应画出，牙底的细实线应画入倒角，螺纹终止线用粗实线表示。在比例画法中，螺纹的小径可按大径的0.85倍绘制。在反映圆的视图上，小径的细线圆画3/4圈，倒角圆不画，如图5-5（a）所示。在螺纹的剖视图中，剖面线应画到粗实线，如图5-5（b）所示。

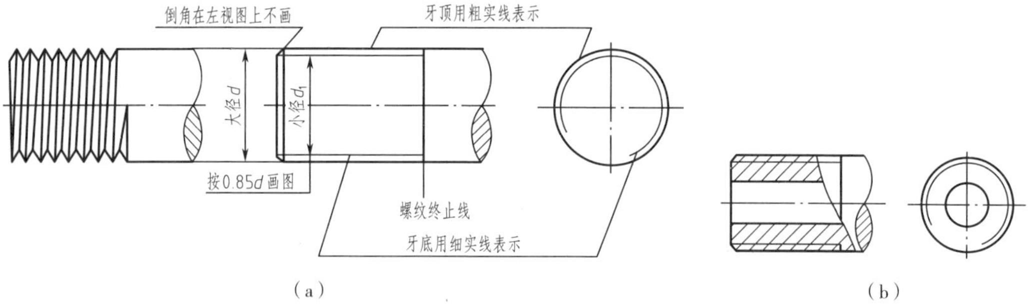

图5-5　外螺纹规定画法

② 内螺纹的画法。在采用剖视图时，内螺纹的牙顶用粗实线表示，牙底用细实线表示。在反映圆的视图上，大径的细线圆画3/4圈，倒角圆不画，如图5-6（a）所示。若为盲孔，可用钻头和丝锥加工，如图5-6（b）所示，一般应将钻孔深度与螺纹部分的深度分别画出，通常钻孔深度比螺纹部分深度深（0.2~0.5）D，（一般按0.5D绘制），钻孔时在末端形成的锥面的锥角按120°绘制，剖面线应画到粗实线，如图5-6（c）所示。

③ 内、外螺纹的旋合画法。在剖视图中，内、外螺纹的旋合部分应按外螺纹的规定画法绘制，其余不重合的部分按各自原有的规定画法绘制。必须注意的是，表示内、外螺纹大径的细实线和粗实线，以及表示内、外螺纹小径的粗

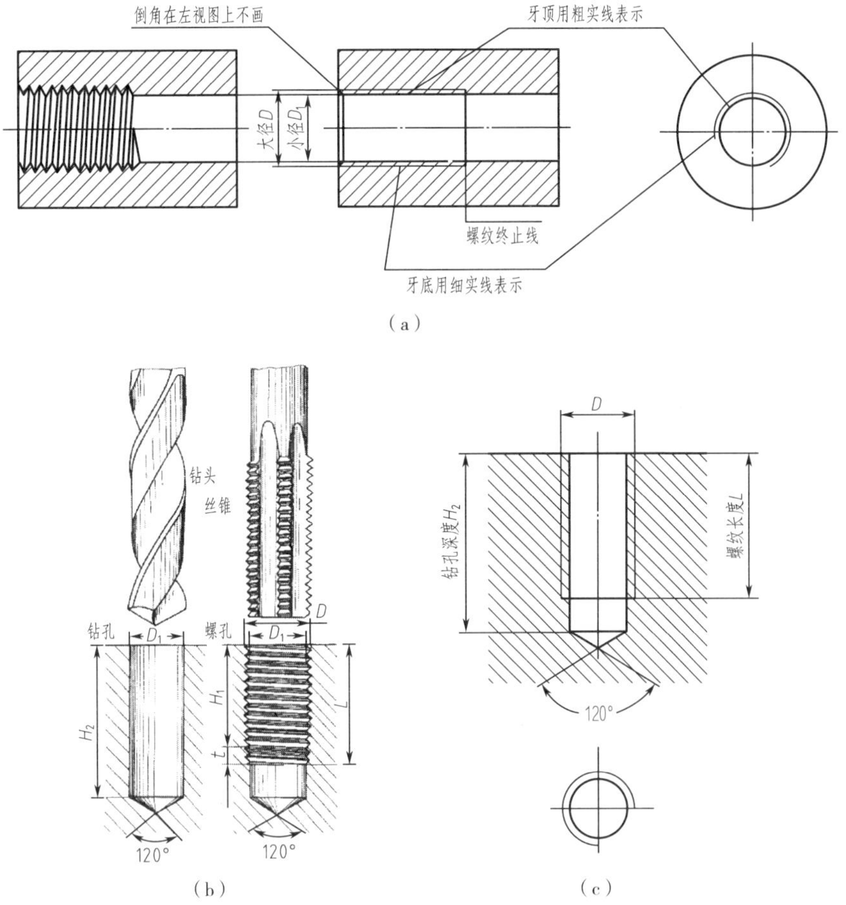

图5-6　内螺纹规定画法

内螺纹加工仿真

实线和细实线应分别对齐。在剖切平面通过螺纹轴线的剖视图中，实心螺杆按不剖绘制，如图5-7所示。

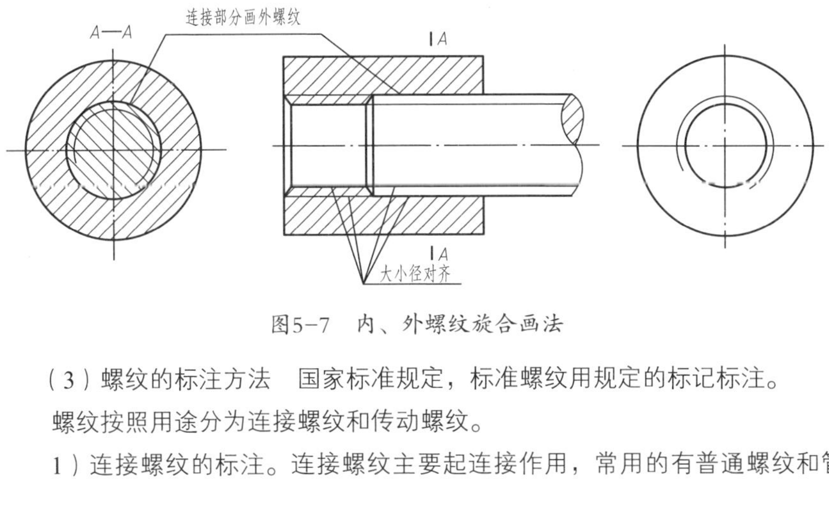

图5-7　内、外螺纹旋合画法

（3）螺纹的标注方法　国家标准规定，标准螺纹用规定的标记标注。

螺纹按照用途分为连接螺纹和传动螺纹。

1）连接螺纹的标注。连接螺纹主要起连接作用，常用的有普通螺纹和管螺纹。

① 普通螺纹的标注。普通螺纹标记格式如下：

特征代号　公称直径×螺距—中径公差带代号 顶径公差带代号—旋合长度代号—旋向

普通螺纹的特征代号为M，有粗牙和细牙之分，粗牙螺纹的螺距省略不注；中径和顶径的公差带代号相同时，只标注一次，最常用的中等公差精度螺纹（外螺纹为6g，内螺纹为6H），不标注公差带代号；旋合长度为中型（N）时不注，长型用L表示，短型用S表示；右旋螺纹不标注旋向代号，左旋螺纹旋向代号为LH。

例如：已知细牙普通螺纹，公称直径为20mm，螺距为2mm，中径公差带代号为5g，顶径公差带代号为6g，短旋合长度，左旋，其标记为：

M20×2－5g 6g－S－LH

普通螺纹的标记标注在大径上，如图5–8所示。

② 管螺纹的标注。管螺纹包括55°非密封管螺纹和55°密封管螺纹，其标记

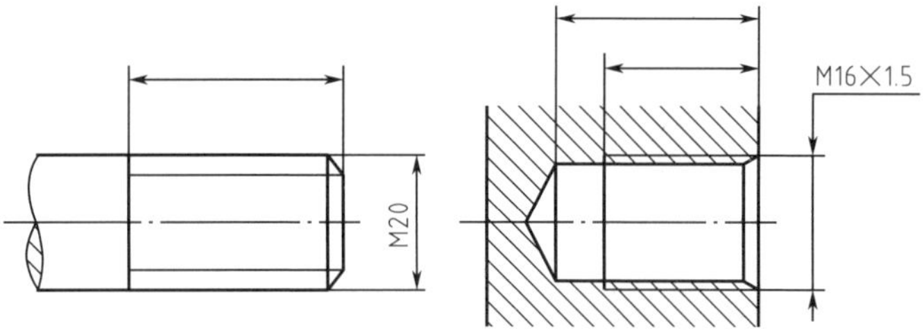

图5–8　普通螺纹的标注

格式分别如下：

55°非密封管螺纹：特征代号　尺寸代号　公差等级代号—旋向代号

55°密封管螺纹：特征代号　尺寸代号—旋向代号（圆柱内螺纹在左旋代号LH前不加"—"）。

需要注意的是，管螺纹的尺寸代号并不是指螺纹的大径，其参数可由相关手册中查出，单位为in（英寸），见附表A–2。

非密封管螺纹的特征代号是G，它的公差等级代号分A和B。外螺纹需注明此项代号，内螺纹不注。右旋螺纹不标注旋向代号，左旋螺纹的旋向代号为LH，并用"—"号隔开。

密封管螺纹中的内螺纹分为：圆柱内螺纹和圆锥内螺纹，其特征代号分别为R_p和R_c。

密封管螺纹中的外螺纹分为：与圆柱内螺纹（特征代号R_p）相配合的圆锥外螺纹和与圆锥内螺纹（特征代号R_c）相配合的圆锥外螺纹，其特征代号分别为R_1和R_2。

管螺纹的标记标注在大径的引出线上，如图5–9所示。

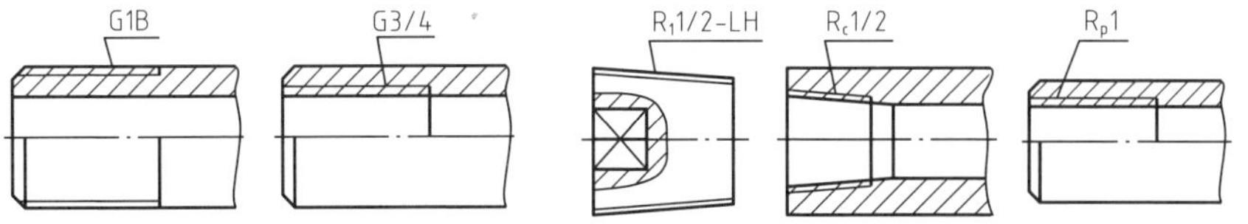

（a）非密封管螺纹的标注　　（b）密封管螺纹的标注

图5-9　管螺纹的标注

2）传动螺纹的标注。传动螺纹主要用于传递运动和动力。

常用的传动螺纹有梯形螺纹和锯齿形螺纹，其特征代号分别为Tr和B。梯形螺纹、锯齿形螺纹只标注中径公差带代号；旋合长度只分为N、L两组，当旋合长度为N时不标注。

梯形螺纹和锯齿形螺纹的标记格式为：

螺纹特征代号 公称直径×导程（P螺距）– 公差带代号 – 旋合长度代号–旋向

其中单线螺纹省略圆括号部分。

例 标记Tr40×7–6H的含义为："Tr" 表示梯形螺纹，"40" 为公称直径，"7" 为螺距，"6H" 为中径公差带代号，单线、右旋、中等旋合长度。

传动螺纹标注与普通螺纹相同。

2. 螺纹紧固件连接图的画法

（1）螺栓连接　螺栓连接的紧固件有螺栓、螺母和垫圈。紧固件一般采用比例画法绘制，即以螺纹的公称直径（大径d）为基准，其余各部分的结构尺寸均按与公称直径成一定比例关系绘制。螺栓、螺母和垫圈的比例画法如图5–10所示。

螺栓用来连接两个不太厚而且又允许钻成通孔的零件。在被连接的零件上先加工出通孔，通孔略大于螺栓直径，一般为1.1d。将螺栓插入孔中，套上垫圈，拧紧螺母，螺栓连接及其画法如图5–11所示。

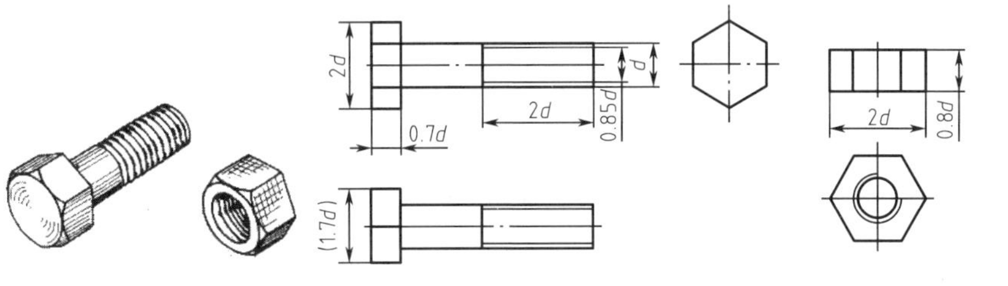

（a）六角头螺栓的比例画法　　（b）六角螺母的比例画法

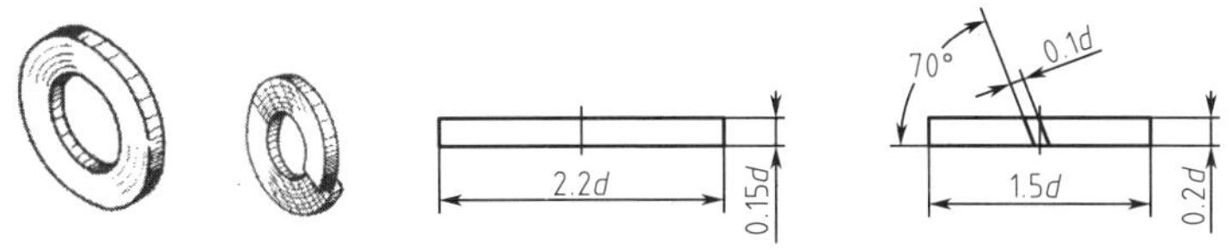

（c）平垫圈的比例画法　　（d）弹簧垫圈的比例画法

图5–10　螺栓、螺母、垫圈的比例画法

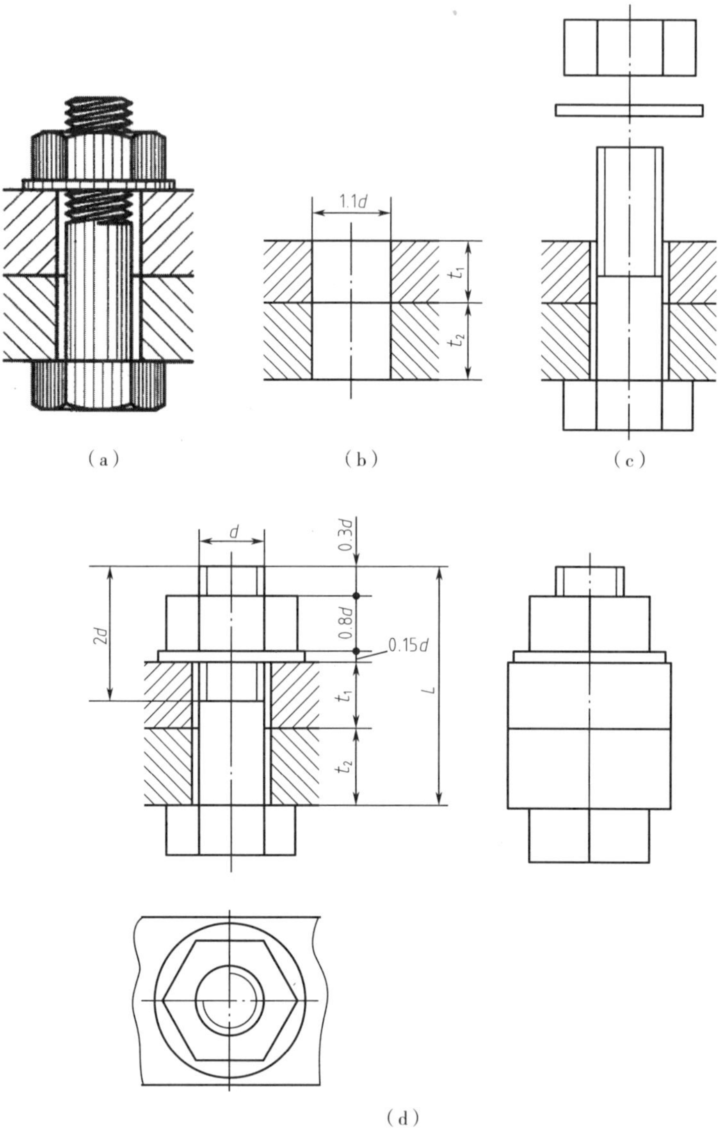

螺栓连接仿真

图5-11　螺栓连接的画法

画螺纹连接件的装配图时应注意下列几点：

① 当剖切平面通过螺纹连接件的轴线时，螺栓、螺柱、螺钉、螺母、垫圈等螺纹连接件均按未剖切绘制；螺纹连接件上的工艺结构（如倒角、退刀槽等）均可省略不画。

② 两个被剖切的连接件其剖面线方向应相反，同一个零件在各视图中剖面线的倾斜方向和间隔都应相同。

③ 不接触表面，无论间隙大小，在图上应画出间隙，间隙过小时应夸大画出；两接触表面之间只画一条轮廓线。

（2）螺柱连接　螺柱连接的紧固件有双头螺柱、螺母、垫圈。双头螺柱的两端均加工有螺纹，一端与被连接零件旋合，另一端与螺母旋合。一般用于被连接件之一比较厚或不允许加工成通孔而不便使用螺栓连接，或者拆卸频繁，不宜使用螺钉连接的场合。

螺柱连接的比例画法和螺栓连接基本相同。双头螺柱旋入端长度b_m要根据被连接件的材料而定（钢：$b_m=d$；铸铁：$b_m=1.25d$），螺柱连接及其画法如图5-12所示。

画螺柱连接图时应注意以下几点：

① 连接图中，螺柱旋入端的螺纹终止线应与结合面平齐，表示旋入端全部

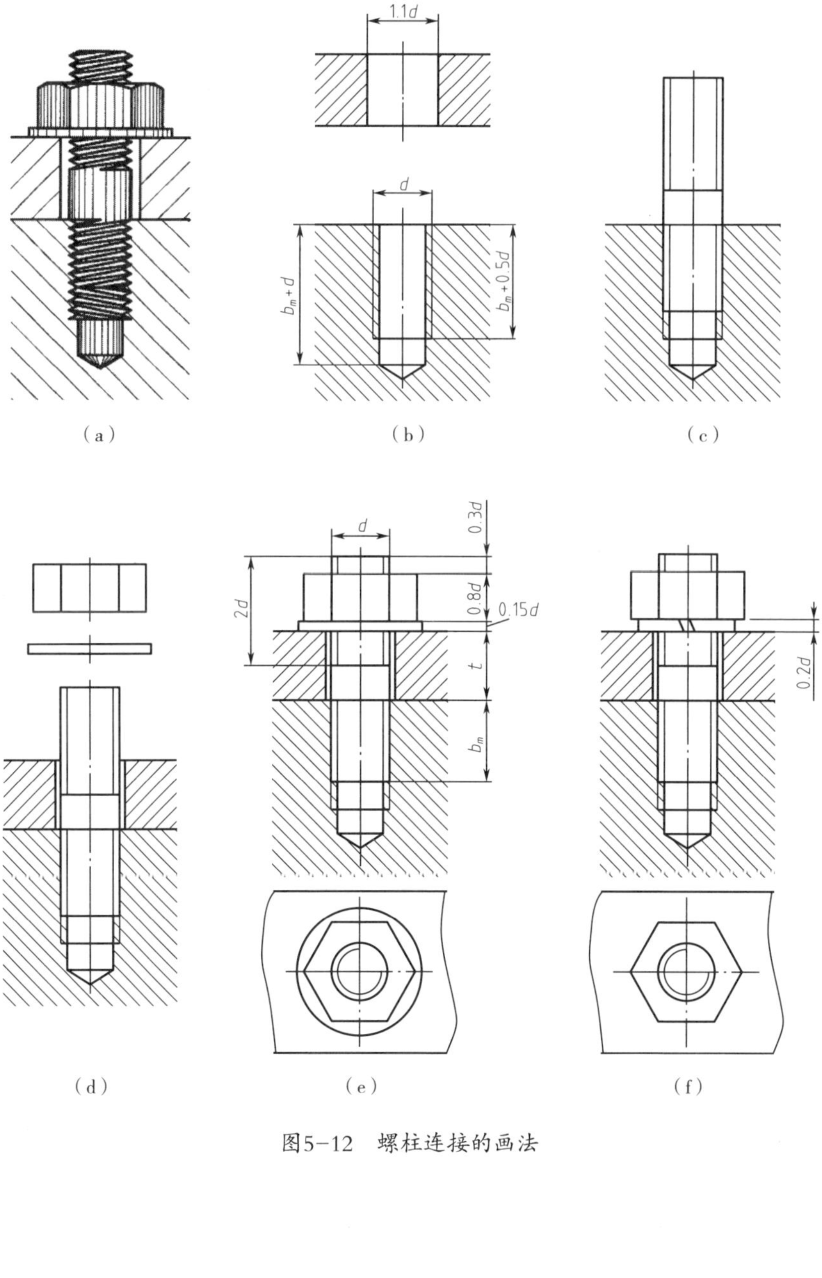

图5-12　螺柱连接的画法

螺柱连接仿真

拧入，足够拧紧。

② 弹簧垫圈用作防松，外径比普通垫圈小，以保证紧压在螺母底面范围之内。弹簧垫圈开槽的方向应是阻止螺母松动的方向，在图中应画成与水平线成70°，从右下向左上方向倾斜，如图5-12（f）所示。

（3）螺钉连接　螺钉连接不用螺母，而是将螺钉直接拧入零件的螺孔里，依靠螺钉头部压紧零件，一般是在较厚的零件上加工出螺孔，而在另一被连接零件上加工成通孔，然后把螺钉旋进螺孔，从而达到连接的目的。螺钉连接多用于受力不大和不常拆卸、被连接件之一较厚的场合。

圆柱头螺钉和沉头螺钉连接及其画法如图5-13所示。

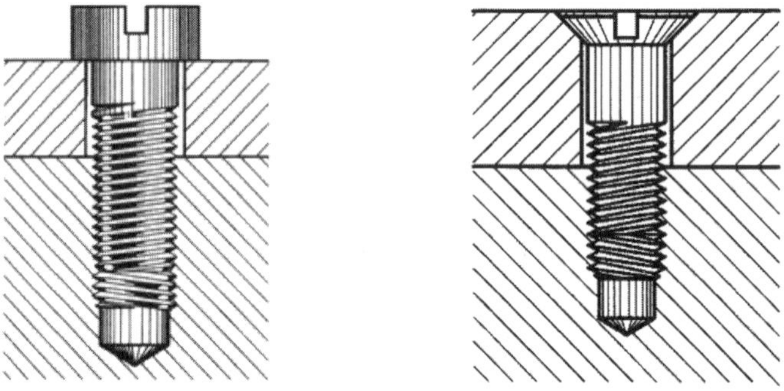

（a）圆柱头螺钉和沉头螺钉

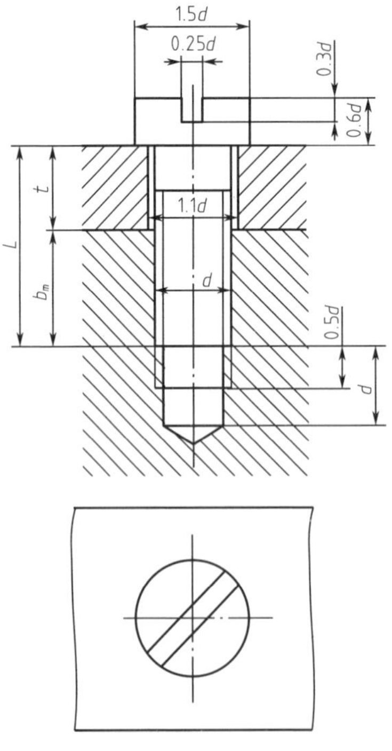

（b）圆柱头螺钉连接的画法

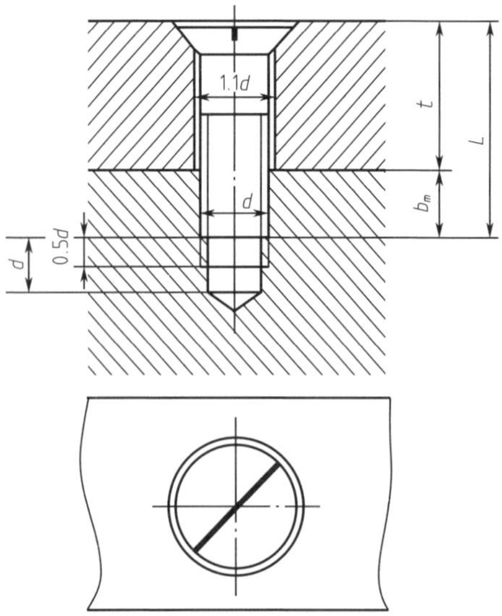

（c）沉头螺钉连接的画法

图5-13　螺钉连接的画法

沉头螺钉连接仿真

画螺钉连接图应注意:

具有槽沟的螺钉头部，与轴线平行的视图上槽沟放正，而与轴线垂直的视图上画成与水平倾斜45°，如图5-13（b）所示。螺钉头部的一字槽也可用单线（线宽为粗线线宽的两倍）绘制，如图5-13（c）所示。

二、绘制齿轮

圆柱齿轮啮合仿真

圆锥齿轮啮合仿真

蜗轮蜗杆啮合仿真

齿轮是广泛应用于机器中的传动零件。齿轮的参数中只有模数、齿形角已经标准化，属于常用件。它不仅可以传递动力，也可改变转速和旋转方向。

根据两啮合齿轮轴线在空间的相对位置不同，齿轮传动有下列三种形式，如图5-14所示。其中，圆柱齿轮用于两平行轴之间的传动；圆锥齿轮用于垂直相交两轴之间的传动；蜗轮蜗杆则用于交叉两轴之间的传动。

（a）圆柱齿轮　（b）圆锥齿轮　（c）蜗轮蜗杆

图5-14　常见齿轮的传动形式

1. 直齿圆柱齿轮

（1）直齿圆柱齿轮各部分的名称（图5-15）

① 齿顶圆。通过轮齿顶部的圆，直径用d_a表示。

② 齿根圆。通过轮齿根部的圆，直径用d_f表示。

③ 分度圆。设计、制造齿轮时计算轮齿各部分尺寸的基准圆，直径用d表示。一对标准齿轮互相啮合时，两齿轮的分度圆应相切。

④ 齿距。在分度圆上，相邻两齿同侧齿廓间的弧长，用p表示。

⑤ 齿厚。一个轮齿在分度圆上的弧长，用s表示。

⑥ 槽宽。一个齿槽在分度圆上的弧长，用e表示。在标准齿轮中，$p=s+e$，$s=e=p/2$。

⑦ 齿顶高。分度圆至齿顶圆之间的径向距离，用h_a表示。

⑧ 齿根高。分度圆至齿根圆之间的径向距离，用h_f表示。

⑨ 全齿高。齿顶圆与齿根圆之间的径向距离，用h表示，$h=h_a+h_f$。

⑩ 齿宽。沿齿轮轴线方向测量的轮齿宽度，用b表示。

⑪ 压力角。轮齿在分度圆的啮合点上P处的受力方向与该点瞬时运动方向线之间的夹角，用α表示，标准齿轮α=20°。

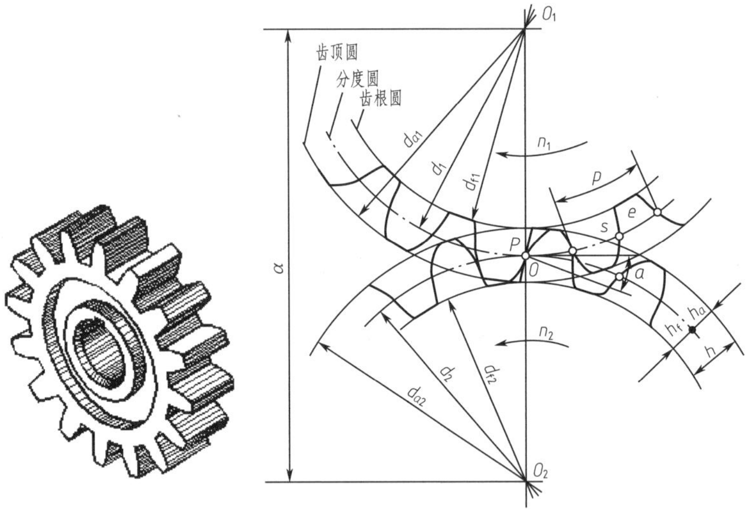

图5-15　直齿圆柱齿轮各部分的名称

（2）直齿圆柱齿轮的基本参数与齿轮各部分的尺寸关系

① 模数。当齿轮的齿数为z时，分度圆的周长=$\pi d=zp$。令$m=p/\pi$，则$d=mz$，m即为齿轮的模数。因为一对啮合齿轮的齿距p必须相等，所以，它们的模数也必须相等。模数是设计、制造齿轮的重要参数。模数越大，则齿距p也增大，随之齿厚s也增大，齿轮的承载能力也增大。不同模数的齿轮要用不同模数的刀具来制造。为了便于设计和加工，模数已经标准化，我国规定的标准模数数值见表5-1。

表5-1　齿轮模数系列（GB/T 1357—2008）　单位：mm

第一系列	1，1.25，1.5，2，2.5，3，4，5，6，8，10，12，16，20，25，32，40，50
第二系列	1.75，2.25，2.75，3.5，4.5，5.5，（6.5），7，9，14，18，22，28，36，45

注：选用时，优先采用第一系列。

② 齿轮各部分的尺寸关系。当齿轮的模数m确定后，可按公式计算出齿轮其他部分的基本尺寸，见表5-2。

表5-2　标准直齿圆柱齿轮各部分的尺寸关系

名称及代号	公　式	名称及代号	公　式
模数m	$m=p\pi=d/z$	齿根圆直径d_f	$d_f=m（z-2.5）$
齿顶高h_a	$h_a=m$	齿形角α	$\alpha=20°$
齿根高h_f	$h_f=1.25m$	齿距p	$p=\pi m$
全齿高h	$h=h_a+h_f$	齿厚s	$s=p/2=\pi m/2$
分度圆直径d	$d=mz$	槽宽e	$e=p/2=\pi m/2$
齿顶圆直径d_a	$d_a=m（z+2）$	中心距a	$a=（d_1+d_2）/2=m（z_1+z_2）/2$

2. 直齿圆柱齿轮的规定画法

（1）单个圆柱齿轮的画法　如图5–16所示，在齿轮的端面视图中，齿顶圆用粗实线画出，齿根圆用细实线画出或省略不画，分度圆用点画线画出。平行于轴线的视图一般画成全剖视图，用粗实线表示齿顶线和齿根线，点画线表示分度线，如图5–16（a）所示；若不画成剖视图，则齿根线用细实线画出或省略不画，如图5–16（b）所示。

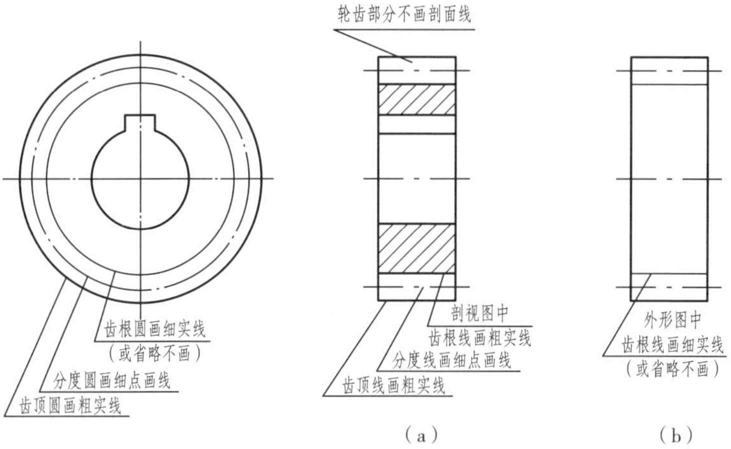

图5–16　单个直齿圆柱齿轮的画法

（2）圆柱齿轮的啮合画法　在端面视图中，齿顶圆用粗实线绘制，如图5–17（a）所示，啮合区的齿顶圆也可省略不画，两分度圆画成相切，如图5–17（a）所示。

在平行于齿轮轴线的视图中，两齿轮的分度线重合，一个齿轮的齿顶线与另一个齿轮的齿根线之间有0.25m的间隙，其中一个齿顶线画成虚线，表示被遮挡的关系，如图5–17（a）所示。若不作剖视，则啮合区内的齿顶线不画，此时分度线用粗实线绘制，如图5–17（b）所示。在剖视图中，啮合区的投影

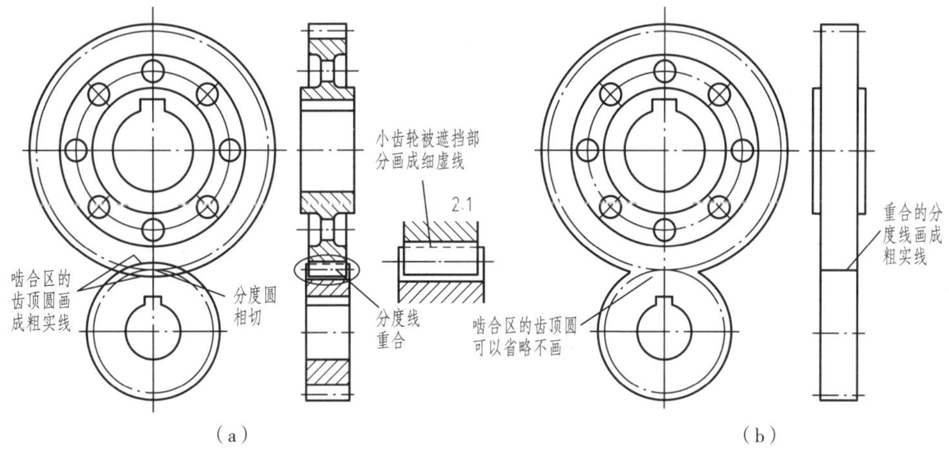

图5–17　圆柱齿轮的啮合画法

如图5-18所示。

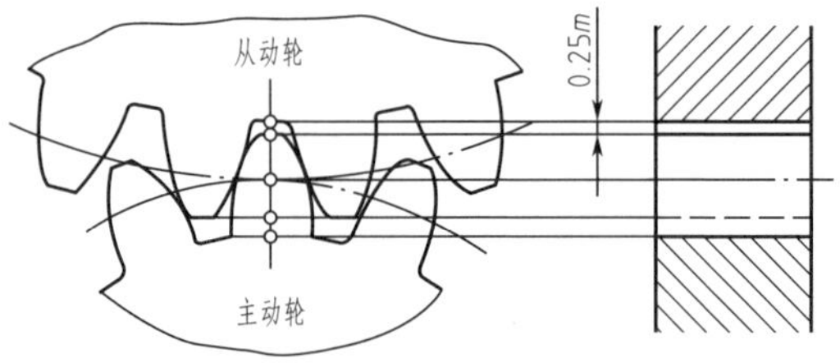

图5-18　轮齿啮合区在剖视图上的画法

（3）斜齿圆柱齿轮的画法　斜齿轮的轮齿在一条螺旋线上，螺旋线和轴线的夹角称为螺旋角。

斜齿轮的画法和直齿轮基本相同，当需要表示螺旋线的方向时，可用三条与齿向相同的细实线表示，如图5-19（a）所示。

斜齿轮啮合区的画法与直齿轮的画法相同，如图5-19（b）所示。

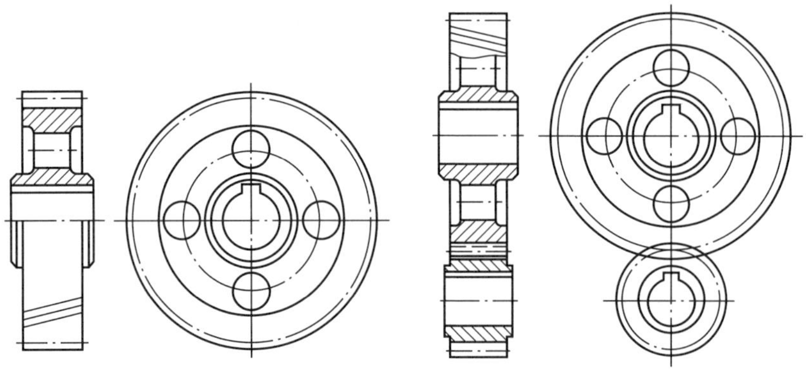

（a）单个斜齿圆柱齿轮的画法　　（b）斜齿圆柱齿轮的啮合画法

图5-19　斜齿圆柱齿轮的画法

如图5-20所示为直齿圆柱齿轮的零件图。模数、齿数等参数应在图纸右上角的参数表中给出。

3. 圆锥齿轮画法简介

（1）圆锥齿轮的画法　圆锥齿轮的轮齿是在圆锥面上制成的，因而轮齿一端大，另一端小，齿厚、槽宽是逐渐变化的，直径、模数、齿高也随之变化。为了设计和制造方便，规定以大端的模数为标准模数，用来确定有关尺寸，如图5-21所示。

圆柱齿轮的计算公式仍适用于圆锥齿轮大端法线方向的参数计算。直齿圆锥齿轮啮合的画法如图5-21（b）所示。

（2）圆锥齿轮的啮合画法　圆锥齿轮啮合的画法如图5-22所示。安装正确的标准齿轮，两分度圆锥相切，分度锥角δ_1和δ_2互为余角，啮合区轮齿的画法

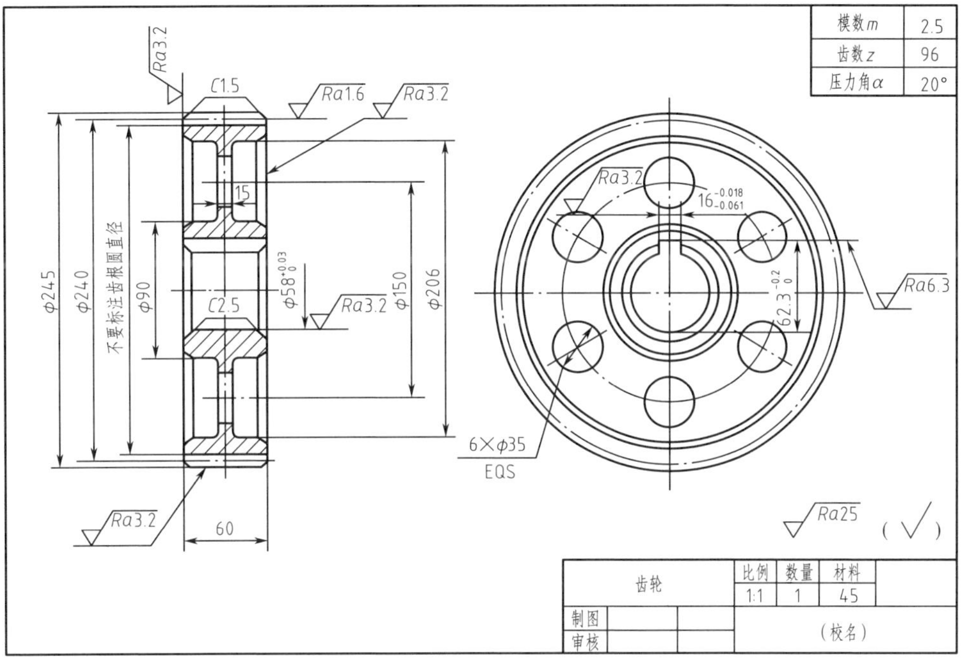

图5-20　直齿圆柱齿轮的零件图

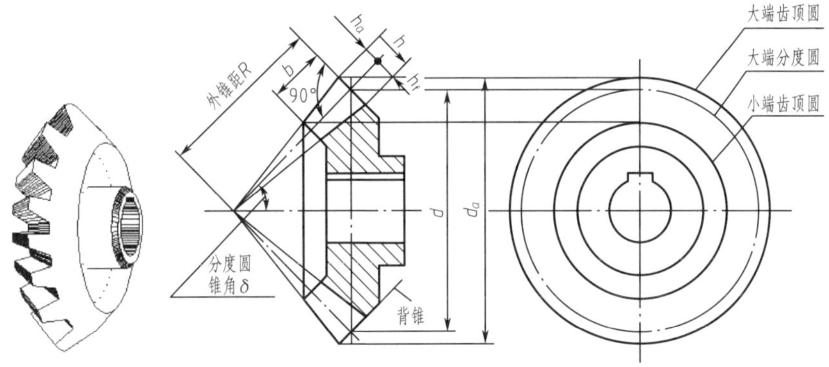

(a)　　　　　　　　　　　　(b)

图5-21　圆锥齿轮参数及其规定画法

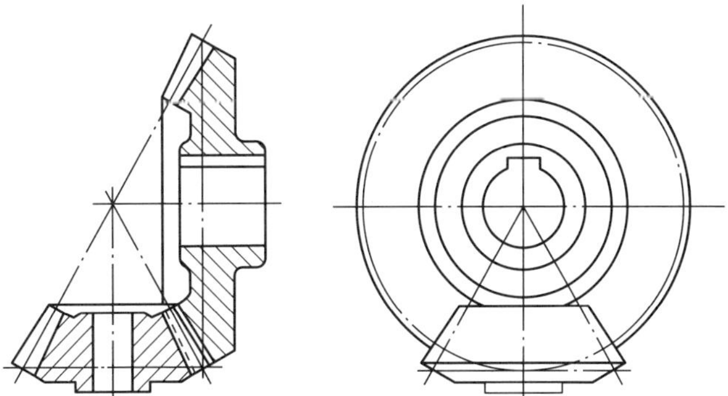

图5-22　圆锥齿轮啮合的画法

同圆柱齿轮。

三、绘制键及销连接图

1. 键连接

键通常用于连接轴和轴上的齿轮、带轮等传动零件，起传递扭矩的作用，如图5-23所示。

键是标准件，常用的键有普通平键、半圆键和钩头楔键等，如图5-24所示。

键连接仿真

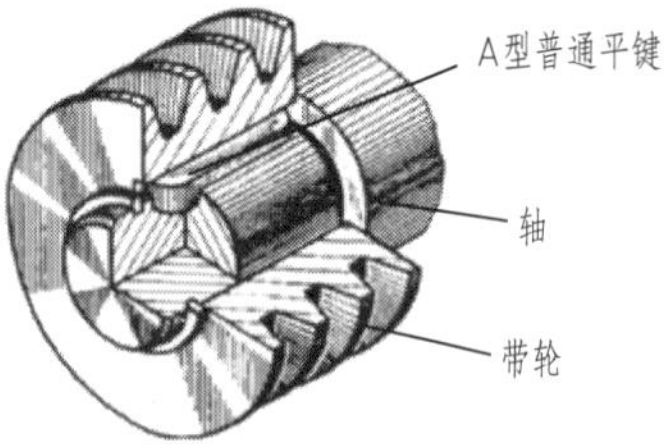

图5-23　键连接

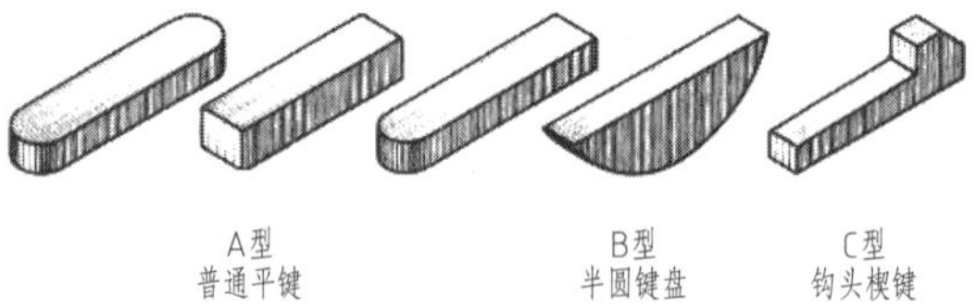

图5-24　常用的几种键

（1）普通平键的画法和标注　普通平键的公称尺寸为$b \times h$（键宽×键高），可根据轴的直径在相应的标准中查得。

普通平键的规定标记为$b \times h \times L$（键宽×键高×键长）。例如，b=18mm，h=11mm，L=100mm的圆头普通平键（A型），应标记为 GB/T 1096—2003 键 18×11×100（A型可不标出A）。

轴、轮毂上键槽的表示法和尺寸注法如图5-25（a）、（b）所示。

（2）普通平键连接的画法　普通平键连接的画法如图5-25（c）所示，键

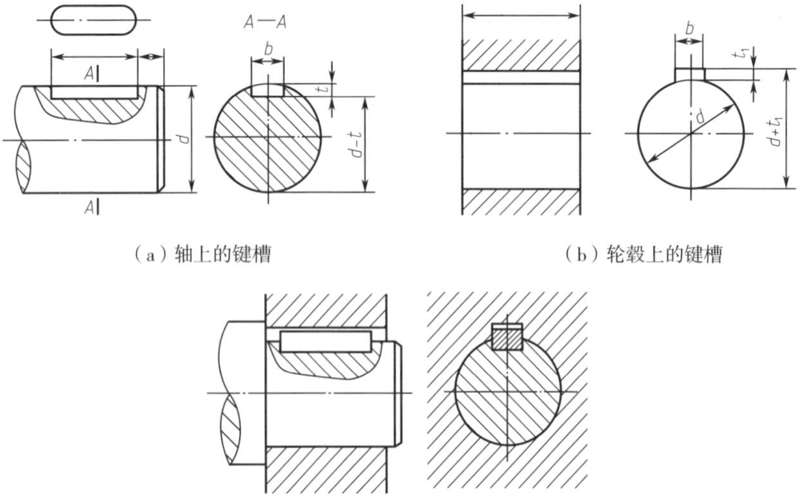

（a）轴上的键槽　（b）轮毂上的键槽

（c）键连接画法

图5-25　普通平键连接

的两侧面是工作面，接触面处只画一条轮廓线；键的顶面与轮毂上键槽的顶面之间留有间隙，必须画两条轮廓线，在反映键长度方向的剖视图中，轴采用局部剖视，键按不剖处理，键的倒角或小圆角一般省略不画。

（3）其他键及其连接画法简介

① 半圆键连接。半圆键的公称尺寸有键宽b、高h、直径d_1和长度L，如图5–26（a）所示。例如，b=6mm，h=11mm，d_1=25mm，L=24.5mm的半圆键，标记为GB/T 1099—2003键6×11×25。半圆键连接的画法如图5–26（b）所示。

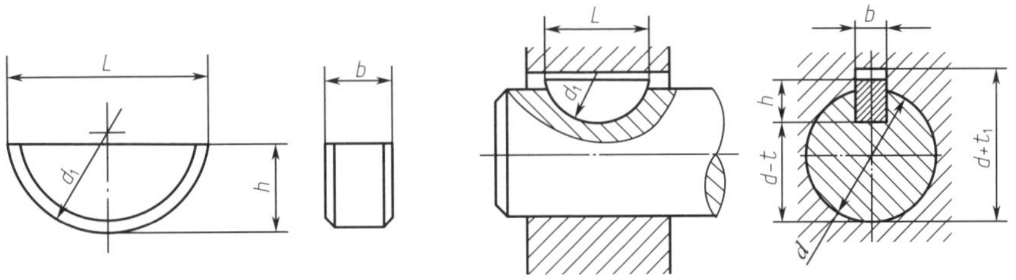

（a）　　（b）

图5–26　半圆键连接

② 钩头楔键连接。钩头楔键的公称尺寸有键宽b、高h和长度L，如图5–27（a）所示。例如，b=18mm，h=11mm，L=100mm的钩头楔键，标记为：GB/T 1565—2003 键18×100。钩头楔键连接的画法如图5–27（b）所示。

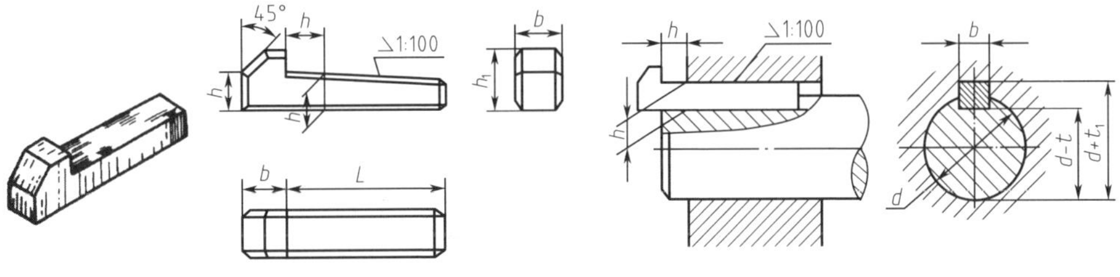

（a）　　（b）

图5–27　钩头楔键连接

③ 花键连接。外花键的画法和螺纹相似，大径用粗实线绘制，小径用细实线绘制，大小径的终止线用细实线表示，键尾用与轴线成30°的细实线表示。当采用剖视时，若平行于键齿剖切，键齿按不剖绘制，且大、小径均采用粗实线画出。在反映圆的视图上，小径用细实线圆表示，如图5–28（a）、（b）所示。

外花键的标注有一般尺寸标注法和代号标注法两种。

用代号标注时，指引线应从大径引出，如图5–28（a）所示。代号组成为：

齿数×小径×小径公差带代号×大径×大径公差带代号×齿宽公差带代号

尺寸标注法应标注出大径D、小径d、键宽B及齿数N、工作长度L，如图5–28（b）所示。

内花键的画法和标注与外花键相似，如图5-28（c）所示，只是表示公差带的代号用大写字母表示。

花键连接的画法和螺纹连接的画法相似，即公共部分按外花键绘制，不重合部分按各自的规定画法绘制，如图5-28（d）所示。

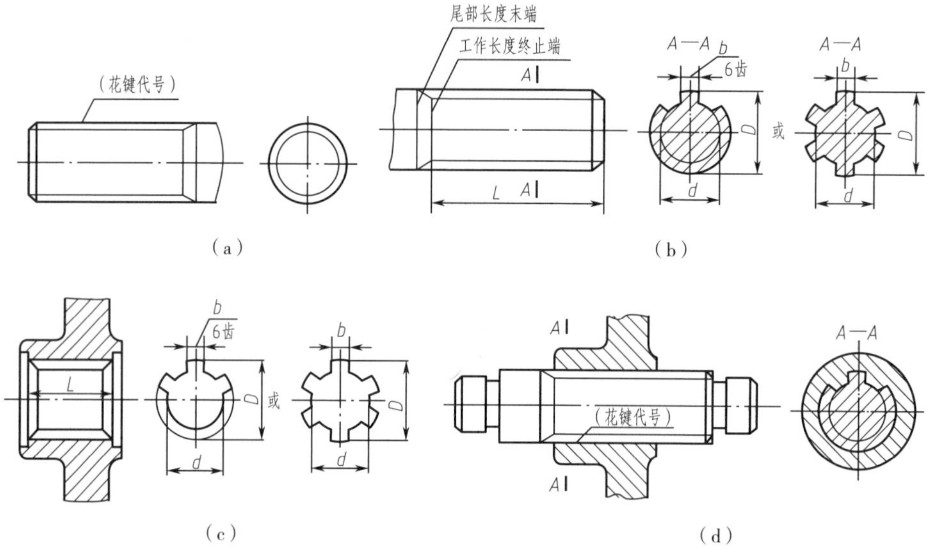

图5-28　花键连接

2. 销连接

销通常用于零件之间的连接、定位和防松。常见的有圆柱销、圆锥销和开口销等，它们都是标准件。销的形式和标记示例及画法见表5-3。

表5-3　　销的形式、标记示例及画法

名称	标准号	图　例	标　记　示　例
圆锥销	GB/T 117-2000	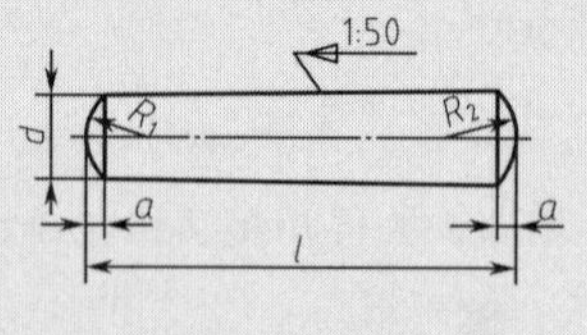 $R_1 \approx d \quad R_2 \approx d+(L-2a)/50$	直径d=10mm，长度L=100mm，材料35钢，热处理硬度28～38HRC，表面氧化处理的圆锥销 销 GB/T117—2000 A10×100 圆锥销的公称尺寸是指小端直径
圆柱销	GB/T 119.1-2000		直径d=10mm，公差带代号为m6，长度L=80mm，材料为钢，不经表面处理 销GB/T 119.1—2000 10m6×80
开口销	GB/T 91-2000		公称直径d=4mm（指销孔直径），L=20mm，材料为低碳钢，不经表面处理 销GB/T 91—2000 4×20

圆柱销和圆锥销可以连接零件，也可以起定位作用；开口销常用在螺纹连接的装置中，以防止螺母的松动，销连接画法如图5-29所示。

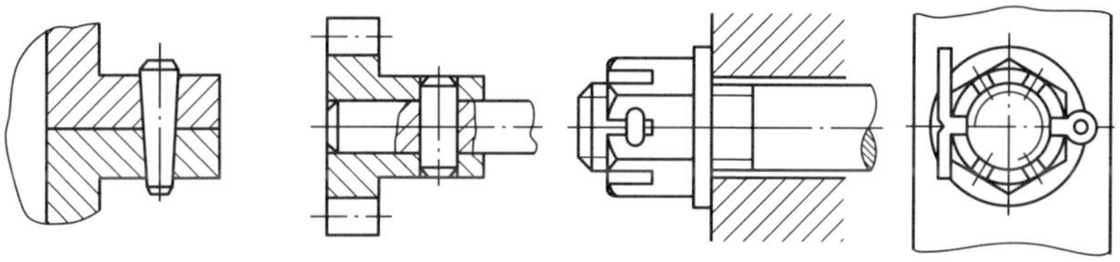

（a）圆锥销连接的画法　（b）圆柱销连接的画法　（c）开口销连接的画法

图5-29　销连接的画法

销连接仿真

在销连接中，两零件上的孔是在零件装配时一起配钻的，因此，在零件图上标注销孔的尺寸时，应注明“配作”。

四、绘制滚动轴承和弹簧

1. 滚动轴承

滚动轴承是支承轴的标准部件，它具有摩擦阻力小、结构紧凑等优点，在机器中被广泛应用，使用时可根据设计要求选用。

（1）滚动轴承的构造与种类　滚动轴承一般由外圈、内圈、滚动体和保持架组成，如图5-30所示。

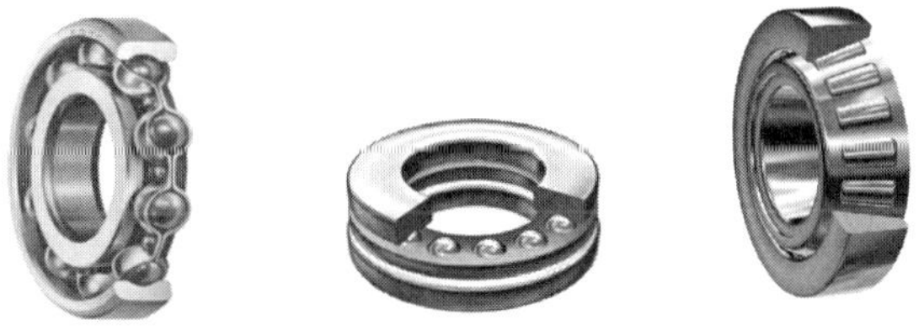

（a）　（b）　（c）

图5-30　常用滚动轴承的结构

按承受载荷的方向，滚动轴承可分为三类：

① 深沟球轴承：主要承受径向载荷，如图5-30（a）所示

② 推力球轴承：主要承受轴向载荷，如图5-30（b）所示。

③ 圆锥滚子轴承：同时承受径向载荷和轴向载荷，如图5-30（c）所示。

（2）滚动轴承的代号　滚动轴承常用基本代号表示，基本代号由轴承类型代号、尺寸系列代号、内径代号构成。

1）轴承类型代号。用数字或字母表示，见表5-4。

表5-4　　　　　　　　　　　　轴承类型代号（摘自GB/T 272—1993）

代号	0	1	2		3	4	5	6	7	8	N	U	QJ
轴承类型	双列角接触球轴承	调心球轴承	调心滚子轴承	推力调心滚子轴承	圆锥滚子轴承	双列深沟球轴承	推力球轴承	深沟球轴承	角接触球轴承	推力圆柱滚子轴承	圆柱滚子轴承	外球面球轴承	四点接触球轴承

2）尺寸系列代号。由轴承宽（高）度系列代号和直径系列代号组合而成，一般用两位数字表示（有时省略其中一位）。它的主要作用是区别内径（d）相同而宽度和外径不同的轴承，具体代号需查阅相关标准。

3）内径代号。表示轴承的公称内径，一般用两位数字表示。

① 内径代号为00，01，02，03时，分别表示内径d=10mm，12mm，15mm，17mm。

② 内径代号为04～96时，代号数字乘以5，即得轴承内径。

③ 轴承公称内径为1～9mm、22mm、28mm、32mm、500mm或大于500mm时，用公称内径毫米数值直接表示，但与尺寸系列代号之间用“/”隔开，如“深沟球轴承62/22”，则d=22mm。

轴承基本代号举例：

【例5-1】6209　09为内径代号，d=45mm；2为尺寸系列代号（02），其中宽度系列代号0省略，直径系列代号为2；第一位数字6为轴承类型代号，表示深沟球轴承。

【例5-2】62/22　22为内径代号，d=22mm（用公称内径毫米数值直接表示）；6和2与【例5-1】的含义相同。

【例5-3】30314　14为内径代号，d=70mm；03为尺寸系列代号（03），其中宽度系列代号为0，直径系列代号为3；第一位数字3为轴承类型代号，表示圆锥滚子轴承。

（3）滚动轴承的画法

滚动轴承有三种画法，规定画法、特征画法和通用画法，后两种画法又称为简化画法。在同一图样中，一般只采用其中的一种画法。

滚动轴承的通用画法见表5-5。

滚动轴承的规定画法和特征画法见表5-6。

2. 弹簧

弹簧是在机械中广泛地用来减振、夹紧、贮存能量和测力的零件。常用的弹簧如图5-31所示。本节主要介绍圆柱螺旋压缩弹簧的画法。

表5-5　　滚动轴承的通用画法

通用画法	需表示外圈无挡边的通用画法	需表示内圈有单挡边的通用画法
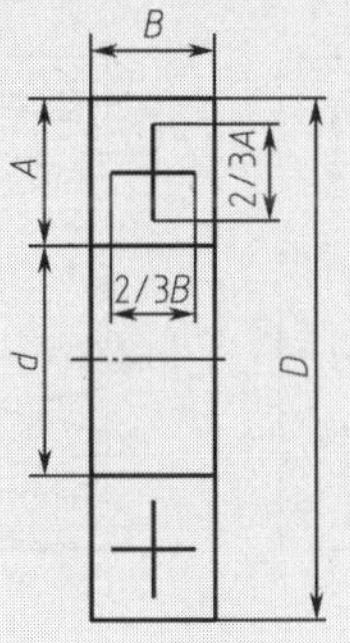	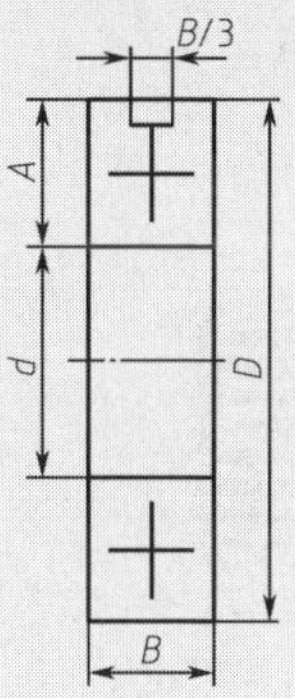	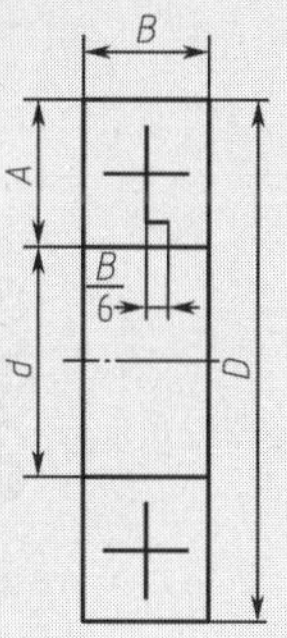

表5-6　　常用滚动轴承的规定画法和特征画法（摘自GB/T 4459.7—1998）

名称、标准号和代号	主要尺寸数据	规定画法	特征画法	装配示意图
深沟球轴承 60000	D d B	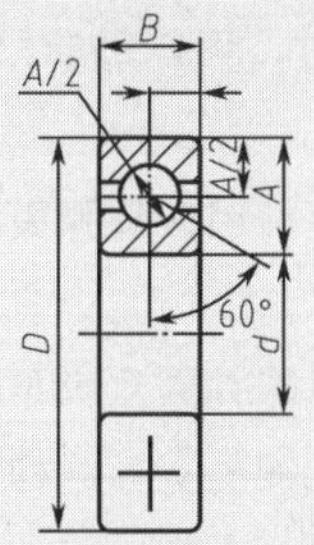	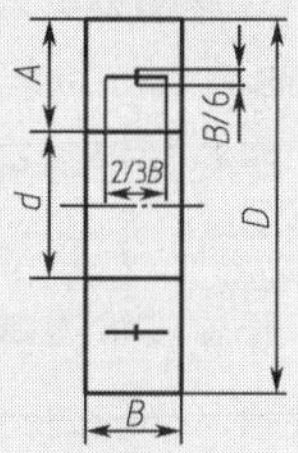	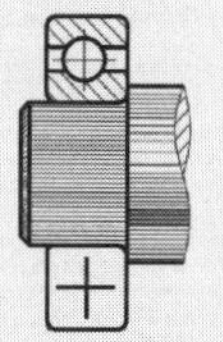
圆锥滚子轴承 30000	D d B T C	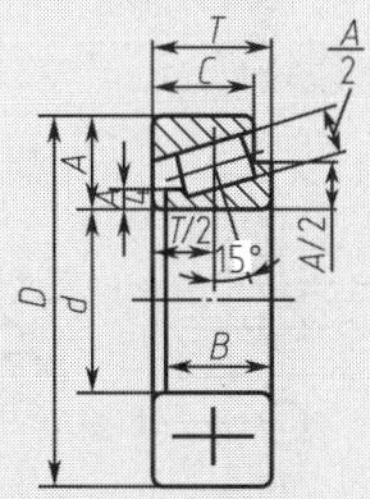	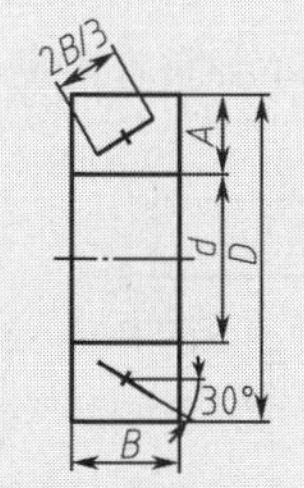	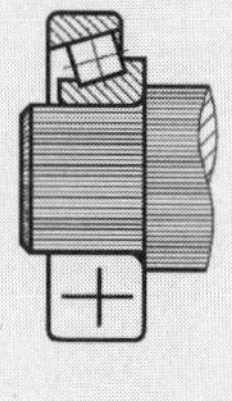
推力球轴承 50000	D d T	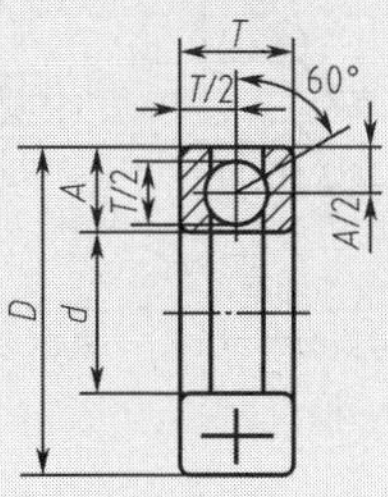	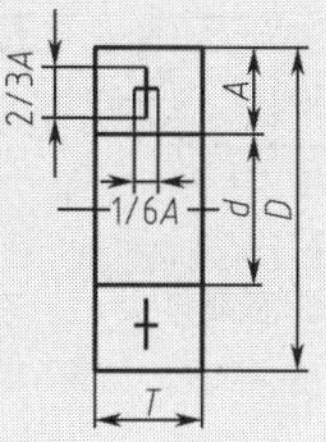	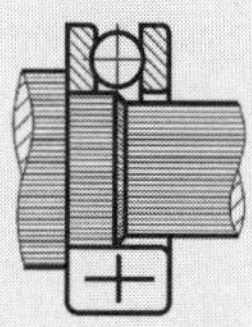

制造弹簧用的金属丝直径用d表示，弹簧的外径、内径和中径分别用D_2、D_1和D表示，节距用p表示，高度用H_0表示，如图5-32（a）所示。

（a）压缩弹簧（b）拉力弹簧（c）扭力弹簧

图5-31　圆柱螺旋弹簧

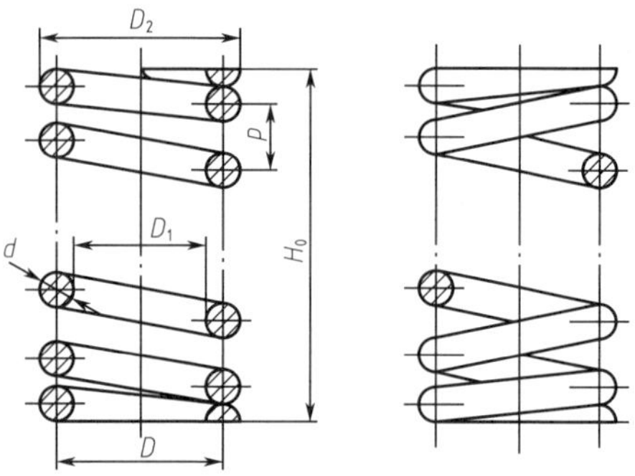

（a）剖视图　　（b）视图

图5-32　圆柱螺旋压缩弹簧的尺寸

（1）圆柱螺旋压缩弹簧的规定画法

① 在平行于螺旋弹簧轴线的投影面的视图中，其各圈的轮廓应画成直线。

② 有效圈数在四圈以上时，可以每端只画出1～2圈（支承圈除外），其余省略不画。

③ 螺旋弹簧均可画成右旋，但左旋弹簧不论画成左旋或右旋，一律要注写出旋向“左”字。

④ 螺旋压缩弹簧如要求两端并紧且磨平时，不论支承圈多少均按支承圈为2.5圈绘制，必要时也可按支承圈的实际结构绘制。

画图步骤如图5-33所示。弹簧的画法有剖视、视图和示意画法，如图5-33（c）、（d）和图5-34（c）中的弹簧。

（2）弹簧在装配图中的画法规定

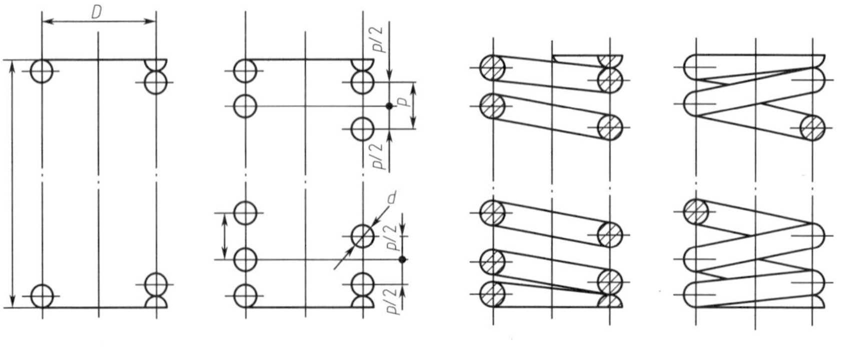

（a）画出支承圈簧丝的剖面，按右旋画出　（b）画出中间各圈簧丝的剖面　（c）按右旋画出相应圆的公切线，画出剖面线，完成全图　（d）若画成视图，按右旋画出相应圆的公切线，完成外形图

图5-33　圆柱螺旋压缩弹簧的画图步骤

① 弹簧后面被遮挡住的零件轮廓不必画出，如图5-34（a）所示。

② 当弹簧的簧丝直径小于或等于2mm时，断面可以涂黑表示，如图5-34（b）所示，也可采用示意画法画出，如图5-34（c）所示。

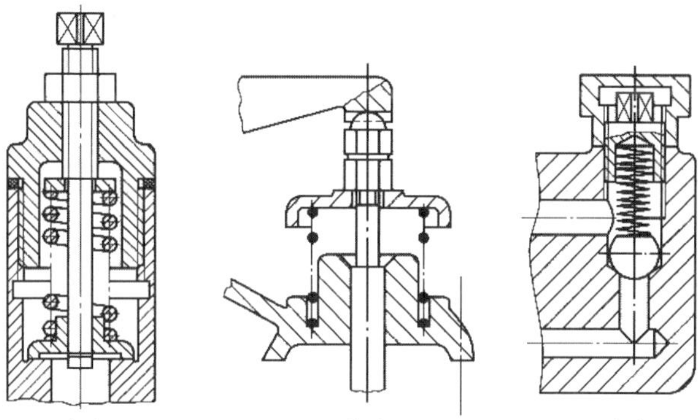

图5-34　圆柱螺旋压缩弹簧在装配图中的画法

第二节　零件的表达方法

一、常见零件工艺结构的画法

零件的结构除应满足设计要求外，还应考虑加工、制造的方便和可能，使所绘制的零件图在满足零件工作性能要求的同时，还应具有良好的结构工艺性。

1. 零件的机械加工工艺结构

（1）倒角和倒圆　为了便于安装和操作安全，常在零件的端部制成倒角。对于阶梯轴或孔，为了在轴肩、孔肩处避免应力集中，常以圆角过渡，其尺寸标注方法如图5-35所示。其中45°的倒角按图5-35（a）所示的形式标注，非45°的倒角按图5-35（b）所示的形式标注。在不致引起误解时，倒角、圆角可省略不画，但必须注明尺寸或在技术要求中加以说明，如图5-35（c）所示。

（2）退刀槽和越程槽　在切削加工中，为保护刀具和方便刀具退出，以及在装配时两零件表面能紧密接触，常在零件加工表面的台肩处先加工出沟槽，称为退刀槽或砂轮越程槽。常见退刀槽和越程槽的结构及尺寸标注如图5-36所示。退刀槽和越程槽一般按“槽宽×槽深”或“槽宽×直径”注出。

（3）钻孔结构　用钻头钻盲孔时，由于钻头顶部有120°的圆锥面，所以盲孔底部总有一个120°的圆锥面，扩孔时也有一个锥角为120°的圆台面，如图

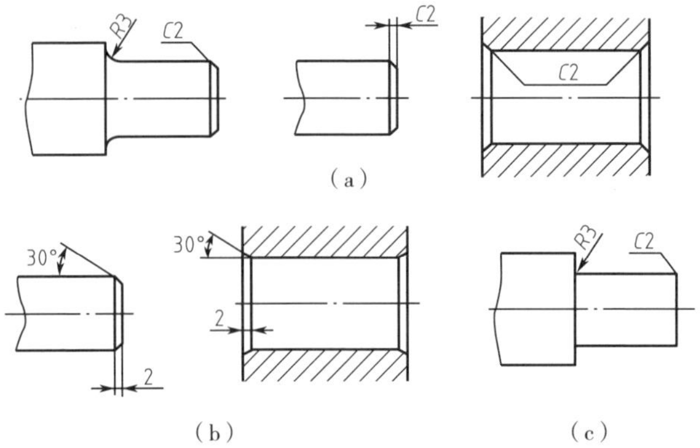

图5-35　零件上倒角、倒圆及其尺寸注法

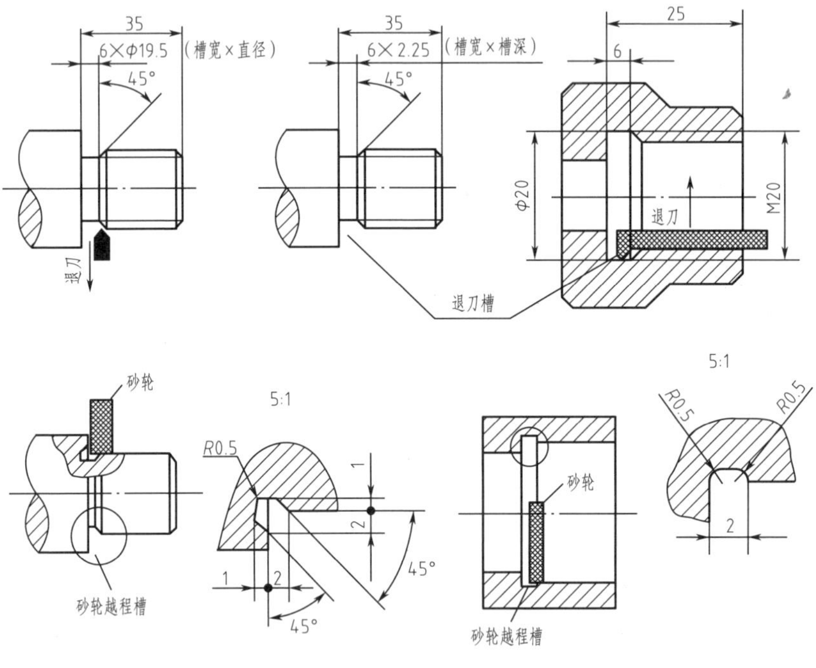

图5-36　零件上的退刀槽、越程槽及其尺寸注法

5-37（a）所示。此外钻孔时，应尽量使钻头垂直于孔的端面，否则易将孔钻偏或将钻头折断，如图5-37（b）所示。

（4）凸台和凹坑　为了减少加工面积并使零件表面间接触良好，常在零件的接触表面设计凸台和凹坑结构或锪平成凹坑等，如图5-38所示。

2. 零件上的铸造工艺结构

（1）铸件壁厚　铸件各部分的壁厚应尽量均匀，在不同壁厚处应使厚壁和薄壁逐渐过渡，以免铸造时在冷却过程中形成热节，产生缩孔，如图5-39所示。

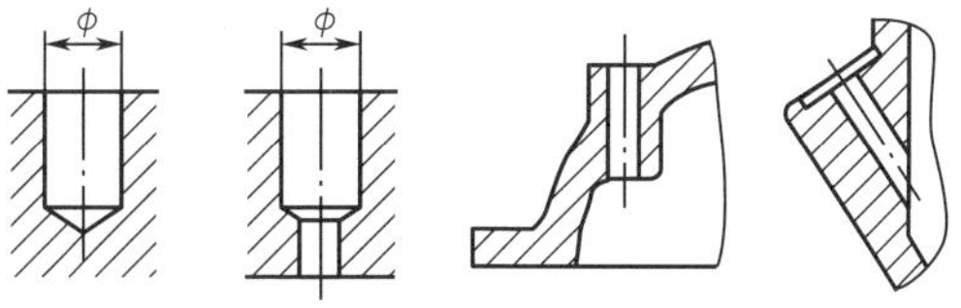

（a）　　　（b）

图5-37　钻孔工艺结构

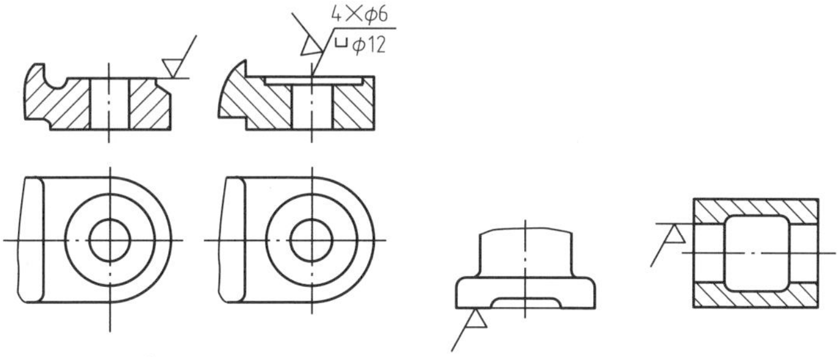

（a）凸台　（b）凹坑　（c）凹槽　（d）凹腔

图5-38　凸台、凹坑等结构

（2）铸造圆角　为了防止起模时砂型尖角处出现落砂现象，以及铸件在两表面尖角处产生裂纹、缩孔或应力集中，铸件上两表面相交处应做成圆角，如图5-40所示。铸造圆角的大小一般为*R*3~*R*5，可集中在技术要求中注出。

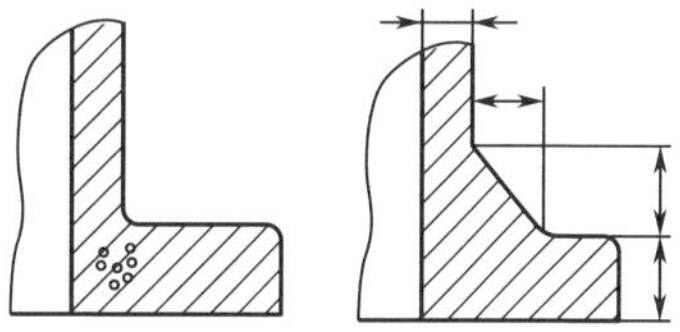

（a）不正确　（b）正确

图 5-39　铸造壁厚应均匀

（3）起模斜度　为起模顺利，铸件在起模方向上的内、外壁上应有适当的斜度（1∶20，约3°），如图5-41所示，通常在图样上不画出，也不标注，必要时可在技术要求中加以说明。

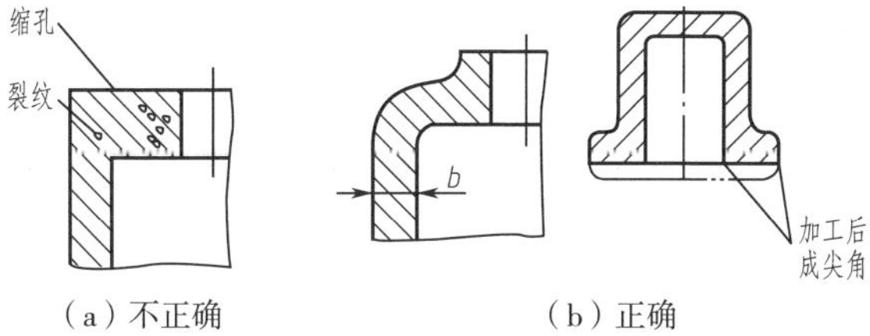

（a）不正确　（b）正确

图5-40　铸造圆角

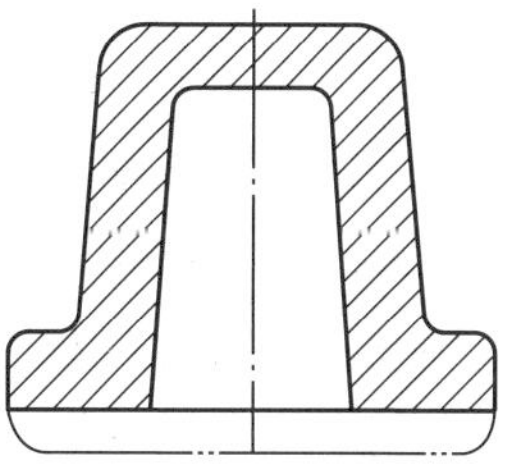

图5-41　起模斜度

（4）过渡线　受铸造圆角的影响，零件表面的交线就不够明显了，但为了读图时区分不同的表面，在相交处仍画出原有的交线，这种交线称为过渡线。

过渡线用细实线绘制，且与轮廓线相交的地方需断开一小段，如图5-42、图5-43所示。

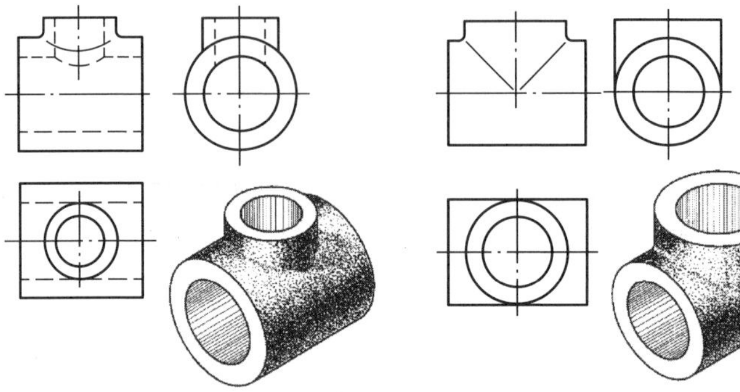
(a) (b)

图5-42 两圆柱相交时过渡线的画法

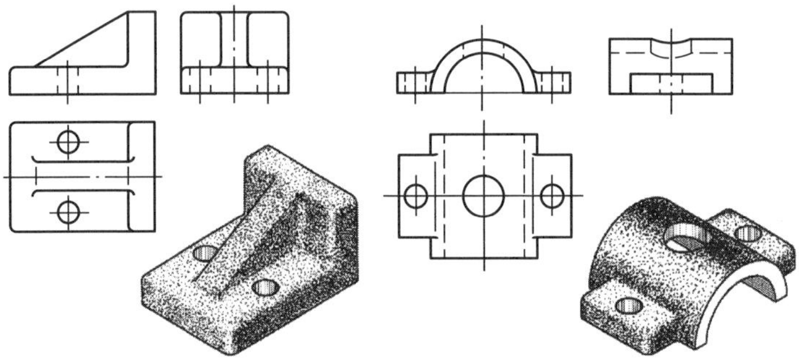
(a) (b)

图5-43 肋板与圆柱相交或相切时过渡线的画法

二、典型零件的表达方法

机器中的零件各种各样，根据零件的结构特点及其在机器或部件中的作用，可将其大致分为四类：轴（套）类零件、盘盖类零件、叉架类零件、箱体类零件。每类零件的表达方法有共同的特点。

1. 轴（套）类零件

轴（套）类零件的主要作用是支承、轴向定位和保护转动零件。轴上常见的结构有砂轮越程槽（或退刀槽）、倒角、圆角、键槽、螺纹、销孔或锥坑、平面等，如图5-44所示。

轴（套）类零件的主要加工工序是车削和磨削，因此画主视图时一般将轴线水平放置，使得零件在加工时所处的位置与图形方向一致，方便工人看图；轴（套）类零件通常还采用局部剖视图、断面图、局部视图和局部放大图表达孔、槽等结构。

如图5-44（d）所示齿轮轴零件，零件图如图5-45所示。该零件的形体表达由主视图和移出断面图组成，轮齿部分作了局部剖；零件由几段不同直径的回转体组成，最大圆柱上制有轮齿，最右端圆柱上有一键槽，零件两端及轮齿两端有倒角，两处ϕ24端面处有砂轮越程槽；移出断面图用于表达键槽深度和进行有关标注。

（a）　（b）　（c）　（d）

图5-44　轴（套）类零件轴测图

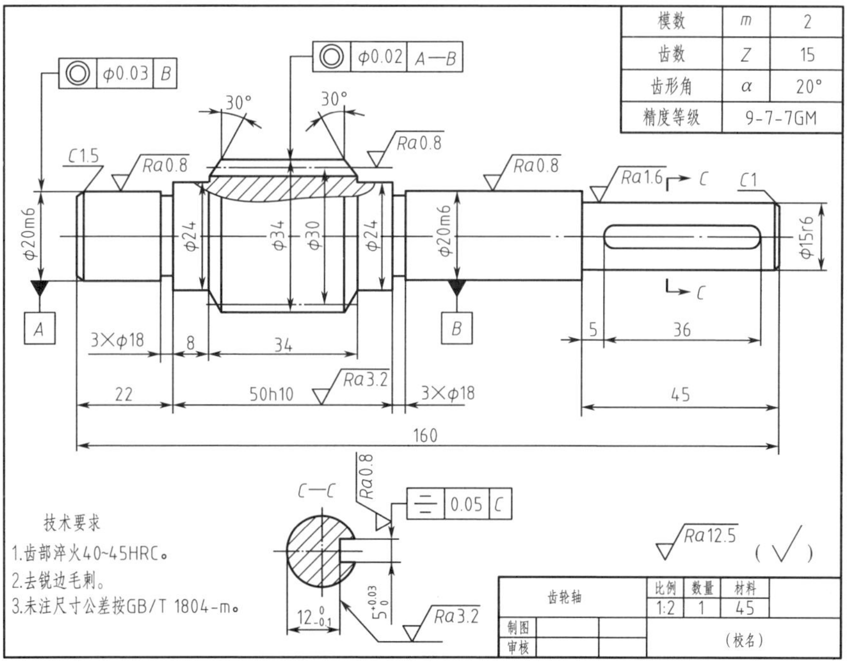

图5-45　齿轮轴零件图

2. 盘盖类零件

盘盖类零件的结构特点是轴向尺寸小而径向尺寸大，零件的主体多数是由共轴回转体构成，并常在径向分布有螺孔或光孔、销孔等，如图5-46所示。

盘盖类零件主要是在车床上加工，主视图一般采用加工位置放置。常用两个视图表达，一个是轴向剖视图，另一个是径向视图。

如图5-46（d）所示端盖零件，零件图如图5-47所示。主视图采用全剖视图，表达内部孔的结构形状特征；左视图采用视图，主要表达螺钉连接孔、螺

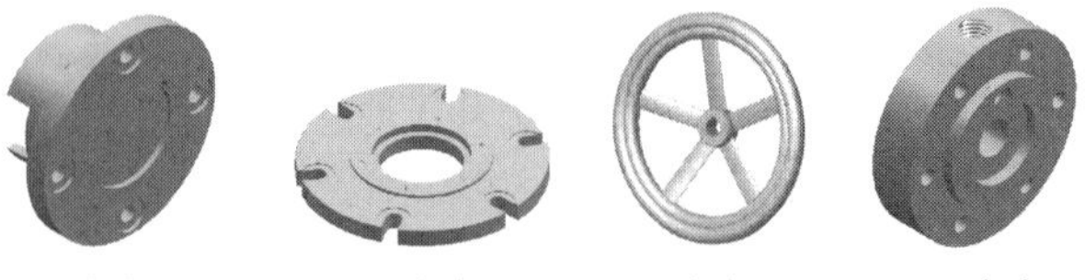

（a）　（b）　（c）　（d）

图5-46　轮盘盖类零件轴测图

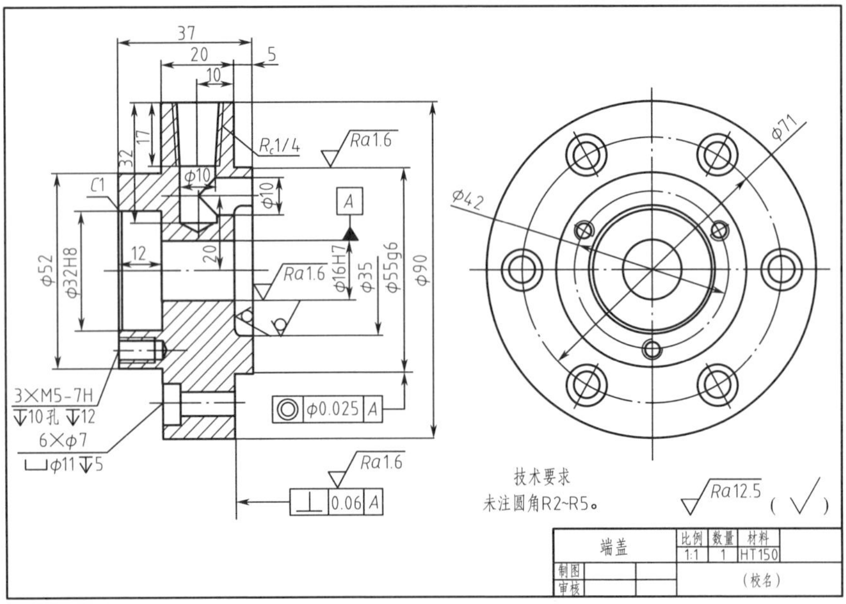

图5-47　端盖零件图

栓连接孔的位置。

3. 叉架类零件

叉架类零件包括拔叉、连杆和各种叉架等，其作用是在机器的操纵系统及变速系统中完成某种动作或支承其他零件。零件结构一般可分为工作部分、连接部分和支承部分，工作部分和支承部分细部结构较多，如圆孔、螺孔、油槽、油孔、凸台和凹坑等；连接部分多为肋板结构，且形状有弯曲、扭斜，如图5-48所示。

（a）　（b）　（c）　（d）

图5-48　叉架类零件轴测图

主视图一般以自然放置或工作位置放置，按形状特征明显的方向作为主视方向，常采用2~3个基本视图，根据机件具体结构增加斜视图、局部视图、断面图等来表达。

如图5-48（d）所示托架零件，零件图如图5-49所示。主视图为局部剖视图，用以表达主体结构；俯视图表达零件宽度情况及顶板上的孔的形状和位置；B向视图为局部视图，表达圆筒侧面的凸台特征形状和螺孔位置；移出断面图表达连接部分的断面结构。

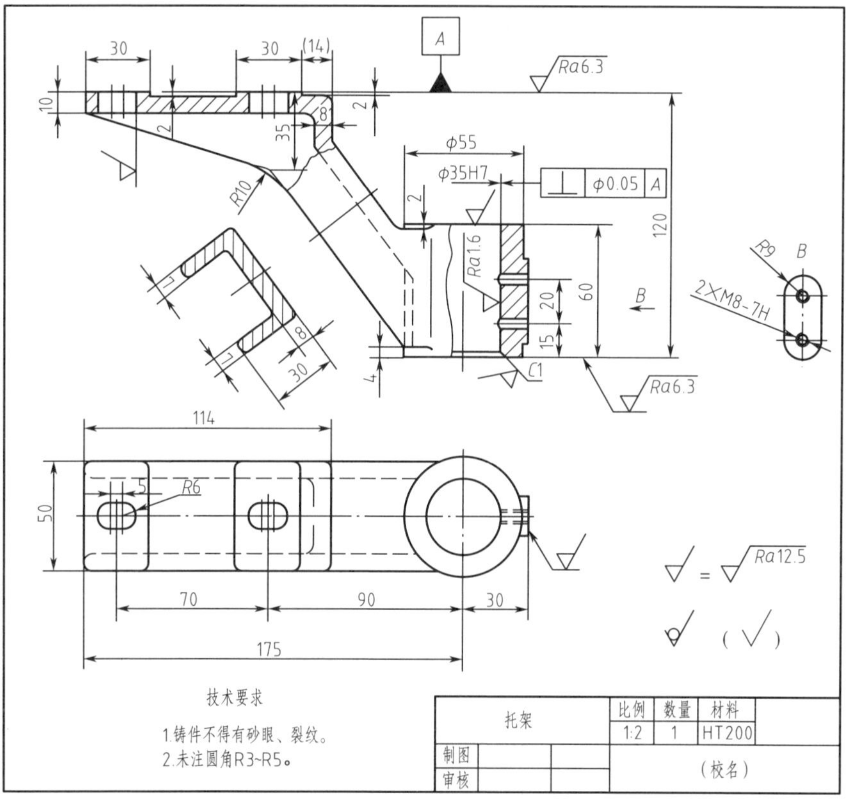

图5-49　托架零件图

4. 箱体类零件

箱体是机器或部件的外壳或座体，它是机器或部件中的主体件，起着支承和包容运动件、其他零件及油、汽等介质的作用。箱体类零件结构形状复杂，一般由底板、箱壁、箱孔等部分组成；在箱壁上有供安装轴承用的圆孔或半圆孔及其带螺纹的凸缘，并用肋板加固；底板上有螺栓孔及其凸台或凹坑；箱体还常有销孔、倒角、起模斜度、铸造圆角、放油孔、螺栓孔等结构。箱体类零件多为铸造件，具有许多铸造工艺结构，如铸造圆角、起模斜度等，如图5-50所示。

图5-50　箱体类零件轴测图

箱体类零件通常采用三个或三个以上的基本视图，根据具体结构特点选用半剖、全剖或局部剖视图，并辅以断面图、斜视图、局部视图等表达方法。

由于箱体类零件结构形状复杂、加工位置多变，一般以工作位置及最能反映各组成部分形状特征和相对位置的方向作为主视方向。

如图5-50（d）所示箱体零件，零件图如图5-51所示。该零件用了两个基本视图和两个局部视图。主视图采用了全剖，表达了箱体的内部结构；左视图采用了局部剖，既表达了内部结构又表达了外部结构；*B*向局部视图表达了箱体底部的情况；*C*向局部视图表达了前面凸台的情况。

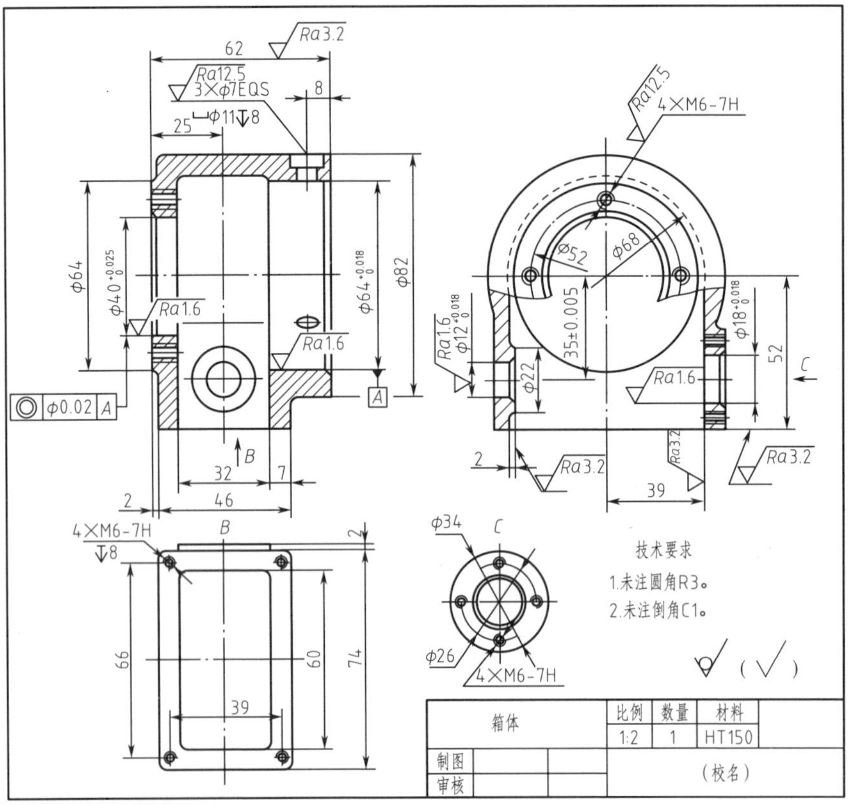

图5-51　箱体零件图

第三节　零件图的尺寸标注

零件上各部分的大小是按照图样上所标注的尺寸进行制造和检验的，零件图中的尺寸不但要按前面学过的要求做到完整、正确、清晰，而且应满足合理性要求。

所谓合理是指所注的尺寸既符合零件的设计要求，又便于加工和检验（即满足工艺要求）。

一、合理标注尺寸应注意的问题

1. 重要的尺寸应从设计基准直接注出

以保证加工时容易达到尺寸要求，不致受累积误差的影响，如图5-52（a）中的尺寸*h*。

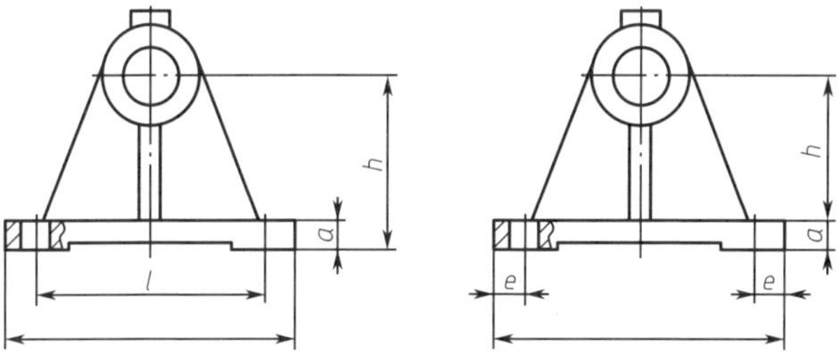

（a）正确　　（b）错误

图5-52　重要尺寸应直接注出

2. 避免注成封闭的尺寸链

由同一方向首尾相接组成封闭的一组尺寸称为封闭尺寸链，如图5-53（a）所示。这将给加工造成困难（因加工存在制造误差），这时应根据需要把某一个环的尺寸去掉或用圆括号括起来，作为参考尺寸，使制造误差都集中到这个封闭环上去，从而保证重要尺寸的精度，如图5-53（b）所示。

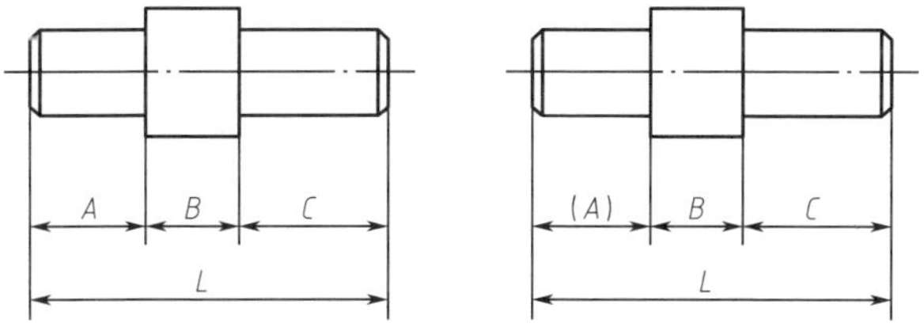

（a）错误　　（b）正确

图5-53　避免注成封闭的尺寸链

3. 标注尺寸要尽量适应加工方法及加工过程

尺寸标注要尽可能符合工艺要求，如图5-54（a）所示，轴承盖的半圆孔是和轴承座配合在一起加工的，所以要标注直径。半圆键的键槽也要标注直径，以便于选择铣刀，铣平键键槽时，键槽深要以素线为基准，如图5-54（b）所示。轴的长度尺寸要考虑加工时的顺序，如图5-54（c）所示。

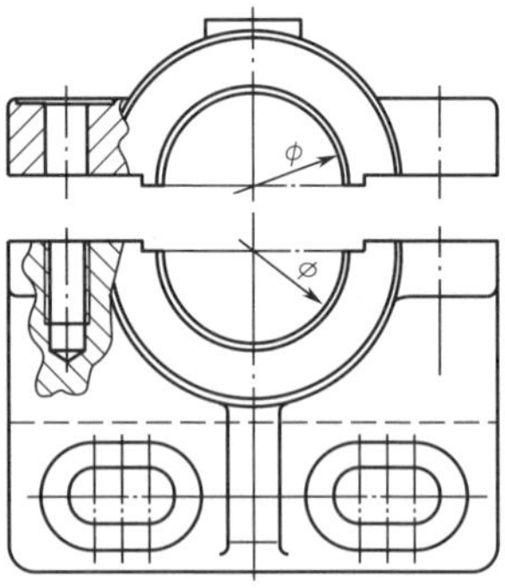

（a）

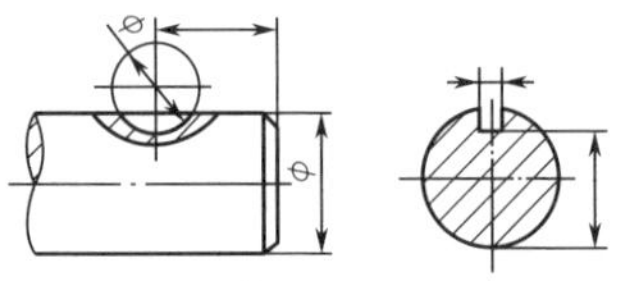

（b）

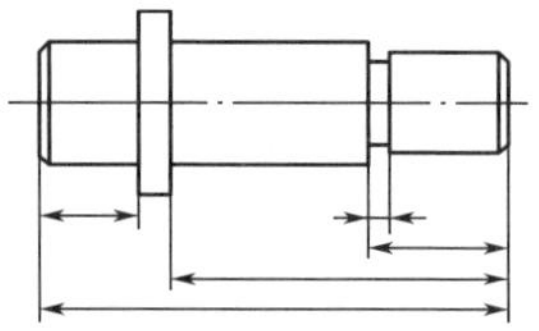

（c）

图5-54　尺寸标注的工艺要求

4. 标注尺寸应考虑加工的可能性和便于测量

标注尺寸时，还应考虑加工的可能性，不要标注出让加工者为难、甚至无法加工的尺寸，如图5-55所示。

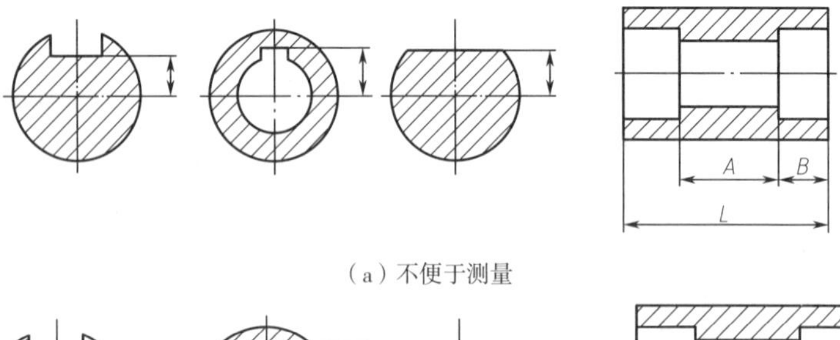

（a）不便于测量

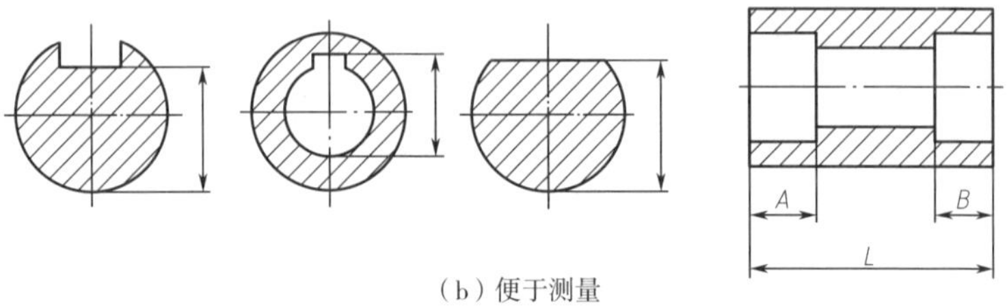

（b）便于测量

图5-55　考虑加工的可能性和便于测量

二、零件上常见孔的尺寸注法

零件上常见孔的尺寸注法见表5-7。

表5-7　　常见孔的尺寸注法

类型		旁注法	普通注法	说　明
光孔	一般孔	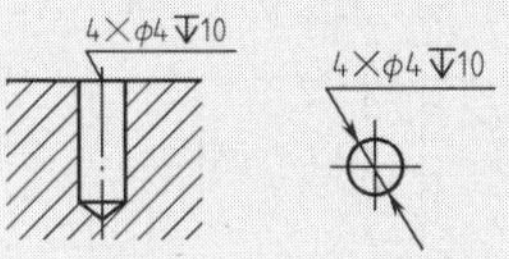	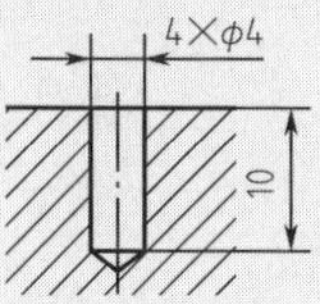	$4\times\phi 4$表示直径为4mm均匀分布的四个光孔 孔深可与孔径连注，也可以分开注出
	精加工孔	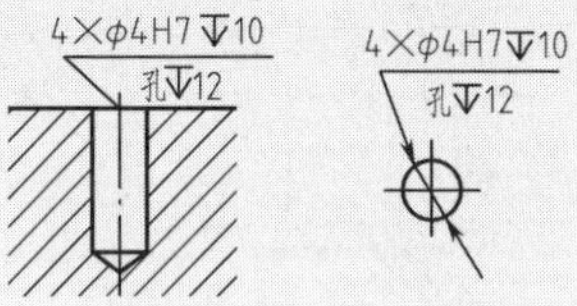	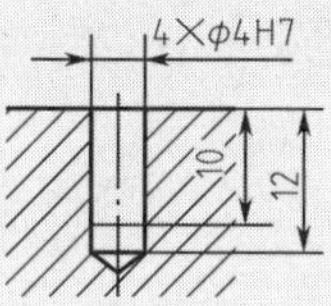	光孔深为12mm；钻孔后需精加工至$\phi 4^{+0.012}_{0}$mm，深度为10
	锥销孔	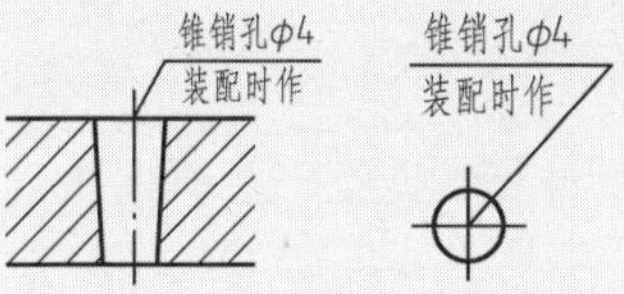		ϕ 4mm为与锥销孔相配合的圆锥销小头直径。锥销孔通常是相邻两零件装在一起时加工的
沉孔	锥形沉孔	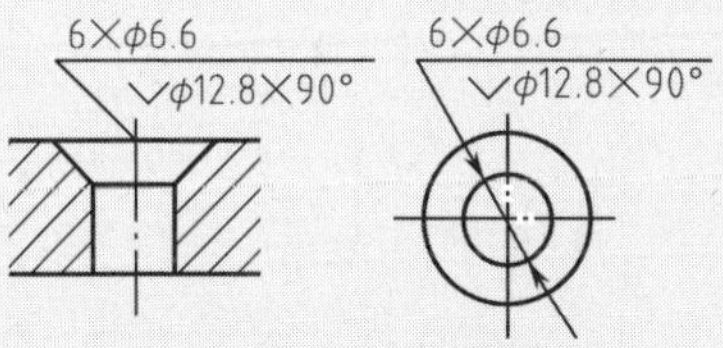	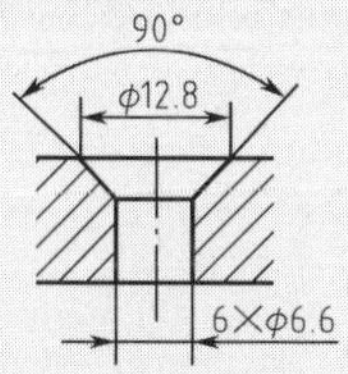	$6\times\phi 6.6$表示直径为6.6mm均匀分布的六个孔 锥形部分尺寸可以旁注，也可以直接注出
	柱形沉孔	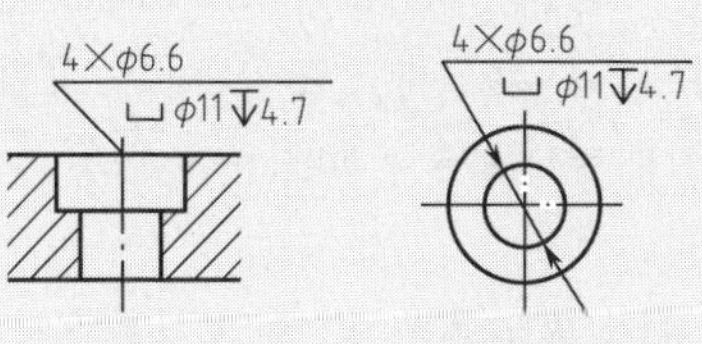	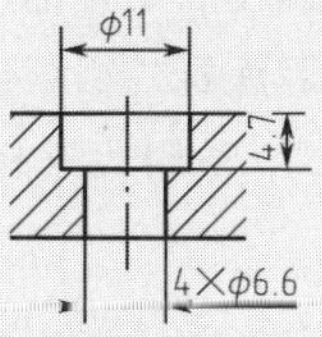	柱形沉孔的小直径为ϕ 6.6mm，大直径为ϕ 11mm，深度为4.7mm，均需标注
	锪平沉孔	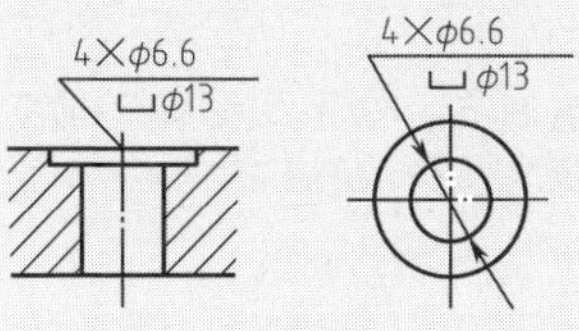	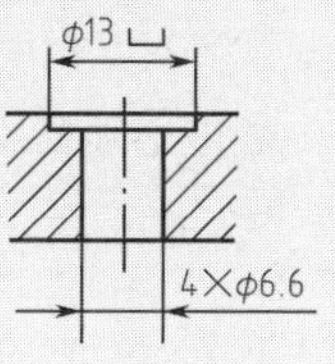	锪平ϕ 13mm的深度不需标注，一般锪平到不出现毛面为止

续表

类型		旁注法	普通注法	说　明
螺孔	通孔	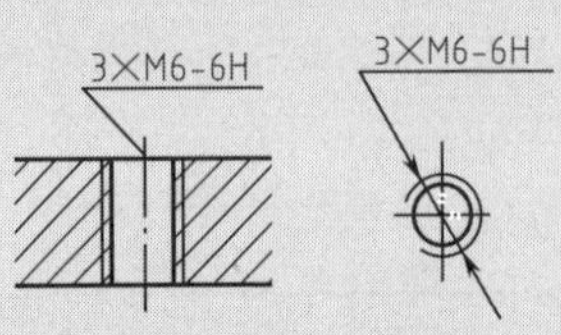	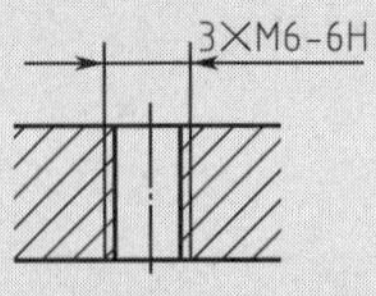	3×M6表示直径为6mm均匀分布的三个螺孔 可以旁注，也可以直接注出
	不通孔	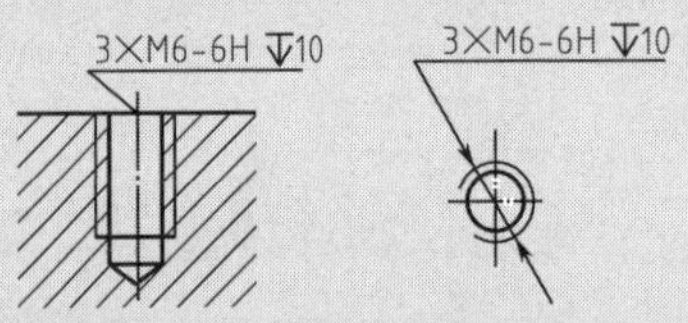	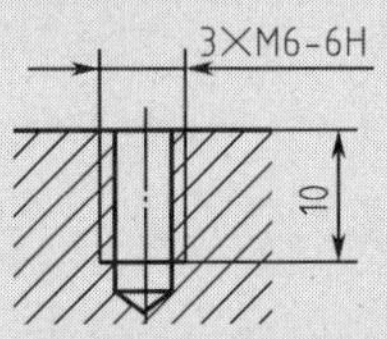	螺孔深度可与螺孔直径连注，也可分开注出
	不通孔	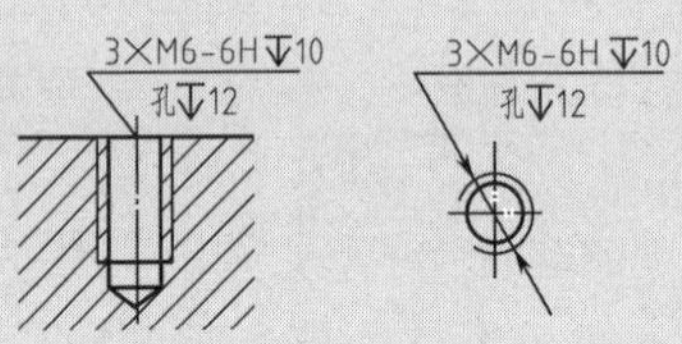	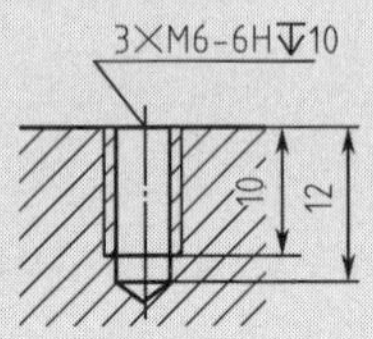	需要注出孔深时，应明确标注孔深尺寸

第四节　零件图上技术要求的标注

一、极限与配合的标注

1. 在零件图上的标注

在零件图中线性尺寸的偏差有三种标注形式：第一种，在公称尺寸后面标注公差带代号的形式；第二种，在公称尺寸后面标注极限偏差的形式；第三种，在公称尺寸后面既标注公差带代号，又标注极限偏差的形式，这时极限偏差要用括号括起来，如图5-56所示。

注意问题：

（1）极限偏差的字高比公称尺寸数字小一号，且下极限偏差与公称尺寸数字在同一水平线上。

（2）当公差带相对于公称尺寸对称时，即上、下极限偏差绝对值相同时，应采用“±”加偏差的绝对值来表示，且两者数字高度相同，如50±0.31。

（3）上、下极限偏差的小数位必须相同、小数点对齐，当上极限偏差或下极限偏差为零时，只用数字“0”标出。

2. 在装配图上的标注

在装配图上一般采用配合代号的形式标注。配合代号用分数表示，分子为孔的公差带代号，

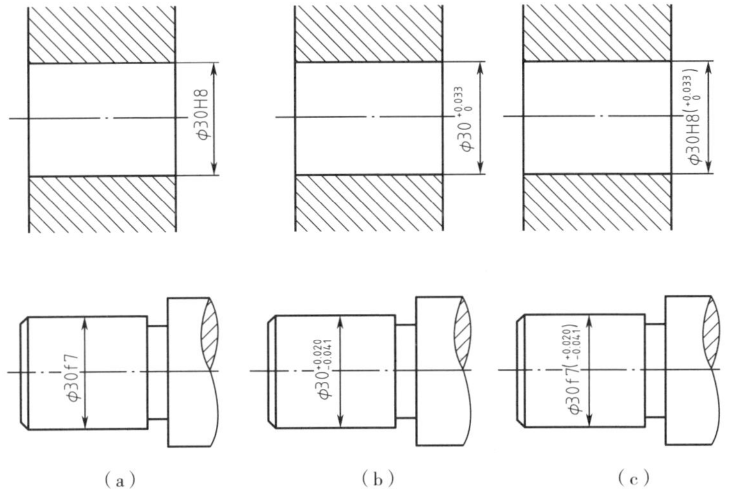

图5-56　零件图中尺寸公差的标注

分母为轴的公差带代号，如图5-57（a）所示；当两配合件之一是标准件时，只标注非标准件的公差带代号，如图5-57（b）所示。

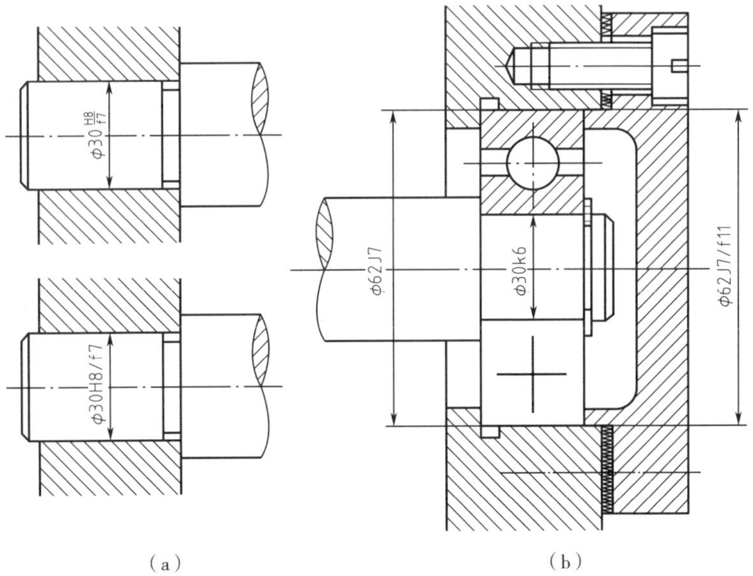

图5-57　装配图中尺寸公差的标注

二、表面结构要求的标注

1. 表面结构图形符号

表面结构图形符号的画法如图5-58所示。图形符号和附加标注的尺寸见表5-8。

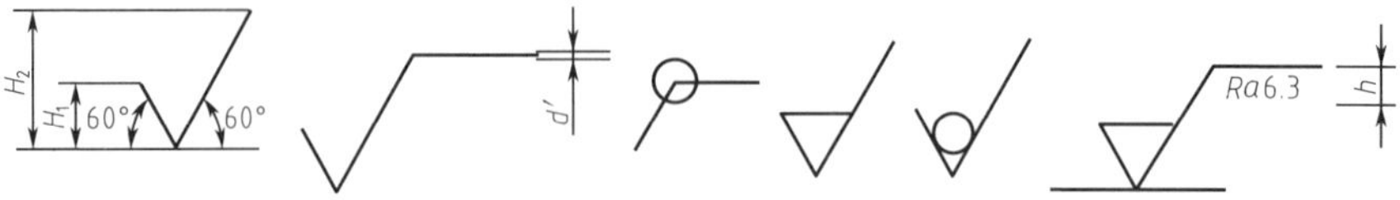

图5-58　表面结构图形符号的画法

表5-8　图形符号和附加标注的尺寸（GB/T 131—2006）　单位：mm

数字和字母高度*h*（见GB/T 14690）	2.5	3.5	5	7	10	14	20
符号线宽*d′*	0.25	0.35	0.5	0.7	1	1.4	2
字母线宽*d*							
高度H_1	3.5	5	7	10	14	20	28
高度H_2（最小值）	7.5	10.5	15	21	30	42	60
H_2取决于标注内容							

表面结构要求对每一表面一般只标注一次，并尽可能标注在相应的尺寸及其公差的同一视图上，除非另有说明，所标注的表面结构要求是对完工零件表面的要求。

2.表面结构要求在图样中的注法

（1）表面结构的注写和读取方向与尺寸的注写和读取方向一致，如图5-59所示。

（2）表面结构可标注在轮廓上，其符号应从材料外指向并接触表面，必要时也可用带箭头或黑点的指引线引出，如图5-60、图5-61所示。

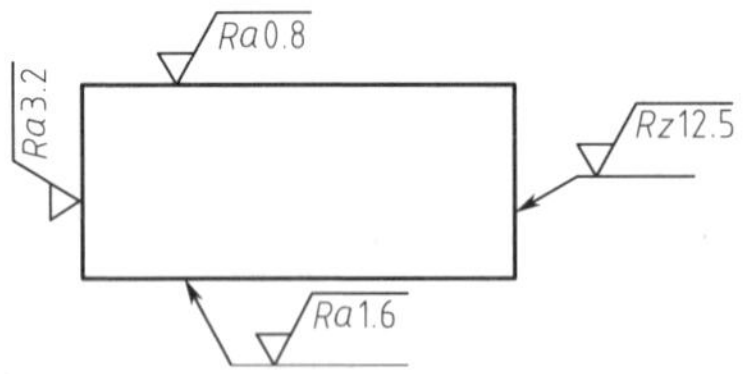

图5-59　表面结构要求的注写方向

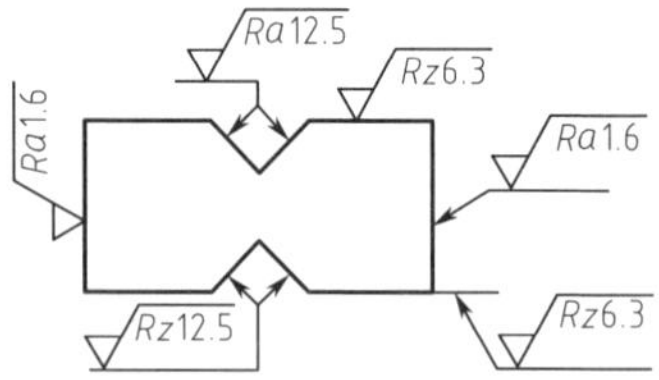

图5-60　表面结构要求在轮廓线上的标注

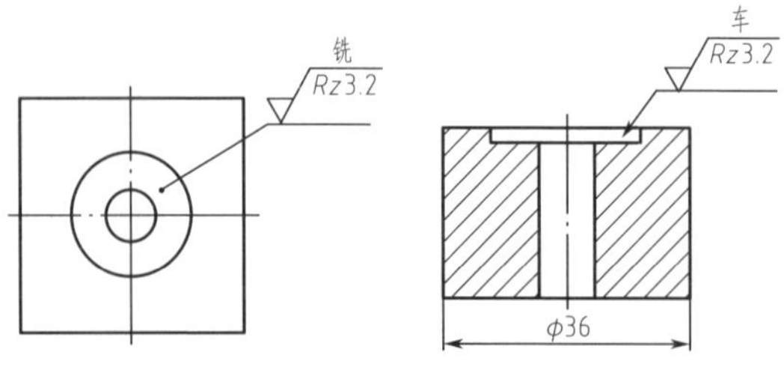

图5-61　用指引线引出表面结构要求

（3）在不致引起误解时，表面结构要求可以标注在给定的尺寸线上，如图5–62所示。

（4）表面结构可标注在几何公差框格上方，如图5–63所示。

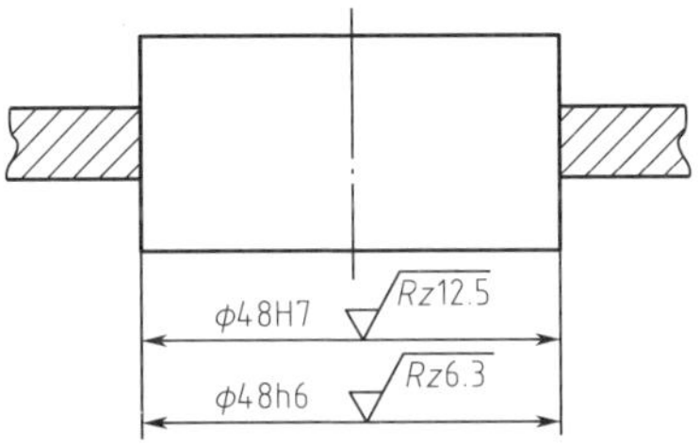

图5–62　表面结构要求标注在尺寸线上

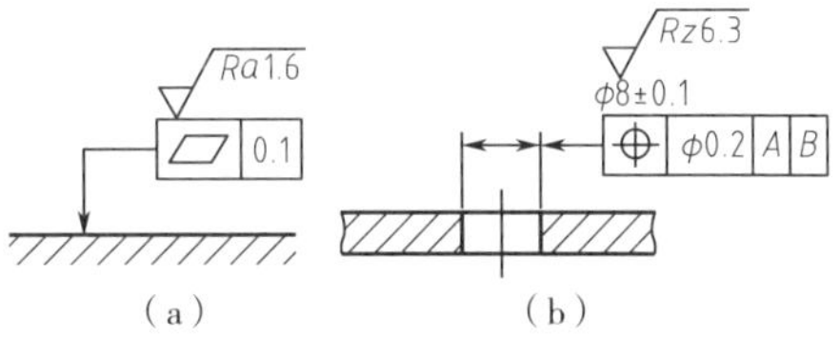

图5–63　表面结构要求标注在几何公差框格的上方

（5）表面结构要求可以直接标注在延长线上或用带箭头的指引线引出标注，如图5–64所示。

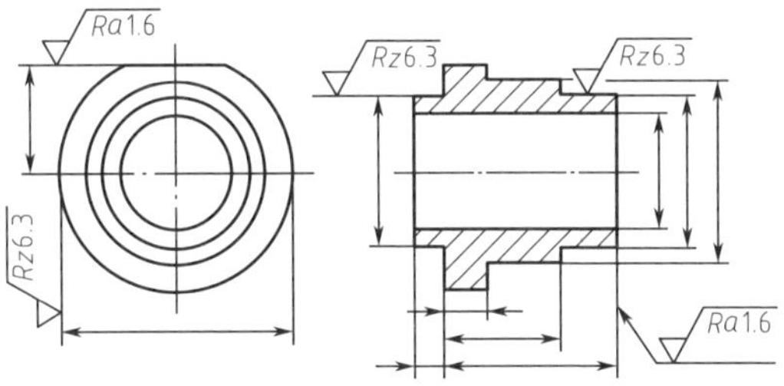

图5–64　表面结构要求标注在圆柱特征的延长线上

（6）圆柱和棱柱表面的表面结构要求只标注一次，如图5–64所示。若每个棱柱表面有不同的表面结构要求，则分别单独标注，如图5–65所示。

（7）键槽、倒角等表面结构要求可按图5–66所示进行标注。

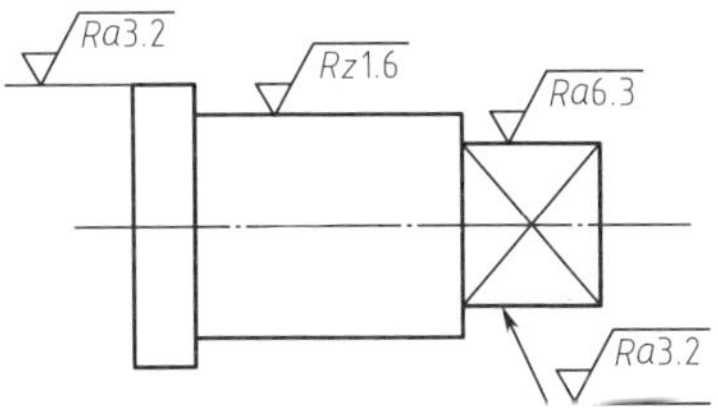

图5–65　圆柱和棱柱的表面结构要求注法

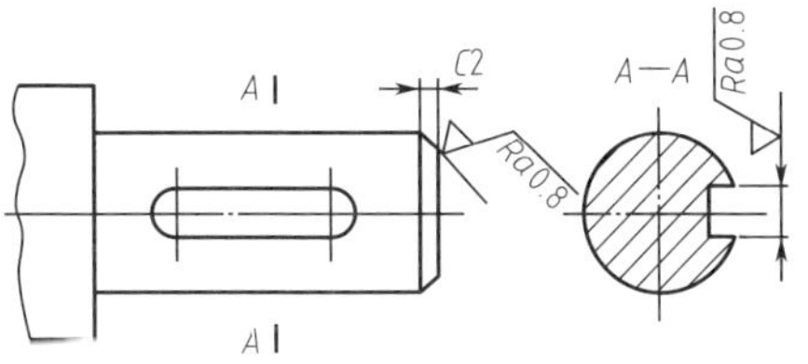

图5–66　键槽、倒角等表面结构要求的注法

3. 表面结构要求在图样中的简化注法

（1）有相同表面结构要求的简化注法　如果零件的多数（包括全部）表面有相同的表面结构要求时，则其表面结构要求可统一标注在图样的标题栏附近，此时表面结构要求的符号后应有在圆括号内给出无任何其他标注的基本

符号，如图5-67（a）所示，或者在圆括号内给出不同的表面结构要求，如图5-67（b）所示。

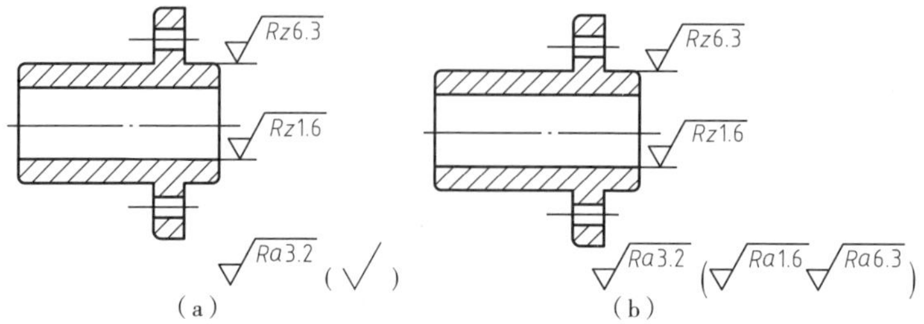

（a）　　（b）

图5-67　大多数表面有相同表面结构要求的简化注法

（2）多个表面有共同要求的注法

① 可用带字母的完整符号，以等式的形式，在图形或标题栏附近，对有相同表面结构要求的表面进行简化标注，如图5-68所示。

② 只用表面结构符号，以等式的形式给出对多个表面共同的表面结构要求，如图5-69所示。

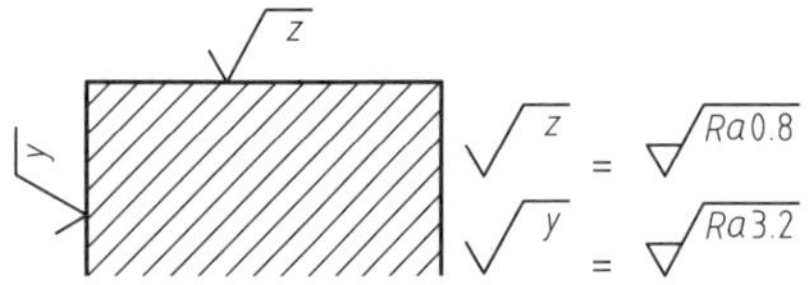

图5-68　在图纸空间有限时的简化注法

（a）未指定加工方法　（b）要求去除材料　（c）不允许去除材料

图5-69　多个表面具有相同的表面结构要求的简化注法

三、几何公差的标注

1. 几何公差代号和基准符号

几何公差代号包括几何特征符号、几何公差框格及指引线、几何公差值和其他有关符号、基准代号等；基准符号中，基准用一个大写字母表示，字母标注在基准方格内，与一个涂黑的或空白的三角形相连以表示基准，表示基准的字母还应标注在公差框格内。涂黑的和空白的基准三角形含义相同，如图5-70所示。

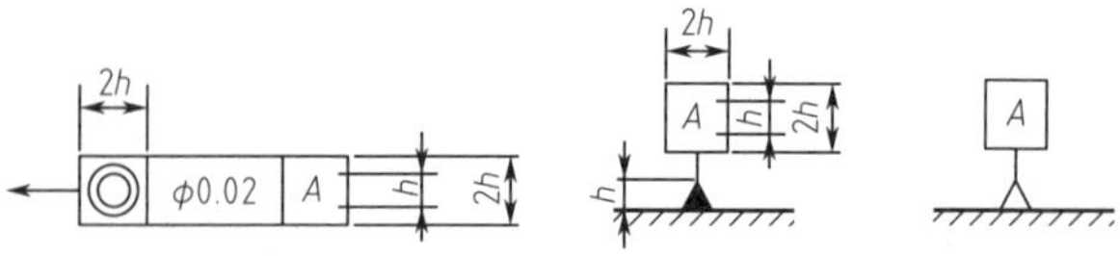

（a）几何公差代号的画法　（b）基准符号的画法

图5-70　几何公差代号及基准符号的画法

2. 几何公差标注图例

如图5-71所示是一气门阀杆零件及各项几何公差的含义。

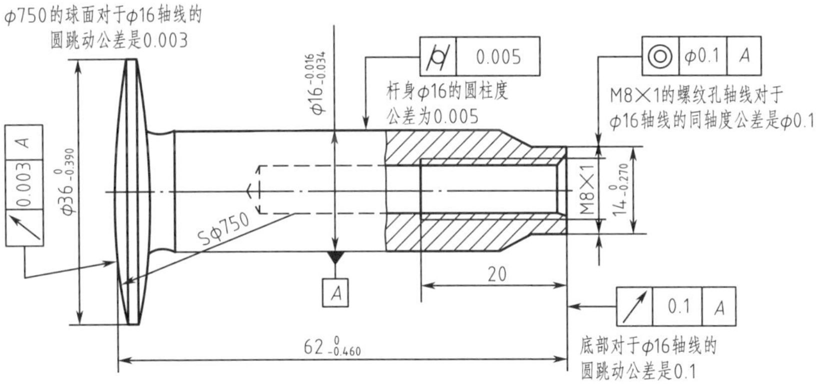

图5-71　几何公差标注图例

从图5-71中可以看到，当被测定的要素为线或表面时，从框格引出的指引线箭头应指在该要素的轮廓线或其延长线上，如ϕ16圆柱面的圆柱度注法及阀杆底部圆跳动注法；当被测要素是轴线时，应将箭头与该要素的尺寸线对齐，如M8×1轴线的同轴度注法；当基准要素是轴线时，应将基准三角形放置在该尺寸线的延长线上，如基准*A*。

四、绘制零件图举例

主轴零件结构如图5-72（a）所示。

（1）表达方案的确定　主视图选择加工位置放置，并采用局部剖视图的方法表达轴的内部孔的结构；用断面图表达轴上孔、槽的结构形状；用局部放大图表达砂轮越程槽的结构形状，如图5-72（b）所示。

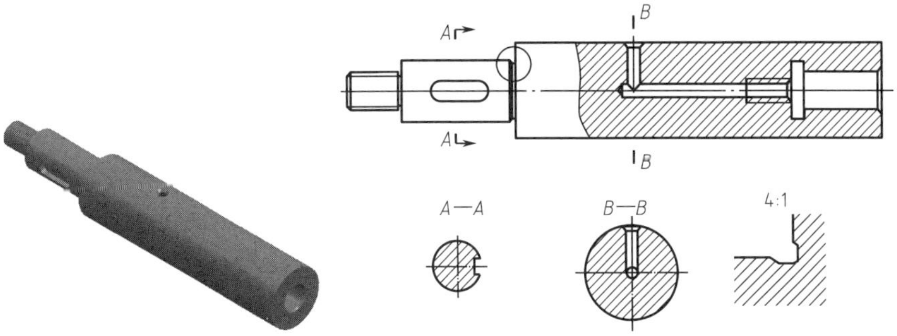

（a）　　　　（b）

图5-72　主轴零件的视图表达

（2）绘制主轴零件视图。

（3）标注尺寸和技术要求。正确、完整、清晰地表达零件的内外结构形状之后，还应该通过标注尺寸表达各部分的大小，注写尺寸公差、几何公差、表面结构要求等技术要求，表达零件在制造、检验时应达到的各项技术指标。机械制造基础课程同期学习了或即将学习零件的尺寸标注、技术要求的相关知识，这里不再重复讲述。

（4）画图框、标题栏、填写标题栏。

（5）检查、加粗、完成全图，如图5-73所示。

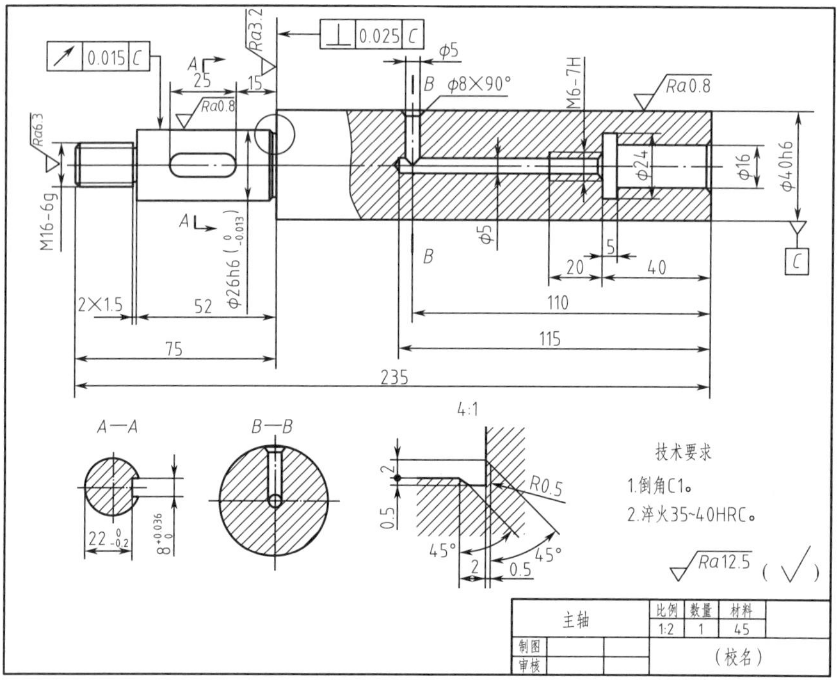

图5-73 主轴零件图

第五节 识读零件图

在零件设计制造、机器安装、机器的使用、维修及技术革新、技术交流等工作中，常常需要看零件图。

看零件图的目的是为了弄清零件图所表达零件的结构形状、尺寸和技术要求，以便指导生产和解决有关的技术问题。

一、识读零件图的要求

（1）了解零件的名称、用途和材料。

（2）分析零件各组成部分的几何形状、结构特点及作用。

（3）分析零件各部分的定形尺寸和各部分之间的定位尺寸。

（4）了解零件的各项技术要求和制造方法。

二、识读零件图的方法步骤

1. 概括了解

从标题栏了解零件的名称、材料、比例和数量等内容，由零件名称可初步判断该零件属于哪一类型，由材料可大致了解其加工方法，根据比例可估计零件的实际大小。

2. 分析视图，读懂零件的结构和形状

首先找到主视图，然后弄清各视图、剖视图、剖切面的位置及投影方向和相互关系。在此基础上，再采用形体分析法逐个弄清零件各部分的结构和形状，对于一些较难看懂的地方，则运用线面分析法进行投影分析。同时，也从设计和加工方面的要求，了解零件的一些结构的作用。

3. 分析尺寸

先分析零件上长、宽、高三个方向的尺寸基准在什么地方，然后从基准出发，搞清哪些是主要尺寸，再用形体分析法找出各部分的定形、定位尺寸。

4. 了解技术要求

了解各表面的表面结构要求、尺寸公差、几何公差，理解文字说明中对制造、检验等方面的技术要求。

5. 归纳总结

把图形、尺寸和技术要求等联系起来进行综合分析，并参阅有关技术资料，得出零件的整体结构、尺寸大小和技术要求等的完整认识。

三、识读零件图举例

读如图5–51所示箱体零件图。

1. 概括了解

从标题栏可知零件的名称为箱体，是箱体类零件。材料为HT150，是铸造件。图形比例为1∶2，零件实物的线性尺寸为图形的两倍。

2. 详细分析

（1）分析表达方案和形体结构。（略，前面已作过分析）

（2）分析尺寸　零件长度方向的主要基准是箱体内腔宽度尺寸32的中心平面，宽度方向的主要基准是前后对称平面，高度方向的主要基准是箱体轴承孔轴线。中心距35mm，轴承孔ϕ40、ϕ64等都是重要尺寸。

（3）分析技术要求　由图上标注的位置公差◎|ϕ0.02|A可知，轴承孔ϕ40的轴线对孔ϕ64的轴线的同轴度公差为0.02mm；ϕ40、ϕ64孔用以安装轴承，是重要加工面，尺寸精度和表面结构要求都较高；左视图孔心距35mm是重要的相对位置尺寸，也有较高的尺寸精度要求。

（4）归纳总结　通过以上分析，把零件的结构形状、尺寸、技术要求等综合起来考虑，形成了对该箱体较全面的认识。

课中蕴含的哲理

零件是机器或机械装置的最小加工单元，绘制和识读零件图是本课程的一个重要学习目标，为了这一目标，我们从机械制图国家标准基本规定学起，到学习投影原理、机件的表达方法，再到特殊类零件标准件、常用件的画法，再到四大类典型零件的画法和识读，到这里，这一目标已基本达成。

《荀子·劝学》中，“不积跬步，无以至千里；不积小流，无以成江海。”意思是，不积累一小步一小步的行程，就没有办法达到千里之远；不积累细小的流水，就没有办法汇成江河大海。做一件事如果不能持之以恒，就不可能成功。

第六章 绘制和识读装配图

教学目标

（1）基本掌握装配图的表达方法，以及绘制装配图的方法和步骤。

（2）掌握读装配图的方法，具有由装配图拆画零件图的能力。

装配图是表达机器或部件的工作原理、装配关系、结构形状和技术要求的图样。装配图是制定装配工艺规程，进行装配、调试、检验、安装、使用和维修的主要依据，是表达设计思想、指导生产和进行技术交流的重要技术文件。

第一节 装配图的表达方法

一、装配图的规定画法和特殊画法

1. 装配图的规定画法

装配图的规定画法如图6-1所示。

（1）零件接触面与配合面的画法　两个零件的接触面和配合面只画一条线，而不接触的表面或非配合表面即使间隙很小也应画两条线。

（2）剖视图中剖面线的画法　相邻两零件的剖面线的倾斜方向应相反，或方向一致而间隔不同。同一零件在同一张图样上的各个视图中的剖面线方向、倾斜角度、间隔应一致；断面厚度小于2mm时，允许以涂黑代替剖面线，如图6-1（a）中垫片。

（3）剖视图中，对于螺纹紧固件及轴、手柄、连杆、球、钩、键、销等实心零件，若剖切平面纵向通过其平面或轴线，则这些零件按不剖绘制。

2. 装配图的特殊画法

（1）拆卸画法　当某些零件遮住了所需表达的其他部分时，在装配图中可假想沿某些零件的结合面剖切（被横切到的实心杆件，如螺栓、轴、销等必须

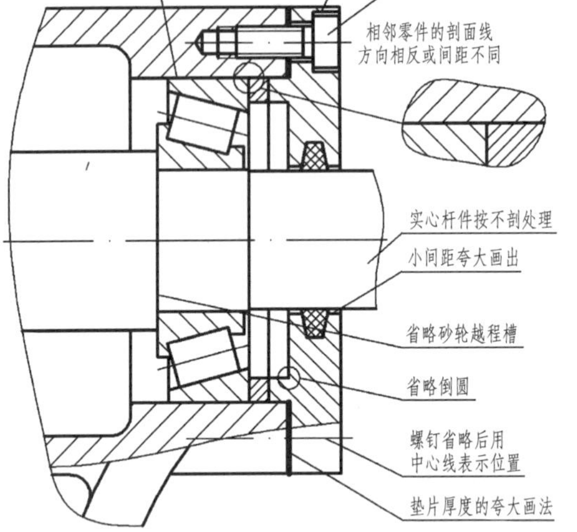

（a）

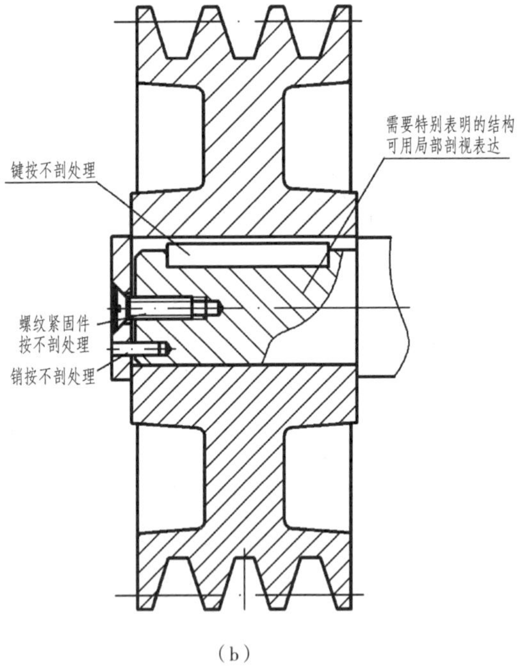

（b）

图6-1　装配图的规定画法

画上剖面线，而结合面处不画剖面线），或假想将某些零件拆卸后再绘图，需要说明时可加注“拆去××等”，如图6-2所示。

（2）夸大画法　对薄片零件、细丝弹簧、微小间隙等，若按其实际尺寸在装配图上很难画出或难以明确表示时，可不按比例夸大画出，如图6-1（a）所示。

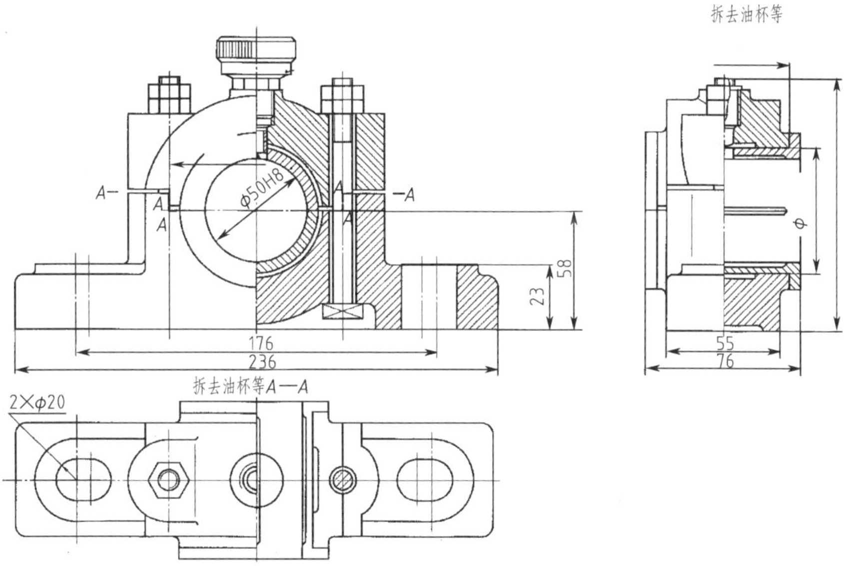

图6-2 滑动轴承装配图

（3）展开画法 在传动机构中，为了表示传动关系及各轴的装配关系，可假想用剖切平面按传动顺序沿各轴的轴线剖开，将其展开在一个平面上画出其剖视图，如图6-3所示。

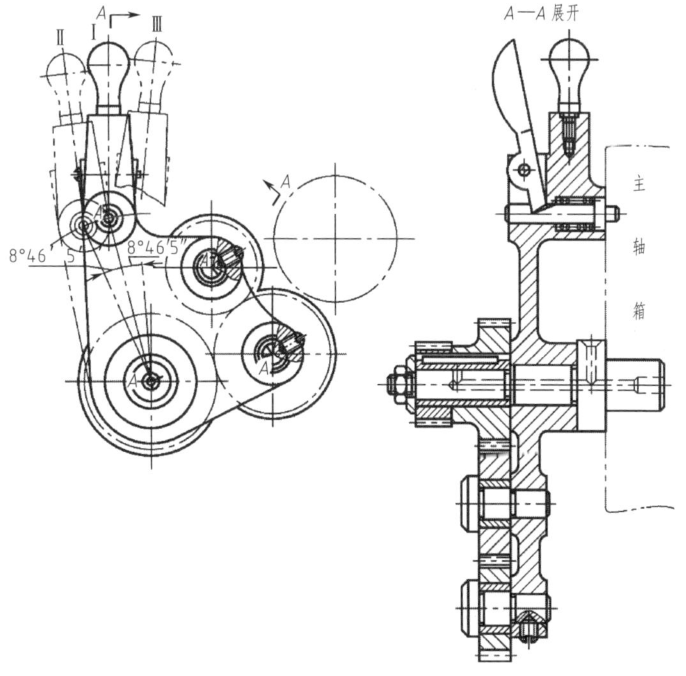

图6-3 展开画法

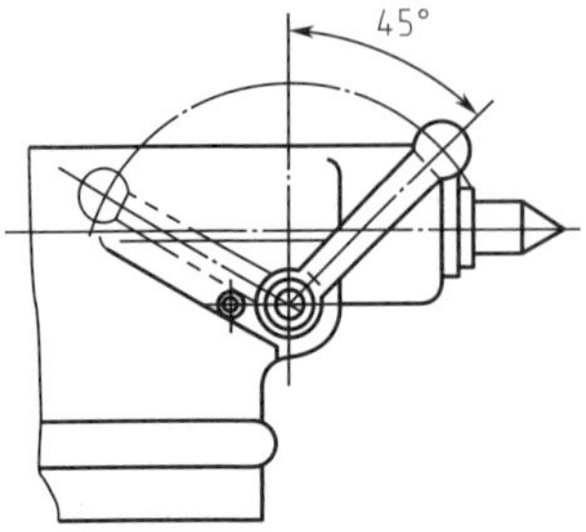

图6-4 运动极限位置表示法

（4）假想画法 装配图中，为表示某些零件的运动范围和极限位置，可用双点画线画出极限位置的轮廓，如图6-4所示；当需要表示装配体与相邻的不属于该装配体的机件的装配连接关系时，用双点画线画出该机件的外形轮廓，如图6-3中的主轴箱。

（5）简化画法

① 在装配图中，螺母和螺栓头部一般采用简化画法；对于螺栓连接等若干相同零件组，可详细地画出一组，其余只需以点画线表示其位置，如图6-1（a）所示。

② 在装配图中，零件的工艺结构，如小圆角、倒角、退刀槽等可省略不画，如图6-1（a）所示。

③ 在装配图中，剖切平面剖到的某些标准组合件，可按不剖绘制，如图6-2中油杯（件1）。

（6）单独表示某零件的画法 在装配图中可以单独画出某一零件的视图或剖视图，但必须在所画视图的上方注出该零件的视图名称，在相应视图附近用箭头指明投射方向，并注上同样的字母。

二、常见装配体工艺结构的画法

了解装配体中有关装配的工艺结构和常见装置，使图样画得更合理，以满足装配要求。常见的装配工艺结构有下面几种。

（1）零部件接触面、配合面的结构

① 两个零件在同一方向上只能有一对接触面或配合面，这样既可保证配合质量，又方便加工，如图6-5所示。

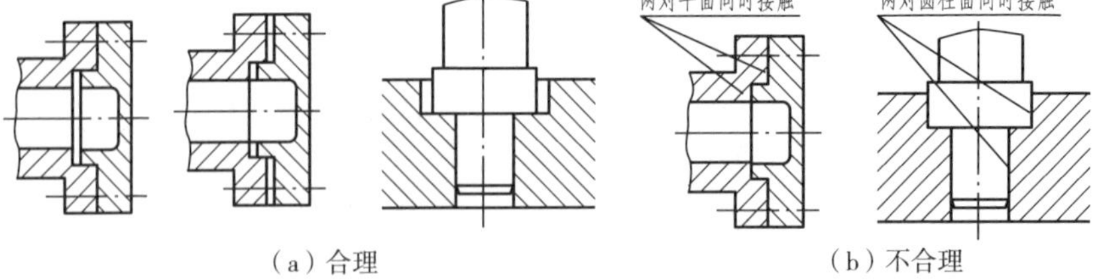

图6-5 接触面与配合面的结构

② 两零件接触面转折处应加工成圆角、倒角或退刀槽，以保证两零件接触良好，如图6-6所示。

（2）滚动轴承的固定和密封结构 滚动轴承一般都要有轴向定位结构，以

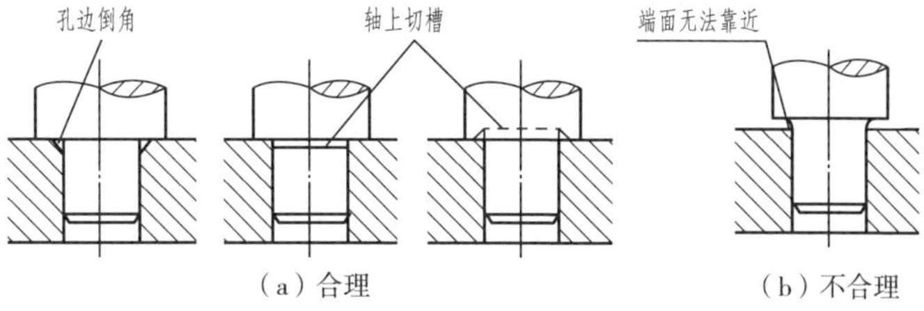

图6-6　接触面转折处结构

保证能在轴线方向不产生移动。滚动轴承内圈在轴上的固定，常采用轴肩、弹性挡圈、套筒、轴端挡圈、圆螺母及止退垫圈等；滚动轴承外圈的固定，常采用箱体上孔肩、套筒、轴承盖、弹性挡圈等，如图6-7所示。

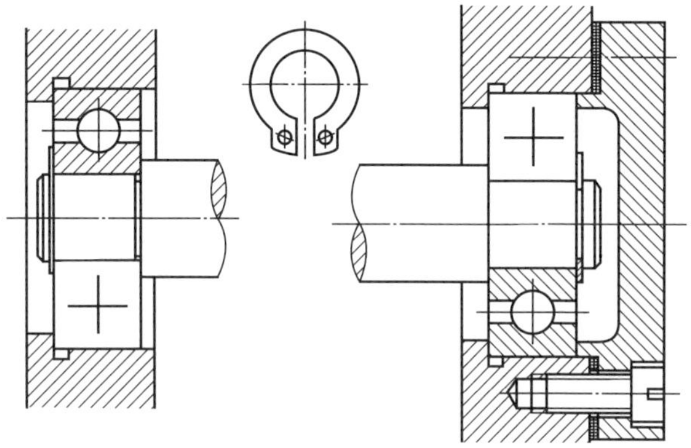

图6-7　滚动轴承的固定

在一些部件或机器中，常需要有密封装置，以防止液体外流或灰尘进入，如图6-8所示为常见的滚动轴承的密封结构。

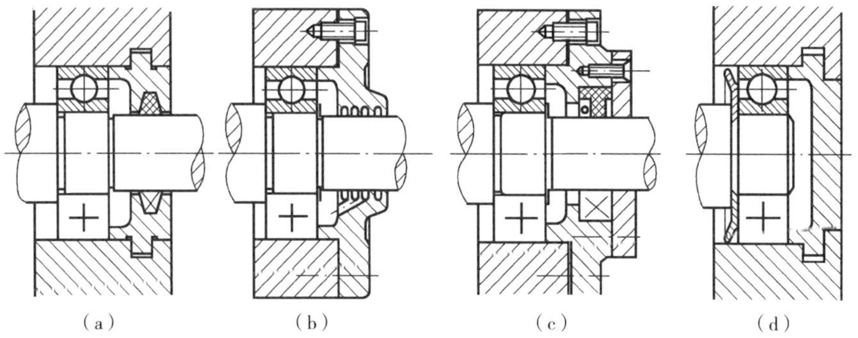

图6-8　滚动轴承的密封结构

（3）并紧和防松结构　轮毂孔的轴向长度一定要大于与其配合轴段的长度，以便于并紧，如图6-9所示。

对于承受振动或冲击的部件，为防止螺纹连接件松脱，可采用的防松装置如图6-10所示。

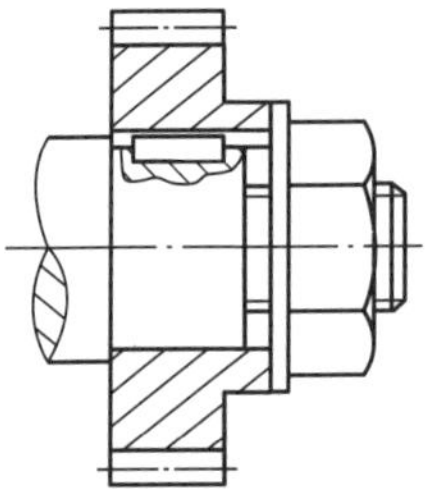

图6-9　并紧装置

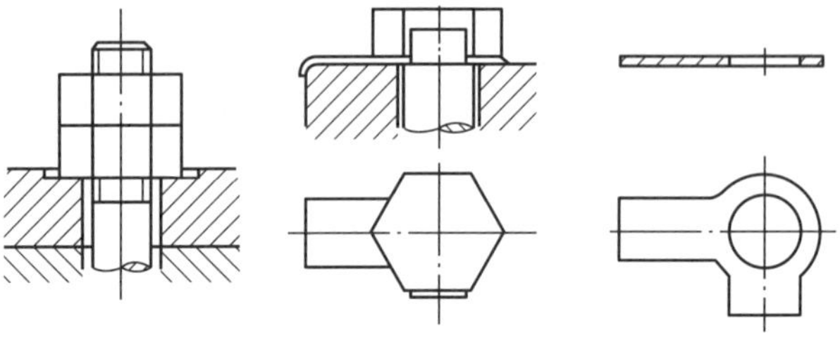

（a）用双螺母锁紧　　（b）用双耳止动垫片锁紧

图6-10　螺纹防松装置

防松装置仿真

（4）考虑装拆的方便与可能　考虑到装拆的方便与可能，要留出扳手的转动空间和保证有足够的装拆空间，如图6-11所示。

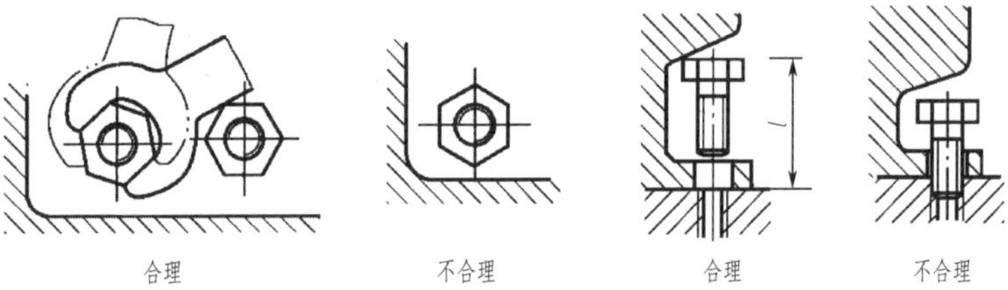

（a）转动空间　　（b）装拆空间

图6-11　螺纹连接件装配结构的合理性

滚动轴承如以轴肩或孔肩定位，则轴肩或孔肩的高度须小于轴承内圈或外圈的厚度，或在轴肩与孔肩上加工出放置拆卸工具的槽、孔等，以保证维修时便于拆卸，如图6-12所示。

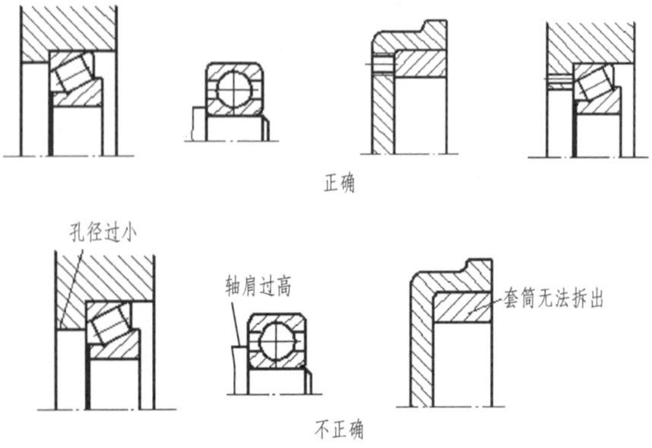

图6-12　方便滚动轴承的装拆结构

第二节 标注装配体的尺寸及技术要求并编制明细栏

一、标注装配体的尺寸及技术要求

1. 装配图中的尺寸标注

在装配图中标注尺寸与零件图中标注尺寸有所不同。它不需要注出全部零件的所有尺寸，而只注出以下五种必要的尺寸。

（1）性能（规格）尺寸　表示装配体的性能、规格和特征的尺寸，如图6–2中滑动轴承孔直径ϕ50H8。

（2）装配尺寸　表示装配体各零件间的配合性质或装配关系的尺寸，如图6–2中的$86\frac{H8}{f8}$、$\phi 60\frac{H8}{k7}$等。

（3）安装尺寸　装配体在安装时所需要的尺寸，将装配体安装到其他机件或地基上所需要的尺寸，如图6–2中安装孔直径2×ϕ20与孔中心距176。

（4）外形尺寸　表示装配体最大外形轮廓尺寸，即总长、总宽、总高尺寸，为机器的包装、运输、安装所需空间大小提供依据，如图6–2中的236、76、121。

（5）其他重要尺寸　其他尺寸是指设计过程中经计算或选定的重要尺寸以及其他必须保证的尺寸，如图6–2中的55等。

上述五类尺寸在一张装配图上不一定同时都有，有时一个尺寸也可能具有不同含义，装配图上到底要标哪些尺寸，需要根据具体情况而定。

2. 装配图中的技术要求

零件图上已经注明的技术要求一般不再在装配图上重复，装配图上技术要求一般说明对装配体的性能要求、装配要求、检验要求、试验要求、外观和包装要求、使用维护要求等。

二、编制零、部件序号和明细栏

为了便于读图和图样管理，装配图中所有的零、部件都必须编写序号，并在标题栏上方编制相应的明细栏。

1. 装配图中的零、部件序号

（1）序号的编写方法

① 在所指零、部件的可见轮廓内画一圆点，然后从圆点开始画指引线（细实线），在指引线的另一端画一水平线或圆（细实线），在水平线上或圆内注写序号，序号的字高比该装配图中所注尺寸数字的高度大一号或两号，如图6–13（a）所示。

② 在指引线的另一端附近直接注写序号，序号字高比该装配图中所注尺寸数字高度大两号，如图6–13（b）所示。

③ 若所指部分（很薄的零件或涂黑的剖面）内不便画圆点时，可在指引线的末端画出箭头，并指向该部分的轮廓，如图6–13（c）所示。

在同一装配图中，编写序号的形式应一致。

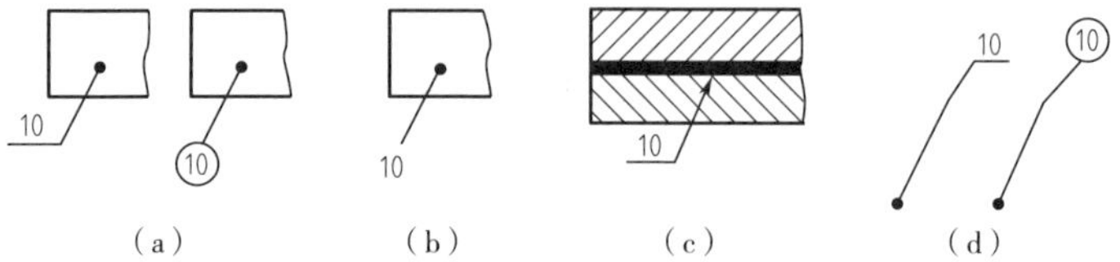

图6–13 零件序号及指引线

（2）序号的编写规定

① 装配图中所有的零、部件都必须编写序号，并与明细栏中的序号一致。相同的零、部件应编写一个序号。

② 指引线相互不能交叉；当通过剖面区域时，指引线不应与剖面线平行；必要时，指引线可以画成折线，但只可曲折一次，如图6–13（d）所示。

③ 一组紧固件以及装配关系清楚的零件组，可以采用公共指引线，如图6–14所示。

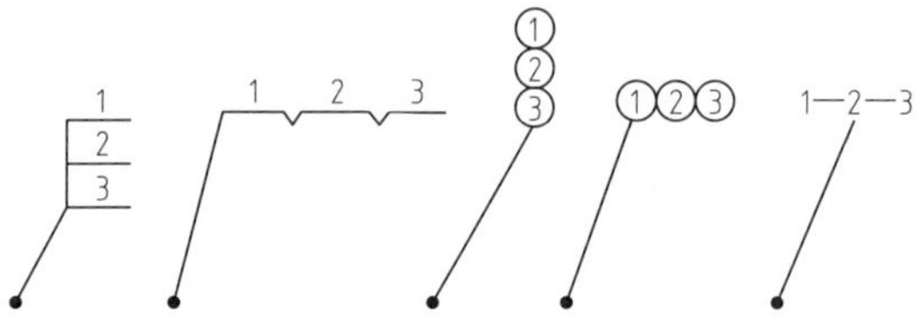

图6–14 公共指引线

④ 标准化组件（如油杯、滚动轴承、电动机等）可作为一个整体，只编写一个序号。

⑤ 序号应按顺时针或逆时针方向顺次排列整齐，如在整个图上无法连续排列时，应尽量在每个水平或垂直方向顺次排列。

2. 装配图中的明细栏

明细栏一般由零件序号、代号、名称、数量、材料、备注等组成。明细栏一般画在标题栏上方，如地方不够，可紧靠标题栏的左边。明细栏序号应与图中零件序号一一对应，并按顺序由下而上填写，最上面的边框线用细实线绘制。若零件过多，在图面上画不下明细表时，也可在另一页纸上单独编写。学生作业中装配图标题栏、明细栏建议采用如图6–15所示格式。

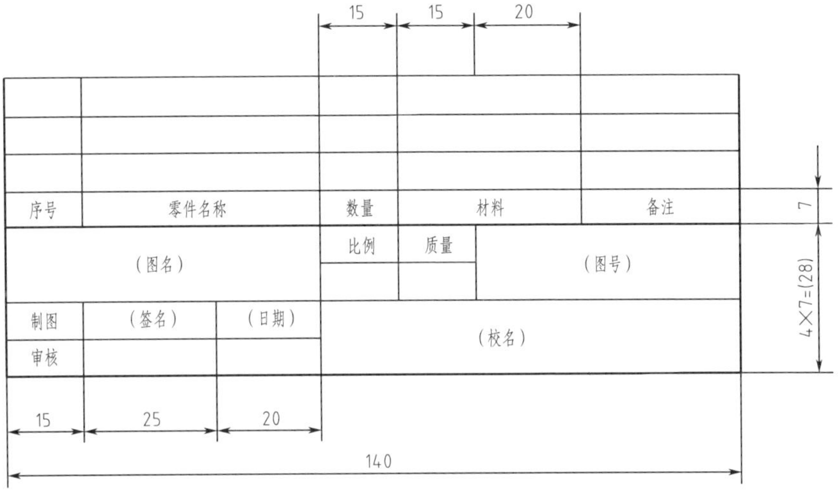

图6-15 学生用装配图标题栏、明细栏格式

三、绘制装配图举例

装配体铣刀头结构如图6-16所示。

（1）表达方案的确定 主视图选择工作位置放置，选择反映较多零件间的装配关系方向为投影方向，并采用局部剖表达零件图的相对位置和主要装配关系；为了更好地表达铣刀头的装配主线，在轴的两端采用局部剖表达。

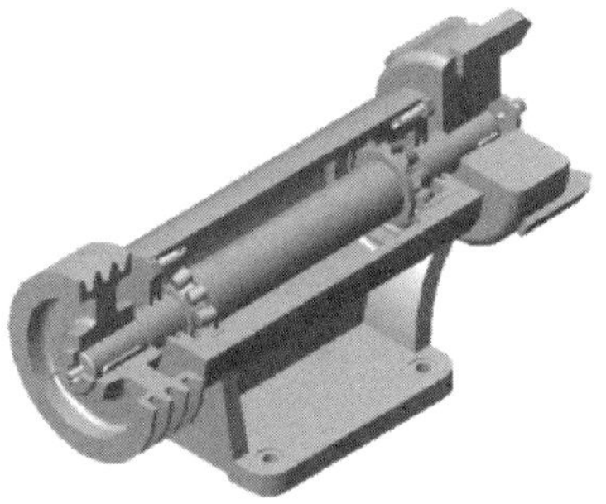

图6-16 铣刀头轴测图

左视图补充表达座体及底板上安装孔，为了突出座体的主要形状特征，采用拆卸画法；为了表达出底板的形状和安装孔的位置，还采用一个局部视图。

（2）画铣刀头装配图的视图。

① 画主视图、左视图主要基准线，如图6-17（a）所示。

② 从主视图入手，先画主要零件座体，然后画次要零件端盖、轴承等，先画大体轮廓，再画局部细节，如图6-17（b）、（c）所示。

③ 画轴及轴上其他零件，描深、加粗、画剖面线，如图6-17（d）所示。

（3）标注五类尺寸及标注相关配合代号。

（4）编写序号，绘制明细栏、填写明细栏、注写技术要求。

（5）检查、校核、完成铣刀头装配图，如图6-18所示。

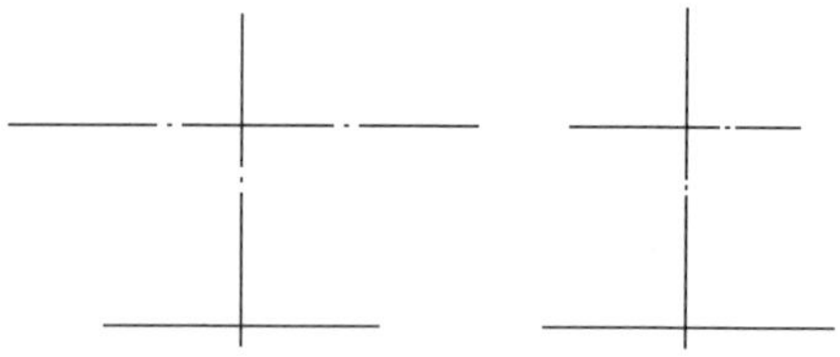

（a）绘制各视图的主要基准线

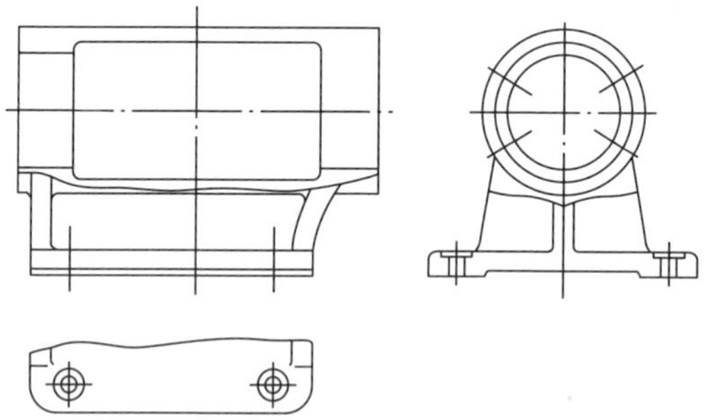

（b）绘制主要零件

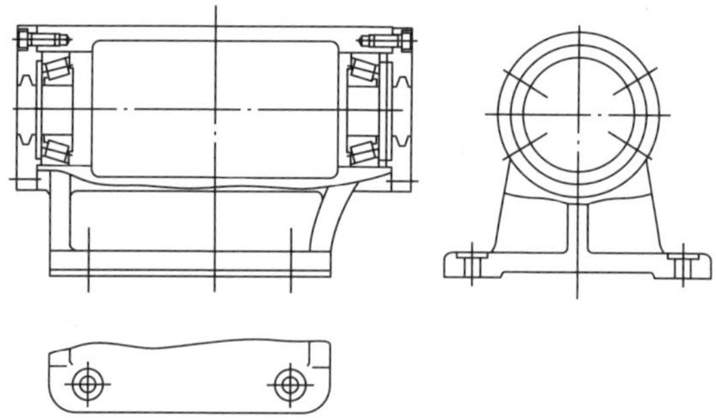

（c）绘制其他零件和细部结构

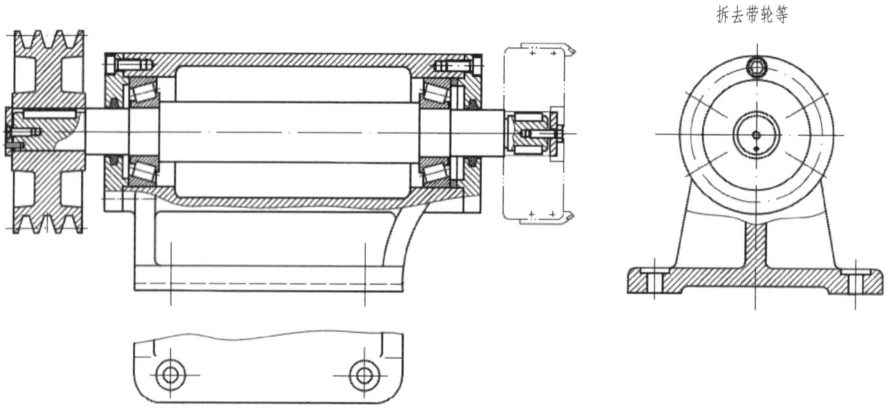

（d）完成全部零件描深、加粗、画剖面线

图6-17　铣刀头装配体视图表达

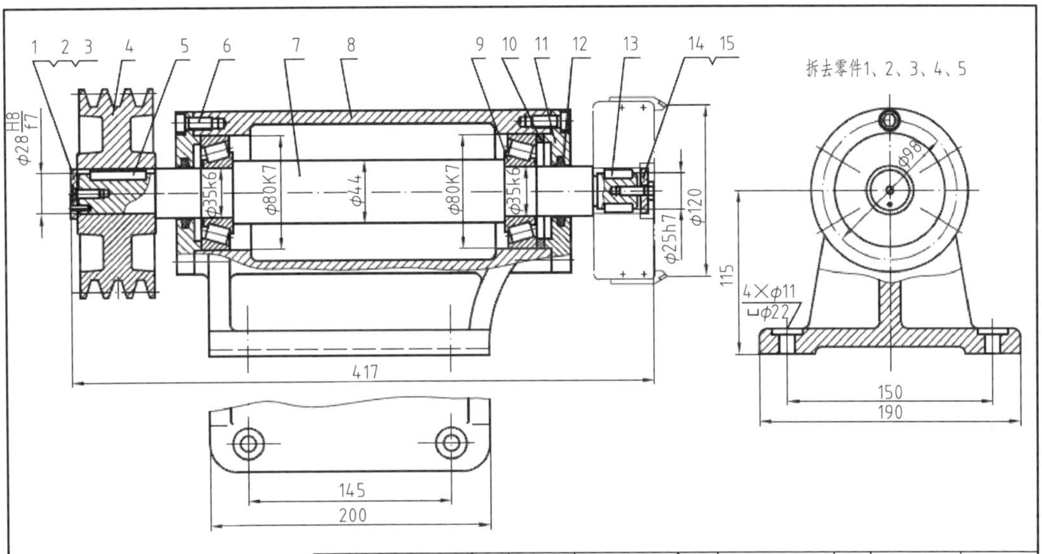

15	挡圈B32	1	35	GB/T 892	5	键9×40	1		GB/T 1096
14	螺栓M6×20	1		GB/T 5782	4	带轮	1	HT150	
13	键6×20	2		GB/T 1096	3	销A3×12	1		GB/T 119.1
12	毡圈	2			2	螺钉M6×20	1		GB/T 65
11	端盖	2	HT200		1	挡圈A35	1		GB/T8 91
10	调整环	1	35		序号	零件名称	数量	材料	备注
9	轴承30307	2		GB/T 297	铣刀头		比例	质量	
8	座体	1	HT150				1:1		
7	轴	1	45		制图			（校名）	
6	螺钉	12	45	GB/T 70	审核				

图6-18 铣刀头装配图

第三节 识读装配图和拆画零件图

在机器或部件的设计、装配、检验和维修工作中，以及在进行技术交流的过程中都需要用到装配图。因此，熟练、正确地阅读装配图，了解装配体中各个零件的作用、相互位置关系和拆装方法，是每个工程技术人员必须具备的基本技能。

一、识读装配图的方法和步骤

1. 读装配图的基本要求

（1）了解装配体的名称、用途、性能及其工作原理。

（2）了解装配体中各零件的相对位置、装配关系、连接方式、调整方法以及装拆顺序。

（3）了解主要零件的结构形状和作用。

2. 读装配图的方法和步骤

（1）概括了解　首先从标题栏入手，可了解装配体的名称和绘图比例。从装配体的名称，联系生产实践知识，往往可以知道装配体的大致用途。再从明细栏了解零件的名称和数量，并在视图中找出相应零件所在的位置。另外，浏览一下所有视图、尺寸和技术要求，初步了解该装配图的表达方法及各视图间的大致对应关系，以便为进一步看图打下基础。

（2）详细分析　分析装配体的工作原理、装配体的装配连接关系、装配体的结构组成情况及润滑、密封情况、零件的结构形状。要对照视图，将零件逐一从复杂的装配关系中分离出来，想象出其结构形状。分离时，可按零件的序号顺序进行，以免遗漏。标准件、常用件往往一目了然，比较容易看懂。轴套类、盘盖类和其他简单零件一般通过一个或两个视图就能看懂。对于一些比较复杂的零件，应根据零件序号指引线所指部位，分析出该零件在该视图中的范围及外形，然后对照投影关系，找出该零件在其他视图中的位置及外形，并进行综合分析，想象出该零件的结构形状。

在分离零件时，利用剖视图中剖面线的方向或间隔的不同，以及零件间互相遮挡时的可见性规律来区分零件是十分有效的。

对照投影关系时，借助三角板、分规等工具，往往能大大提高看图的速度和准确性。

对于运动零件的运动情况，可按传动路线逐一进行分析，分析其运动方向、传动关系及运动范围。

（3）归纳总结　一般可按以下几个主要问题进行：

① 装配体的功能是什么？其功能是怎样实现的？在工作状态下，装配体中各零件起什么作用？运动零件之间是如何协调运动的？装配体的装配关系、连接方式是怎样的？有无润滑、密封？其实现方式如何？

② 装配体的拆卸及装配顺序如何？

③ 装配体如何使用？使用时应注意什么事项？

④ 装配图中各视图的表达重点是什么？是否还有更好的表达方案？装配图中所注尺寸各属哪一类？

上述读装配图的方法和步骤仅是一个概括的说明。实际读图时几个步骤往往是平行或交叉进行的。通过反复的读图实践，才能逐渐掌握其中的规律，从而提高读装配图的速度和能力。

二、由装配图拆画零件图

拆画零件图要在读懂装配图的基础上进行。拆画零件图实际上是继续设计零件的过程，是设计工作中的一个重要环节。

（1）零件表达方案的选定　零件图与装配图的表达重点不一样，装配图的表达方案是从整个装配体来考虑的，零件的表达方案应根据零件本身的结构特点重新考虑。

（2）零件上部分结构形状的表示　装配图主要表示总体装配关系，对于零件的结构，并不一定能表示完全，拆画零件图时，要根据零件的作用和要求进行构思、设计、完善，并要补画全装配图中省略的工艺结构，如倒角、圆角、退刀槽等。

（3）零件图上尺寸的确定和标注

① 抄注。装配图上已注出的尺寸大多是重要尺寸，应直接抄注到零件图上。

② 查找。标准结构如倒角、圆角、退刀槽、螺纹孔、键槽、沉孔等，应从明细栏或有关标准中查得。

③ 计算。需要计算确定的尺寸，应由计算而定，如齿轮的有关参数。

④ 量取。装配图上没有标出的其他尺寸，按装配图的比例直接量得。

（4）零件图上技术要求的确定　根据零件表面的作用和要求，可运用类比法参考同类产品的图样资料合理确定技术要求。

三、识读装配图举例

识读如图6-19所示齿轮油泵装配图并拆画右泵盖零件（件7）零件图。

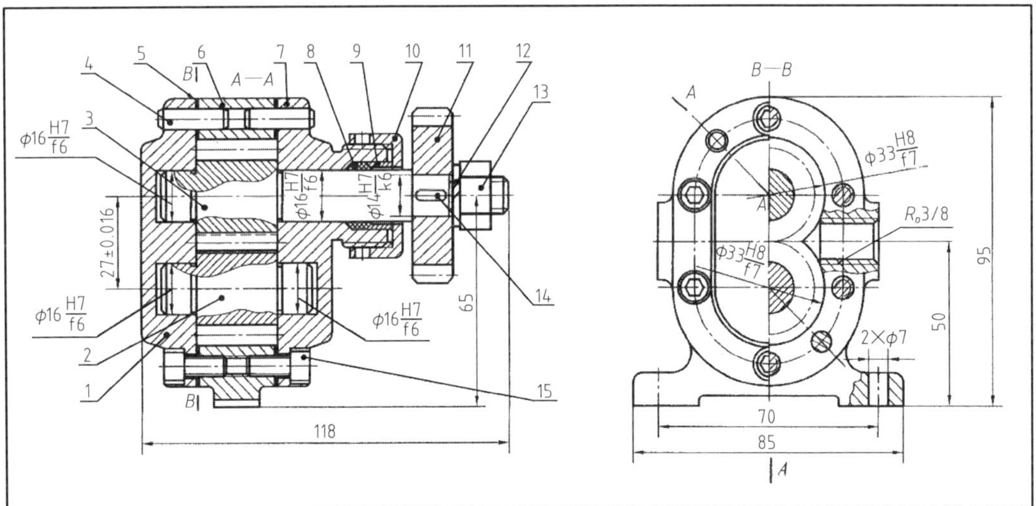

技术要求

1.装配后传动齿轮轴转动灵活。
2.两齿轮轮齿的啮合线应占长3/4以上。
3.试验压力3MPa，工作压力2MPa。

15	螺钉M6×16	12	35	GB/T 70.1—2000	5	垫片	2	软钢板纸	QB365-81
14	键5×10	1	45	GB/T 1096—1979	4	销	2	45	
13	螺母M12	1	35	GB/T 6170—2000	3	传动齿轮	1	45	$m=3$ $z=9$
12	垫圈12	1	62Mn	GB/T 93—1987	2	齿轮轴	1	45	$m=3$ $z=9$
11	传动齿轮	1	45	$m=2.5$ $z=20$	1	左泵盖	1	HT200	
10	压紧螺母	1	35		序号	名称	数量	材料	备注
9	压紧套	1	35		齿轮油泵		比例	质量	（图号）
8	填料YS450	1	油浸石棉盘根				1:1		
7	右泵盖	1	HT200		制图			（校名）	
6	泵体	1	HT200		审核				

图6-19　齿轮油泵装配图

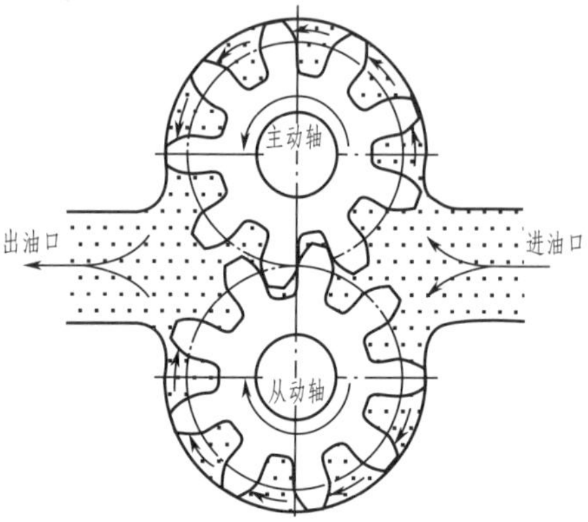

图6-20　齿轮油泵工作原理示意图

图6-21　齿轮油泵轴测图

（1）概括了解　从标题栏和明细栏中了解部件名称、各零件的名称、材料和数量等以及零件的大体装配情况。参阅有关文字资料和产品说明书了解其工作原理和结构特点：齿轮油泵是机器润滑、供油系统中的一个主要部件，其工作原理如图6–20所示。

（2）分析表达方案　装配图由主、左两个基本视图组成：

主视图采用了全剖视图的画法，将该部件的结构特点和主要装配线上各零件间的装配关系大部分表现出来。

左视图采用了半剖视图的画法，将泵腔内一对齿轮啮合的结构特点反映得比较清楚，说明了部件的工作原理和进出油口的结构，与主视图配合，将泵体的结构形状表达得比较完全。

分析得出齿轮油泵结构形状如图6–21所示。

（3）分析零件形状　以主视图为中心，结合其他视图，对照明细栏和图上编号，逐一了解各零件的形状。首先把螺栓、键、销等连接件从图形中“分离”出去。再将齿轮轴2、传动齿轮3、左泵盖1和右泵盖7“取走”，就只剩下比较复杂的泵体了，再将泵体零件的形状看懂。

（4）归纳总结，想象整体形状　经过分析，在看懂各零件的形状后，对整个装配体尚不能形成完整的概念，必须把看懂了的各个零件按其在装配体中的位置及给定的装配连接关系加以综合、想象，从而获得一个完整的装配体形象。

归纳总结的具体内容是：

① 总结装配关系。弄懂零件的连接方式、配合关系和接触情况。通过主、左视图中的ϕ16H7/f6、ϕ33H8/f7的尺寸标注，可看出传动齿轮、齿轮轴与左右泵盖孔以及两齿轮齿顶圆柱面与泵体内腔都是间隙配合。

② 总结工作原理。弄清哪些是运动件，其运动形式、运动范围、运动中对其他零件的影响等。通过上述分析可知，齿轮油泵的工作原理是：动力由电动机心轴通过传动齿轮11带动传动齿轮3，进而带动齿轮轴2旋转，使油泵内腔形成真空，将油由一端吸入，从另一端压出。

③ 总结装拆顺序（略）。

（5）由装配图拆画零件图

① 画视图。根据序号找出齿轮泵右泵盖7在主视图中的范围，然后根据投影关系找到该零件在左视图中的投影。先分离出视图，再补线，如图6–22所

示。然后补画在装配图中省略掉的齿轮轴盲孔尾部的锥孔结构，结合装配图的左视图中右泵盖的形状补画其左视图，为了更清楚地用左视图表示出该零件的端面结构形状，主视图采用与装配图中不同的投影方向，如图6-23所示。

② 标注尺寸。抄注27 ± 0.016、ϕ 16H7等尺寸；根据明细栏中螺钉15的规格M6 × 16查表确定沉孔尺寸；量取装配图上没有标出的其他尺寸，如宽度尺寸18、34等。

③ 零件图上技术要求的确定。参照同类零件的图样进行。

④ 校核图纸。齿轮油泵中右泵盖零件图如图6-23所示。

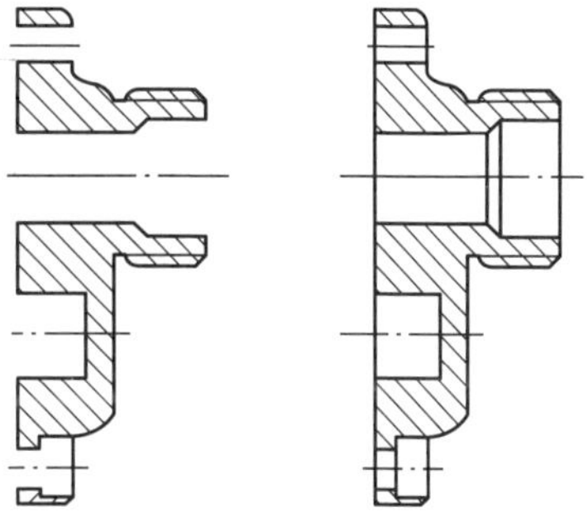

图6-22　右泵盖结构形状的确定

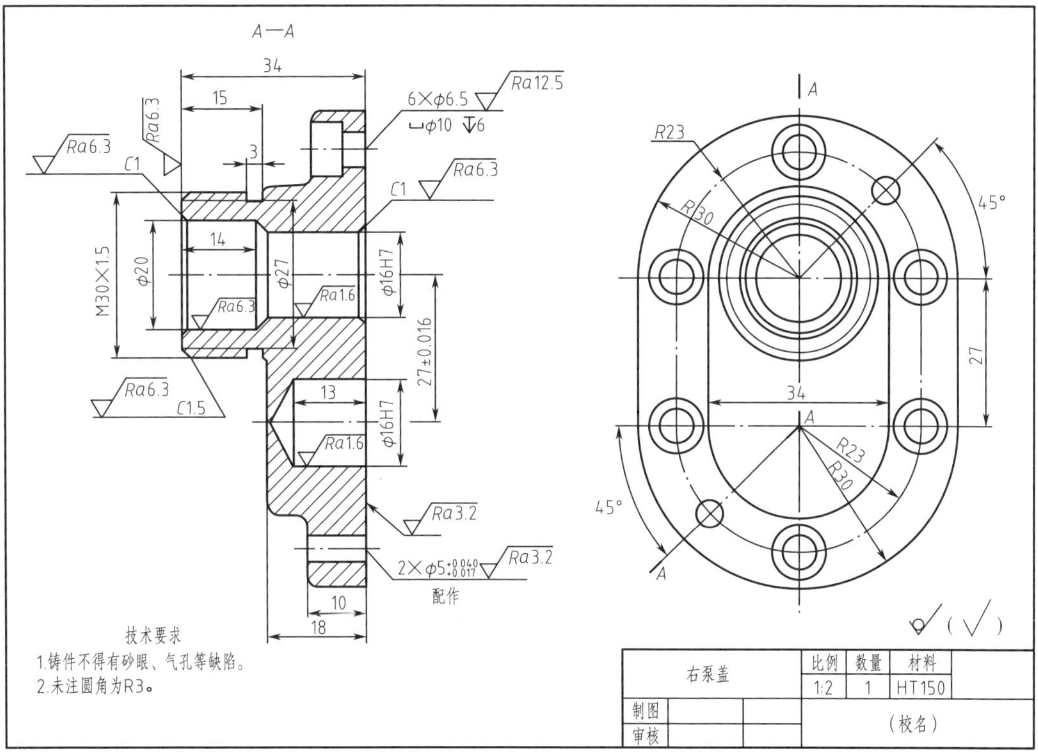

图6-23　右泵盖零件图

课中蕴含的哲理

任何机器或机械装置都是由零件组成的，其中的每一个零件都有它的作用。画装配图时，每一种（个）零件都必须在图中画出，以表达出它与相关零件的相对位置和装配关系，哪怕是一个小小的螺钉。

《雷锋日记》中写道：“一个人的作用对于革命事业来说，就如一架机器上的一颗螺丝钉，机器由于有许许多多螺丝钉的连接和固定，才成了一个坚实的整体，才能够运转自如，发挥它巨大的功能，螺丝钉虽小，其作用是不可估计的，我愿永远做一颗螺丝钉。”这就是“螺丝钉”精神，就是识大体、顾大局，立足本职、忠于职守，不斤斤计较个人得失，“拧在哪里就在哪里闪闪发光”的敬业精神。

第七章 装配体测绘

教学目标

（1）掌握零件的测量方法，能够正确测量减速器中的各种零件。

（2）正确绘制减速器中的零件草图与零件工作图。

（3）掌握装配图的绘制方法，能够根据减速器零件图和装配示意图绘制减速器装配图。

根据已有的部件或零件进行绘制、测量，整理画出装配图和零件工作图的过程，称为测绘。实际生产中，设计新产品（或仿制）时，需要测绘同类产品的部分或全部零件，供设计时参考；机器或设备维修时，如果某一零件损坏，在无备件又无图样的情况下，也需要测绘损坏的零件，画出图样以满足修配时的需要。因此，测绘技术是工程技术人员必须掌握的一项重要的基本技能。同时，在测绘实践中，通过动手将所学理论和实际结合起来、将学与画结合起来，牢固地掌握制图知识，提高绘制机械图样的技能。

第一节 绘制减速器零件草图

一、拆卸减速器和画装配示意图

1. 了解和分析测绘对象

测绘前要对被测绘的对象仔细观察和分析，参阅有关资料、说明书或同类产品的图样，对该部件的性能、用途、工作原理、功能结构特点以及部件中各零件的装配关系等概括了解。

一级圆柱齿轮减速器的箱盖与箱座是可分离式，结构如图7-1所示。

2. 拆卸部件

拆卸时先将连接螺栓、螺钉拆下，使盖与体分离。拆装时需注意：

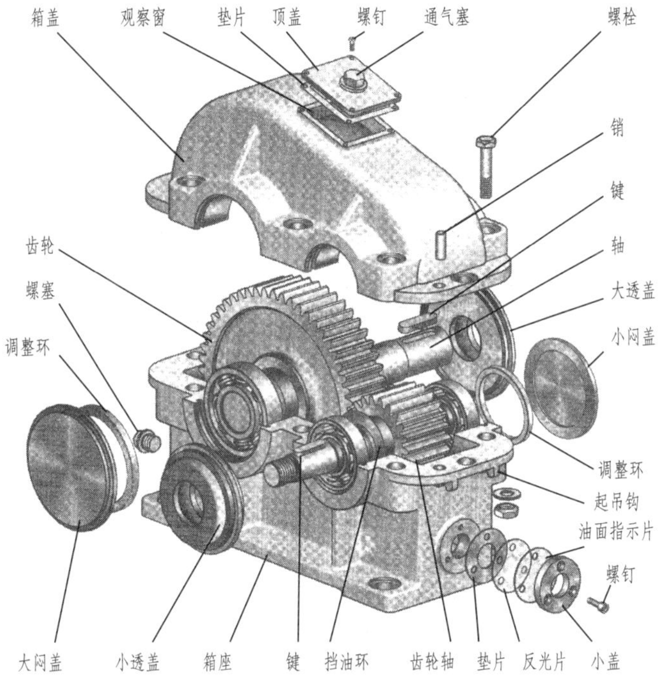

图7–1　一级圆柱齿轮减速器结构

减速器结构仿真

（1）机器的连接方式有永久连接（铆接、焊接）、半永久性连接（过盈配合）、活动连接（间隙配合）和可拆连接（螺纹连接、紧固件连接、键、销连接）。对永久和半永久性连接尽量不拆；可拆可不拆的，拆卸后不易复原调整或影响装配精度的尽量不拆；易损件且无备件时不拆；浇铸件不拆。

（2）拆卸要按顺序进行，使用工具要得当，拆下的零件应按部件、组件妥善放置，以免碰坏、混乱或丢失。

（3）对复杂的测绘，要将所有的零件挂上标签，注明相应的编号、名称及数量。对螺钉、键、销等容易散失的小零件拆完后仍可装在原来的孔槽中，以免丢失或装错。

3. 画装配示意图

为便于拆卸后装配复原，以及为画装配图时作参考，在拆卸零件的同时，应画出装配示意图。通过目测，徒手，用简单的符号和线条表达减速器各零件的大致形状和装配关系，装配示意图如图7–2（a）所示。

4. 分析减速器的结构和工作原理

输入轴30（高速轴）通过Z_1、Z_2两齿轮啮合而带动输出轴33（低速轴），实现减速。两轴30和33分别由一对滚动轴承6204（件29）和6206（件25）支承。为了便于减速器中零件的安装和拆卸，箱体一般做成剖分式结构，其剖分面应与齿轮轴线重合。箱座1和箱盖13用圆锥定位销7定位，并用螺栓连接（15~17）。箱座上的加强肋用以增加支承刚性。箱体两端用闷盖24和31封闭，外伸轴处的轴承盖为透盖27和34，有通孔，采用间隙和毡圈（26、35）组合

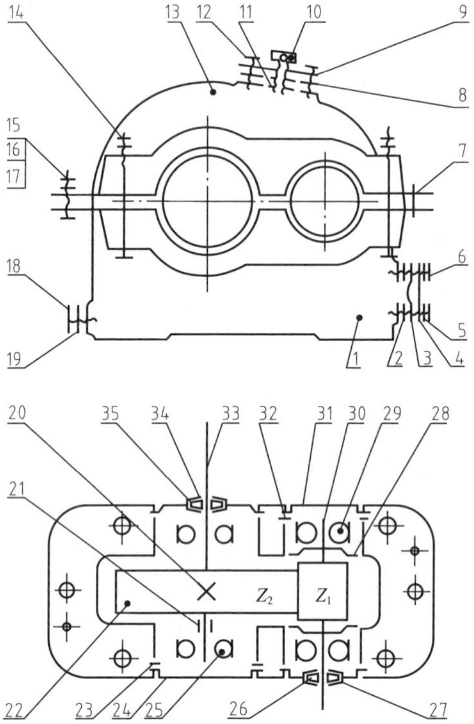

（a）装配示意图

标准件明细表

序号	名称	规格	数量
6	螺钉	GB/T65 M6×14	3
7	销	GB/T117 3×18	2
11	螺母	GB/T41 M10	1
12	螺钉	GB/T65 M5×10	4
14	螺栓	GB/T5782 M10×70	4
15	螺栓	GB/T5782 M10×30	2
16	垫圈	GB/T93 10	6
17	螺母	GB/T41 M10	6
19	垫圈	GB/T97.1 10	1
20	键	GB/T1096-79 10×22	1
25	滚动轴承	GB/T276-94 6206	2
26	小毡圈		1
29	滚动轴承	GB/T276-94 6204	2
35	大毡圈		1

（b）标准件明细表

图7-2　一级圆柱齿轮减速器的装配示意图及标准件明细表

1—箱座　2—垫片　3—反光片　4—油面指示片　5—小盖　6—螺钉　7—销
8—垫片　9—顶盖　10—通气塞　11，17—螺母　12—螺钉　13—箱盖
14，15—螺栓　16，19—垫圈　18—螺塞　20—键　21—套筒　22—齿轮
23—大调整环　24—大闷盖　25—轴承6206　26—小毡圈　27—小透盖
28—挡油环　29—轴承6204　30—齿轮轴　31—小闷盖　32—小调整环
33—轴　34—大透盖　35—大毡圈

密封。为了便于吊运，在箱体上设置起吊钩。打开顶盖9，通过观察孔可以检查齿轮啮合情况及向箱内注油，平时用于观察齿轮啮合情况。箱座下部设有放油孔，换油时排放污油和清洗剂，平时用螺塞18堵住。为了便于检查箱内油量，箱座上还设有油面指示器（2、3、4）。减速器工作时由于箱内温度升高，空气膨胀，压力增大，为使箱内受热膨胀的空气能自动排出，以保持箱内压力平衡，不致使润滑油沿剖分面等处渗漏，在箱盖上的观察孔盖板上装有通气塞10。

二、绘制零件草图

非标准零件应画出全部的零件草图。零件草图是用目测的方法徒手画出的图，而不是潦草的图，草图的内容与零件图相同，区别仅在于零件草图是徒手完成的，零件图是用绘图工具、仪器或利用计算机绘图软件画出的。零件草图是绘制零件图和装配图的依据。

1. 表达零件形状

（1）选择主视图　应遵循不同典型零件主视图选择的原则，根据零件的具体结构形状特点来确定。

（2）选择其他视图　要依照既要表达充分，又要避免重复为前提，综合确定表达方案。

（3）确定图幅、画基准线　根据零件的总体尺寸和大致比例，确定图幅，画草图标题栏可以按如图7–5所示简单的格式绘制。布置图形，定出各视图的位置，画主要轴线、中心线或作图基准线，布置图形还要考虑各视图间应留有足够位置标注尺寸。

（4）徒手画图形　先画零件主要轮廓，再画次要轮廓和细节，每一部分都应几个视图对应起来画，以对正投影关系，逐步画出零件的全部结构形状。

（5）加深、画剖面线、尺寸界线、尺寸线和箭头　检查，擦去多余线，再按规定线型加深，画剖面线。确定尺寸基准，依次画出所有的尺寸界线、尺寸线和箭头。

2. 测量零件的尺寸、注写尺寸数字和技术要求

（1）测量零件的尺寸、注写尺寸数字　测量零部件尺寸是测绘工作的重要内容之一。测量尺寸要做到：测量基准合理，使用测量工具适当，测量方法正确，测量结果准确。

测量基准一般是选择零件上磨损较轻的、较大的加工表面作为测量基准面。基准选择是否合理，将直接影响到测量精确程度。常见的测量工具有钢直尺、卷尺、卡尺、千分尺和万能量角器等。各种量具精度不同，使用的范围也不同，应根据被测表面的精度、加工和使用情况适当地加以选择。

零件间有配合、连接和定位关系的尺寸要协调一致，并在相关零件草图上一并标出。

常见零件结构尺寸、参数的确定：

1）标准直齿圆柱齿轮结构尺寸、参数的确定。

① 数出齿数 Z。

② 测量齿顶圆直径d_a。如果是偶数齿，可直接测得。若是奇数齿，如图7–3所示。可先测出孔的直径尺寸D及孔壁到齿顶间的单边径向尺寸e，则齿顶圆直径：$d_a=2e+D$。

③ 计算和确定模数m。根据公式$m=d_a/(Z+2)$，算出m的测得值，然后与

标准模数值比较，取较接近的标准模数为被测齿轮的模数，标准模数数值见表5-1，同时要根据标准模数反推出理论d_a值。

④ 计算分度圆直径d。$d=mZ$，与相啮合齿轮两轴的中心距a校对，应符合$a=(d_1+d_2)/2=m(Z_1+Z_2)/2$。

⑤ 测量计算齿轮其他各部分尺寸。

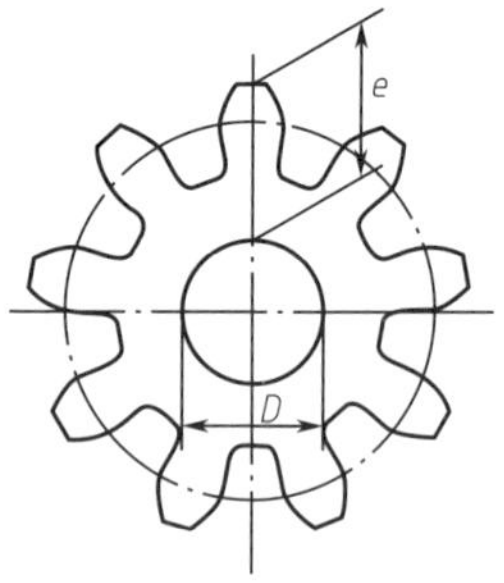

图7-3 偶数齿轮d_a的测量

2）普通螺纹结构尺寸、参数的确定。

① 测螺纹公称直径。用卡尺或外径千分尺测出螺纹实际大径，与标准值比较，取较接近的标准值为被测外螺纹的公称直径，普通螺纹标准参数见附表A-1。

② 测螺距。可用螺纹规直接测量，也可以沿外螺纹轴向用卡尺或直尺直接量出若干螺距的总尺寸，再取平均值，然后查表比较取标准值，如图7-4所示。还可用压痕法测量，即用一张薄纸在外螺纹上沿轴向压出痕迹，再沿轴向测出几个（至少4个）痕迹之间的尺寸，除以间距数（痕迹数减去1）即得平均螺距，然后再与标准螺距比较，取较接近的标准值为被测螺纹的螺距。

③ 确定旋向。将外螺纹竖直向上，观察者正对螺纹，若螺纹可见部分的螺旋线从左往右上升，则该外螺纹为右旋螺纹；若螺纹可见部分的螺旋线从右往左上升，则为左旋螺纹。

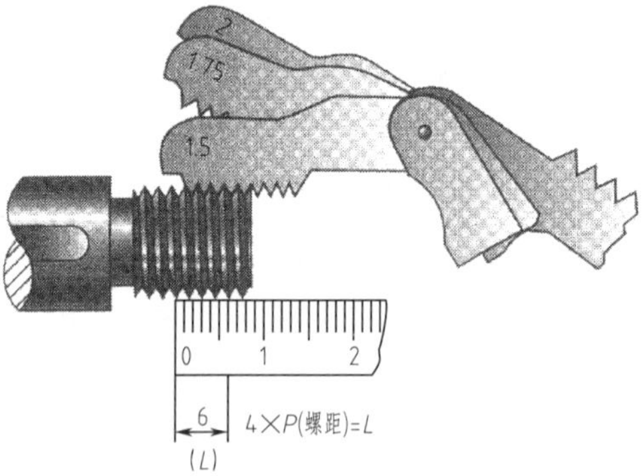

图7-4 螺纹规或直尺测量螺距

（2）注写技术要求　技术要求包括零件材料、极限尺寸、表面结构要求、几何公差等。技术要求的确定可参考同类零件图样。

减速器的零件草图如图7-5至图7-9所示，供参考。

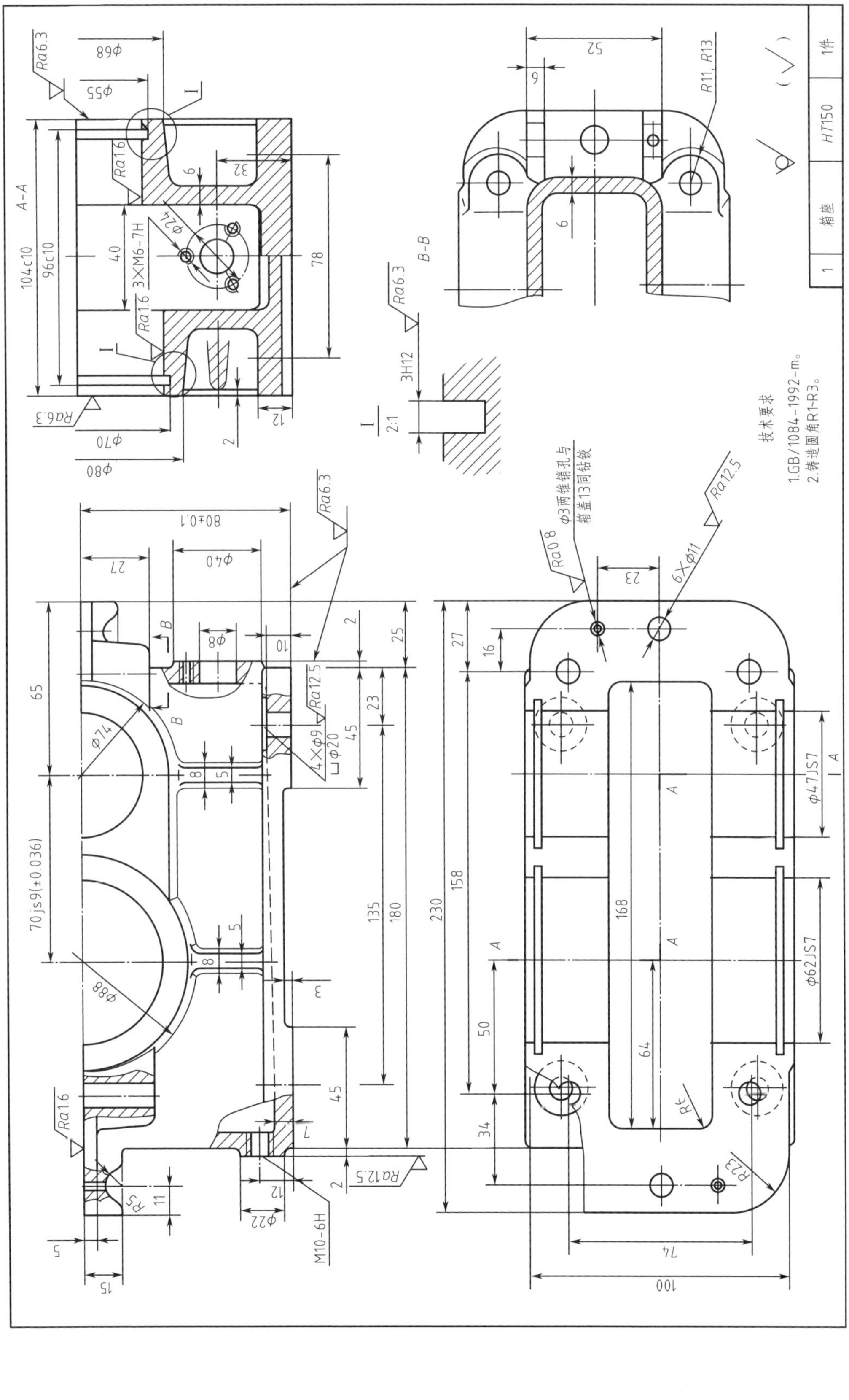
A-A
B-B
I 2:1
技术要求
1.GB/1084-1992-m。
2.铸造圆角R1~R3。
Φ3两锥销孔与
箱盖13同钻铰
1 箱座 HT150 1件

图7-5 减速器箱座草图

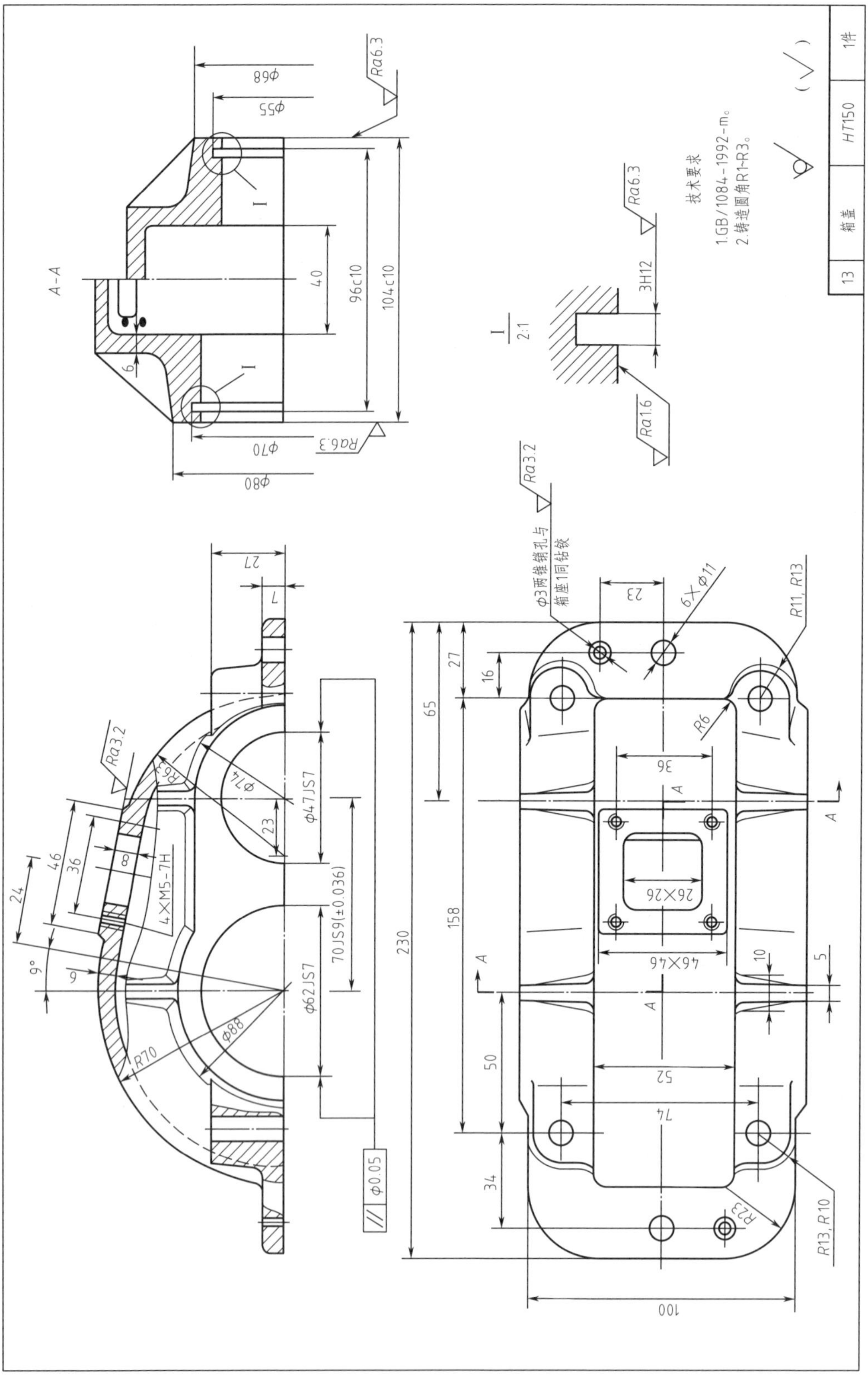

图7-6 减速器箱盖零件草图

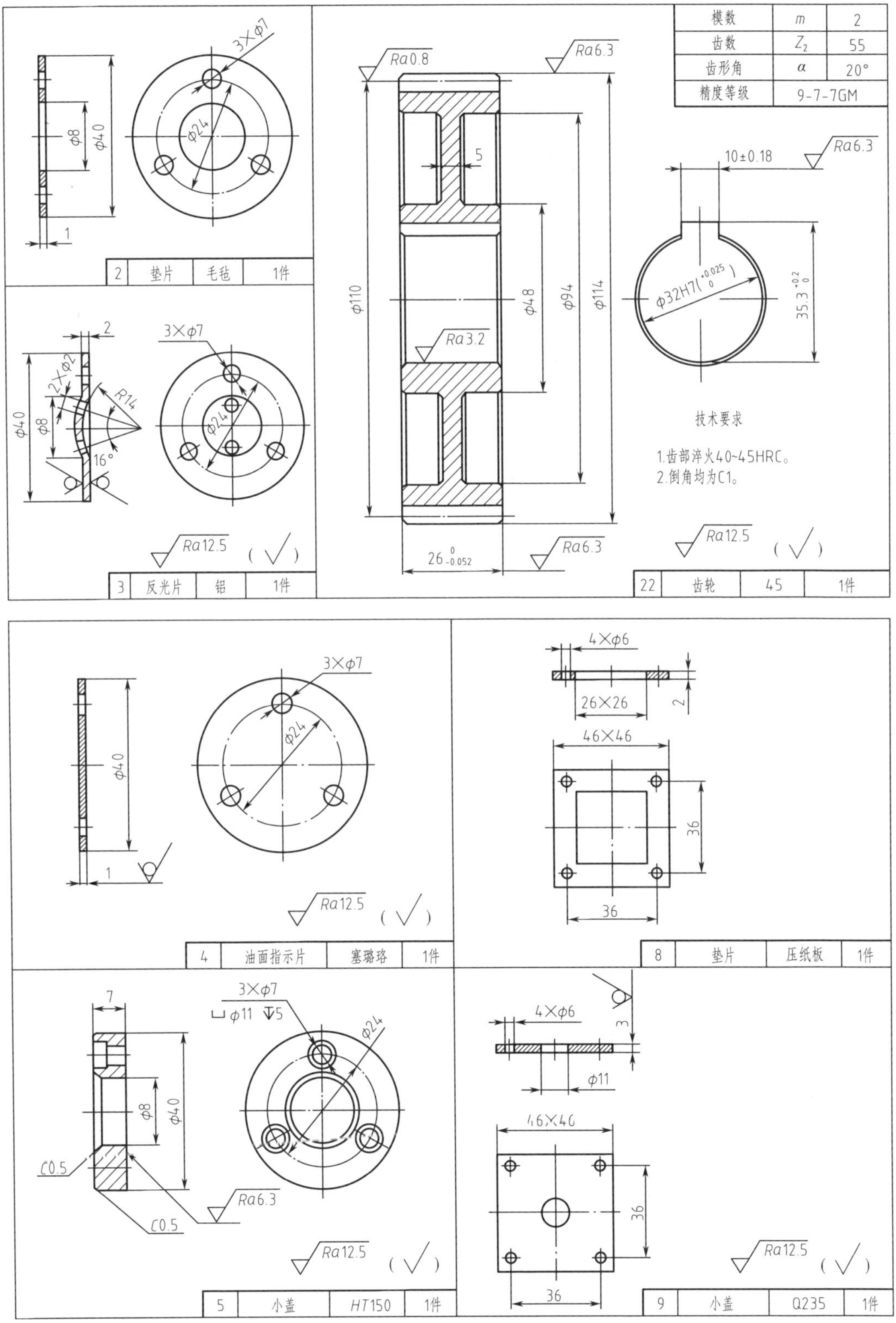
2 | 垫片 | 毛毡 | 1件
3 | 反光片 | 铝 | 1件
模数 | m | 2
齿数 | Z2 | 55
齿形角 | α | 20°
精度等级 | 9-7-7GM
技术要求
1.齿部淬火40~45HRC。
2.倒角均为C1。
22 | 齿轮 | 45 | 1件
4 | 油面指示片 | 塞璐珞 | 1件
8 | 垫片 | 压纸板 | 1件
5 | 小盖 | HT150 | 1件
9 | 小盖 | Q235 | 1件
3×φ7
φ24
φ8
φ40
4×φ6
26×26
46×46
36
φ110
φ48
φ94
φ114
φ32H7
10±0.18
Ra0.8
Ra6.3
Ra3.2
Ra12.5
C0.5
R14
16°

图7-7　垫片等零件草图

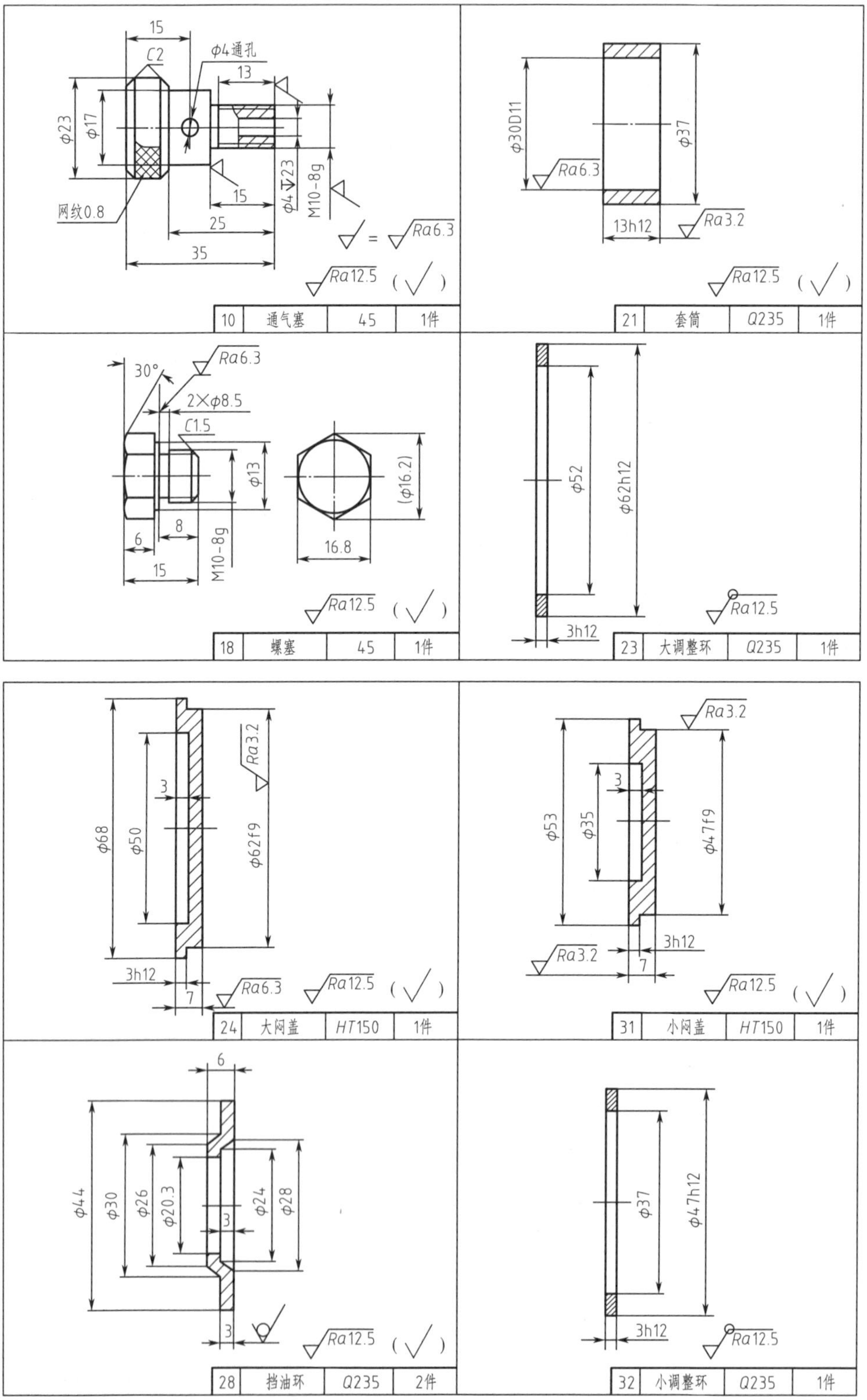

图7-8 通气塞等零件草图

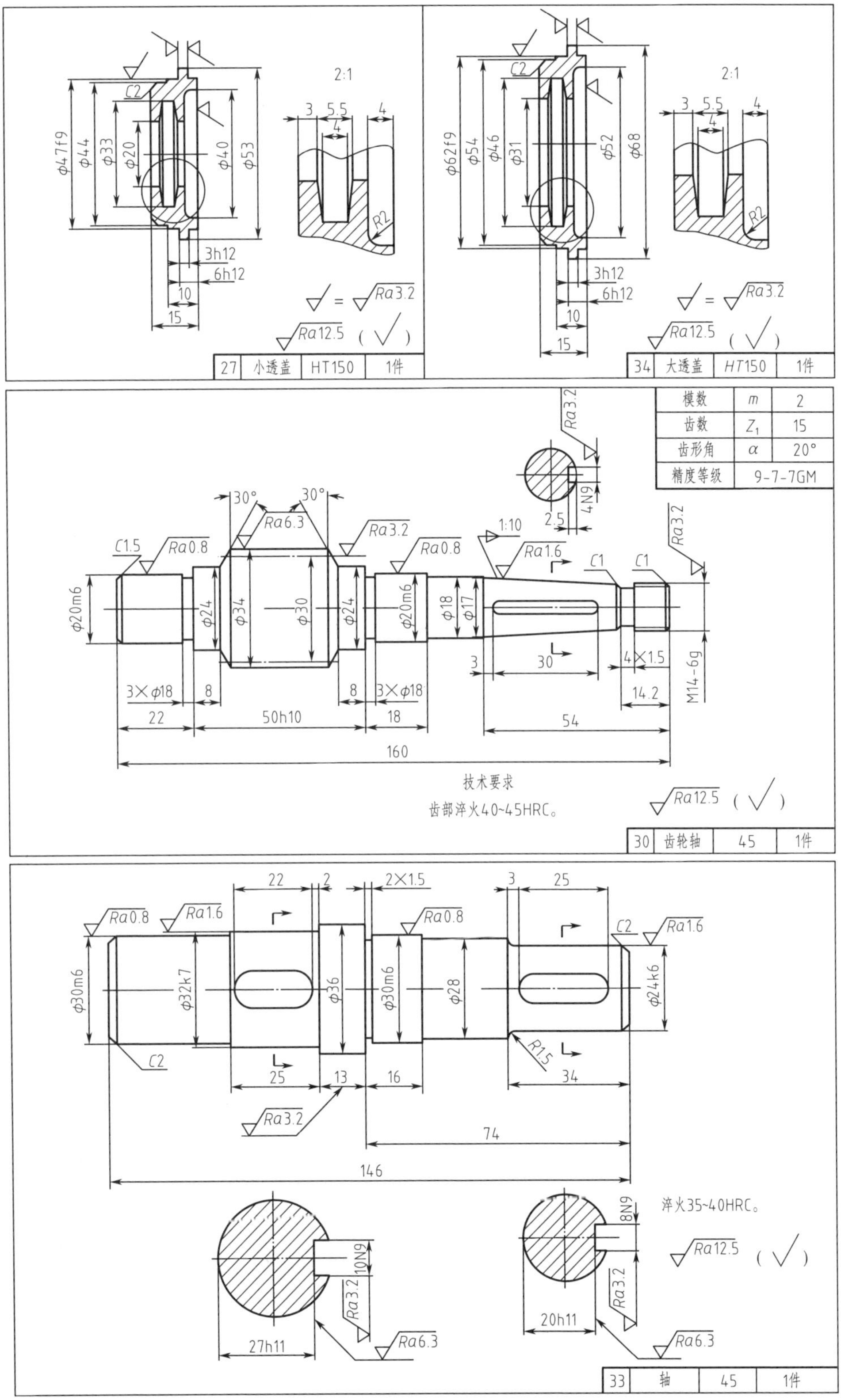

图7-9 小透盖等零件草图

三、测绘标准件

标准件不画零件图，但需要确定其规格大小，列出标准件明细表，如图7-2（b）所示，供参考。

1. 螺纹连接件的测绘方法

螺栓：使用卡尺测量大径，由附表B-1查取最接近的大径的标准值。

螺母：由于与对应的螺栓互相旋合，螺母的大径与螺栓是相同的，见附表B-2。

螺钉：使用卡尺测量大径，根据观察到的螺钉头部形状由附表B-3查取最接近的大径的标准值。

垫圈：垫圈通常与螺栓、螺母、螺钉一起使用。垫圈的规格是与螺栓、螺母、螺钉匹配的，见附表B-4、附表B-5。

2. 键的测绘方法

测量普通平键A型键的长、宽、高，由附表B-7选取长、宽、高的标准值。

3. 滚动轴承的测绘方法

利用卡尺测量深沟球轴承内圈的直径、外圆直径和厚度，由附表B-10选取标准值，确定轴承的代号。

4. 毡圈的测绘方法

小、大毡圈（件26和件35）安装在透盖与外伸轴的连接处，其尺寸以小、大透盖（件27和件34）为准。

第二节　绘制减速器装配图

根据装配示意图、标准件明细表和零件草图绘制减速器装配图。在画装配图时，要从装配体的整体功用、工作原理出发，对零件草图和装配示意图进行一次校对，发现它们有不协调甚至错误之处应立即改正，步骤如下：

（1）确定表达方案　装配图不仅表达了部件的工作原理、各零件的装配关系，而且反映了主要零件的形状结构。根据对减速器的表达分析，主视图按工作位置选定，采用局部剖，主要表达装配关系，俯视图从箱盖与箱座的分型面剖开，左视图可采用拆卸画法。

（2）合理布局　装配图的表达方法确定后，应根据具体部件真实大小及其结构的复杂程度，确定合适的比例和图幅，选定图幅时不仅要考虑到视图所需的面积，而且要把标题栏与明细表、零件序号、标注尺寸和注写技术要求的位置一并计算在内，确定用哪一号图纸幅面后即可着手合理地布置图面，标题栏、明细栏如图6-15所示。

通常先画出各主要视图的作图基准线。

（3）画出部件的主要结构部分　减速器的装配图可先画主视图上箱座和箱盖的结构，再依次画出其他一系列零件。将零件逐个画在装配图上时，要考虑零件的相对位置和装配顺序。在画部件的主要结构时，一般是每个视图分别作图，同时注意各视图间的投影关系。有些零件如有条件在各个视图上同时画时，应尽可能一起画出以节约时间。

俯视图可从两轴系（主要装配干线）之一的齿轮轴开始画图，先画该轴上齿轮部分，使齿宽的中心平面与箱座前后方向的对称中心平面重合，画完齿轮部分后再向两端依次画出轴上所装的各个零件。同样地画出从动齿轮和从动轴及轴上所装的各个零件。

画左视图，按投影关系，处理好左视图上应反映的外部结构形状及其位置。顶部采用拆卸画法是因为通气塞已在主视图中表达清楚。箱座上的安装孔如不方便在主视图上作局部剖视，也可改在左视图上作局部剖视。

（4）画出部件的次要结构部分　减速器的螺栓、螺钉等连接结构以及其他一些附件。

（5）检查校核　除了检查零件的主要结构外，特别要注意视图上细节部分的投影是否遗漏或错误。由于装配图图形复杂，线条较多容易漏画部分投影。应认真检查，发现错误及时修改。

（6）完成全图　检查底稿后加深图线并画剖面符号；注写必要的尺寸和技术要求；标注序号，填写标题栏及明细表；最后完成减速器装配图。

装配图的尺寸标注只需标出一些必要的尺寸，如性能（规格）尺寸、装配尺寸、安装尺寸、外形尺寸和其他重要尺寸。减速器装配图如图7-10所示，供参考。

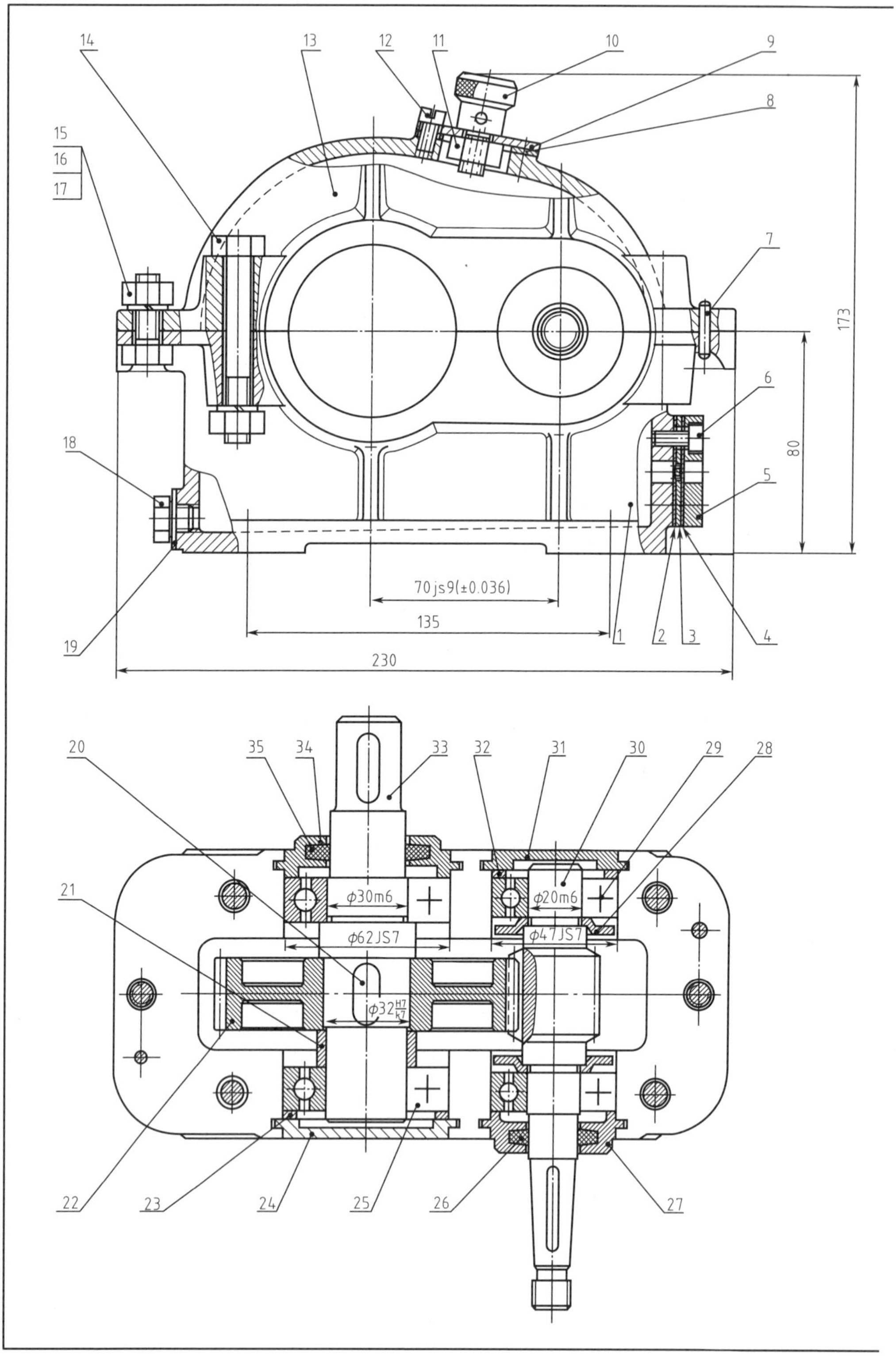
1
2
3
4
5
6
7
8
9
10
11
12
13
14
15
16
17
18
19
173
80
70js9(±0.036)
135
230
20
21
22
23
24
25
26
27
28
29
30
31
32
33
34
35
ϕ30m6
ϕ62JS7
ϕ20m6
ϕ47JS7
ϕ32H7/k7

图7-10　减速

拆去零件8、9、10、11、12

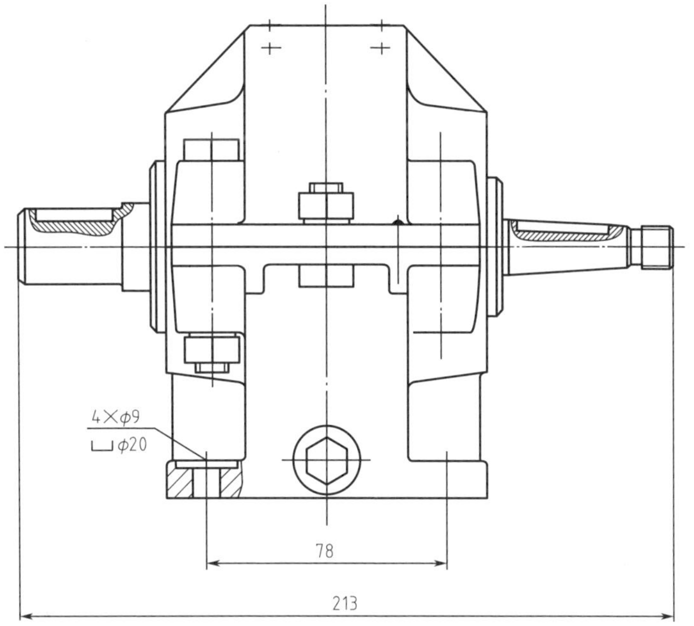

技术要求

1.所有铸件应清除砂粒，油池内壁涂以红色油漆。
2.制造装配按重型标准ZS161。
3.按ZS161试验和验收。

序号	名称	数量	材料	备注
35	大毡圈	1		
34	大透盖	1	HT150	
33	轴	1	45	
32	小调整环	1	Q235	
31	小闷盖	1	HT150	
30	齿轮轴	1	45	$m=2$ $z=15$
29	轴承6204	2		GB/T 276
28	挡油环	2	Q235	
27	小透盖	1	HT150	
26	小毡圈	1		
25	轴承6206	2		GB/T 276
24	大闷盖	1	HT150	
23	大调整环	1	Q235	
22	齿轮	1	45	$m=2$ $z=55$
21	套筒	1	Q235	
20	键10×22	1		GB/T1096
19	垫圈10	1		GB/T 97.1
18	螺塞	1	45	
17	螺母M10	6		GB/T 41

序号	名称	数量	材料	备注
16	垫圈10	6		GB/T 93
15	螺栓M10×30	2		GB/T 5782
14	螺栓M10×70	4		GB/T 5782
13	箱盖	1	HT150	
12	螺钉M5×10	4		GB/T 65
11	螺母M10	1		GB/T 41
10	通气塞	1	45	
9	顶盖	1	Q235	
8	垫片	1	压纸板	
7	销3×18	2		GB/T 117
6	螺钉M6×12	3		GB/T 65
5	小盖	1	HT150	
4	油面指示片	1	赛璐珞	
3	反光片	1	铝	
2	垫片	1	毛毡	
1	箱座	1	HT150	

一级圆柱齿轮减速器		比例	质量	（图样代号）
制图				（校名）
审核				

器装配图

第三节　绘制减速器零件工作图

测绘的最后一项重要工作是绘制零件工作图。绘制装配图时验证、校核过的零件草图是绘制零件工作图的依据。但是，在绘制零件工作图过程中，仍应继续验证草图的正确性，并作必要的修正，切不可不加分析地全盘照抄零件草图。

绘图步骤：

（1）根据零件复杂程度、体积大小、结构形状、确定绘图比例。

（2）根据选定的绘图比例和确定的表达方案及视图数量，估计各视图所占的面积并充分留有余地，选取较合适的图幅。

（3）画底稿，用细实线轻轻画出各视图的基准线，完成底稿。

（4）检查底稿、加深。

（5）标注尺寸，注写技术要求，填写标题栏。

课中蕴含的哲理

在设计、维修机械产品过程中，常需要测绘，从零、部件的拆、装，到测量、画图、计算、查表，再到标注，需要长时间的毅力和专注力，需要严谨细致、吃苦耐劳，就是要具有工匠精神。

李克强总理在2016年《政府工作报告》中首次提出“工匠精神”。

工匠精神，是指工匠对自己的产品精雕细琢，精益求精、使更完美的精神理念。新时代的“工匠精神”的基本内涵，主要包括爱岗敬业的职业精神、精益求精的品质精神、协作共进的团队精神、追求卓越的创新精神这四个方面的内容。

《大国工匠》之“大技贵精”

有这样的一群劳动者，他们的成功之路不是上名高中、名大学，而是追求职业技能的完美和极致。靠着传承和坚守，它们成为国宝级的顶级技工，成为了一个领域不可或缺的人才。请扫码观看中央电视台系列节目：《大国工匠》之“大技贵精”。

第八章 计算机绘图

教学目标

（1）掌握AutoCAD软件的基本操作。

（2）掌握应用AutoCAD软件绘制平面图形的方法。

（3）掌握应用AutoCAD软件绘制零件图和装配图的方法。

（4）掌握打印输出的方法。

计算机绘图是指用绘图软件和计算机实现图形显示、辅助绘图与设计的一项技术，机电类专业的学生运用计算机软件绘制机械图样是必须具备的重要技能。

第一节 计算机绘图基础

一、AutoCAD软件简介

CAD一词的意义是Computer Aided Design，也就是计算机辅助设计。AutoCAD是美国Autodesk公司开发研究的通用计算机辅助设计软件，它具有易于掌握、使用方便、体系结构开放等优点，被广泛应用于机械、建筑、电子、土木、航天、石油、化工等工程设计领域。

本书以AutoCAD2018简体中文版为软件平台。

二、AutoCAD基本操作训练

（1）启动软件，熟悉启动对话框 新建文件，在“选择样板”对话框中选择样板“Gb_a3 –Color Dependent Plot Styles”，在模型空间作相关操作练习。保存文件，文件名为自己姓名。

新建文件示范

AutoCAD2018提供了二维草图与注释、三维基础、三维建模工作空间。

应用程序按钮/快速访问工具栏介绍

功能区介绍

动态输入介绍

极轴追踪示范

对象捕捉示范

临时捕捉示范

对象捕捉追踪示范

“二维草图与注释”工作空间用于绘制二维图形。

（2）熟悉工作界面　熟悉标题栏、工具栏、绘图区、命令输入窗口、状态栏、功能区面板及使用方法，AutoCAD2018工作界面如图8–1所示。

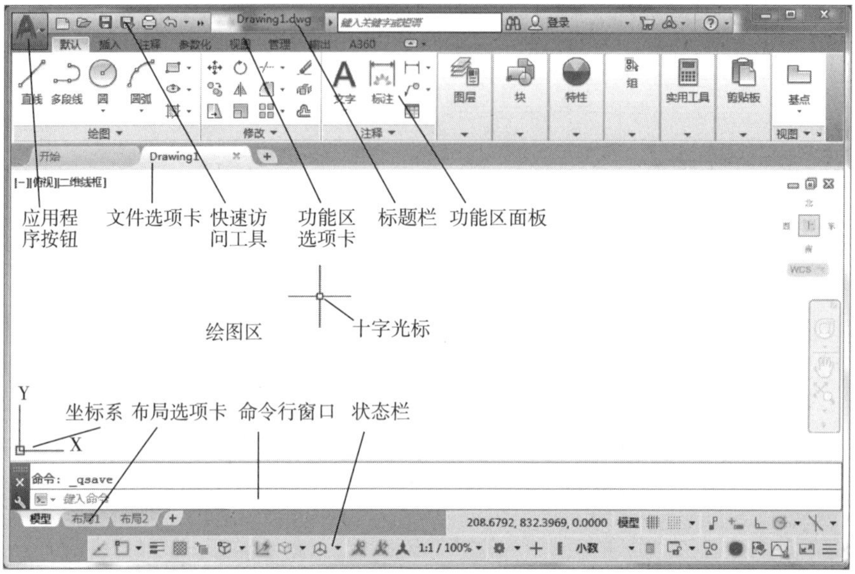

图8–1　AutoCAD2018工作界面

（3）练习命令的启动、命令中断与结束、错误命令的纠正　AutoCAD命令的启动常用三种方式：工具栏按钮命令启动、命令行启动、菜单启动和快捷键启动。用命令行输入方式启动，可以连续地输入参数，作图效率会比较高。

确认命令输入、重复命令、结束命令均可按空格键或回车键；终止命令可按ESC键；输入命令“U”或【CTRL】+Z可撤销上一步的操作。

（4）练习文件操作　创建新文件、打开和保存文件。

（5）练习辅助绘图工具的使用　练习栅格的使用、正交的使用、对象捕捉的使用、极轴追踪的使用、对象捕捉追踪的使用。

快捷键速记	命令	NEW（新建）	OPEN（打开）	SAVE（保存）	撤销上一操作	恢复撤销的上一操作
	快捷命令	【CTRL】+N	【CTRL】+O	【CTRL】+S	【CTRL】+Z	【CTRL】+Y

绘图时用鼠标定位虽然方便、快捷，但精度不够，AutoCAD提供了一些绘图辅助工具帮助用户精确绘图。单击相关按钮，即可打开对应的辅助绘图工具，如

图8-2所示是状态栏极轴追踪按钮。

（6）练习视图缩放、视图的平移、熟悉备选项的选用和含义

操作提示：按住鼠标中键（滚轮），出现手形，可使视图显示平移。滚动鼠标滚轮，可使视图显示缩放。

图8-2 状态栏极轴追踪按钮

简化命令速记	命令	PAN（平移）	实时缩放	局部放大	返回上一视图	显示全图
	简化命令	P	Z+空格+空格	Z	Z+P	Z+E

三、精确绘图训练

绘制如下图形，图线暂时画成系统默认的线，不注尺寸。

（1）利用极轴追踪模式或正交模式绘制如图8-3所示图形。

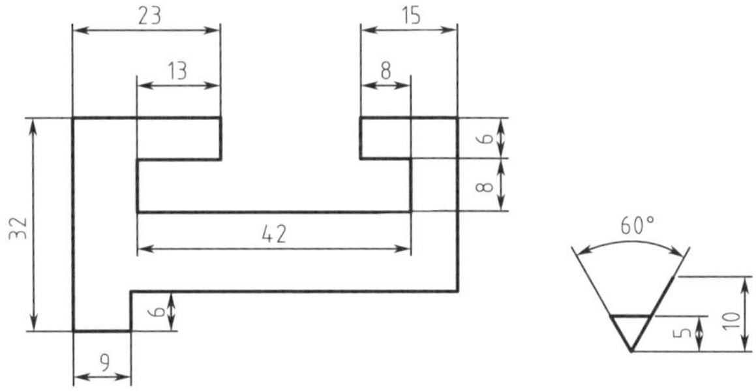

（a）　　（b）

图8-3 利用极轴追踪模式或正交模式绘图

图8-3（a）（1）正交模式示范

图8-3（a）（2）极轴追踪模式示范

图8-3（b）示范

（2）利用极轴追踪、相对坐标定点绘制如图8-4所示图形。

可以通过利用移动光标、坐标系、对象捕捉、对象捕捉追踪、极轴追踪这

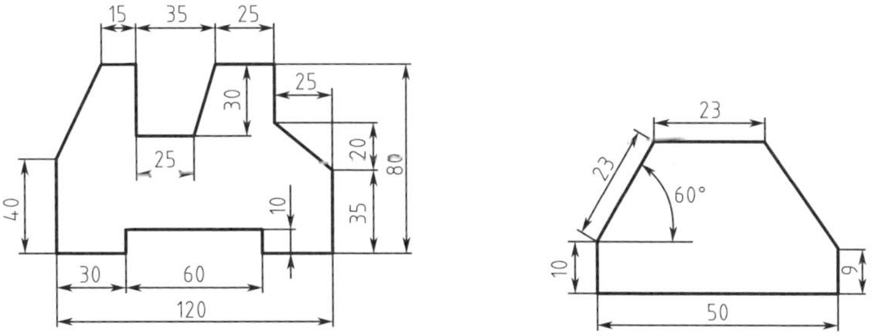

（a）　　（b）

图8-4 利用极轴追踪、相对坐标定点绘图

图8-4（a）斜线示范

图8-4（b）斜线示范

5种方式来指定点的位置。

输入坐标来定点的方法：

（1）点的直角坐标输入　如图8-5（a）所示，平面上一点*A*可以由*X*轴和*Y*轴的坐标来定义，即“*x*，*y*”，故*A*点的直角坐标输入“50，60”。

（2）点的极坐标输入　如图8-5（a）所示，平面上一点*A*还可以由该点到极点的连线长度*L*和连线与极轴的交角*α*（逆时针方向为正）来定义，即“*L*<*α*”，故*A*点的极坐标输入“78.1<50.2”。

（3）点的相对坐标输入　如图8-5（b）所示，相对坐标的格式为“@*x*，*y*”和“@*L*<*α*”，故*B*点相对*A*点的直角坐标输入“@30，20”。在动态输入按键开启状态下，如图8-6所示，当命令提示指定第二点时，使用指针输入或标注输入，输入的坐标值前不必加“@”，默认就是相对坐标。

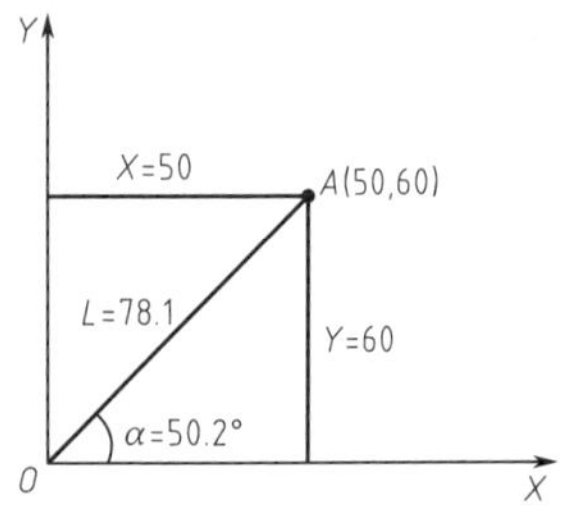

（a）绝对坐标

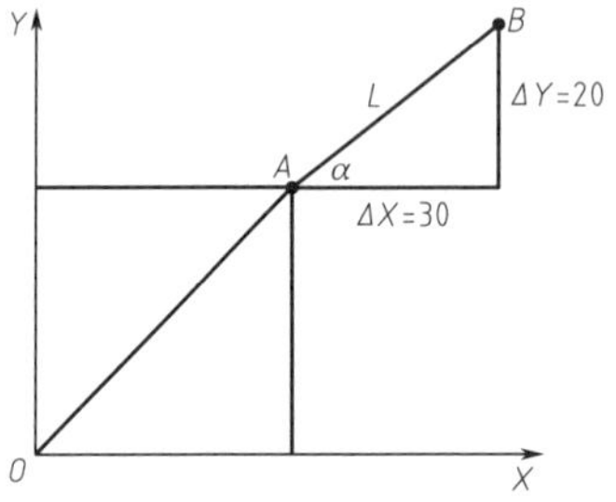

（b）相对坐标

图8-5　输入坐标来定点的方法

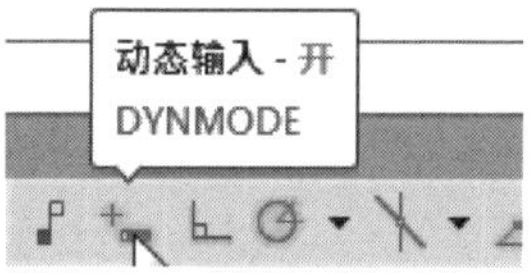

图8-6　开启状态栏动态输入按钮

简化命令速记	临时对象捕捉命令	中点	圆心	象限点	交点	切点	最近点	垂足	平行	端点
	简化命令	MID	CEN	QUA	INT	TAN	NEA	PER	PAR	END

第二节　绘制平面图形

一、基本图形绘制训练

基本图形绘制命令有点、直线、多边形、多段线、多线、圆、圆弧、椭圆、样条曲线、图案填充等。

绘图命令的启动，可以通过单击如图8–7（a）所示的功能区面板上的工具按钮，或用键盘在如图8–7（b）所示命令行直接输入命令名，或单击如图8–7（c）所示下拉菜单中的相应图标（菜单栏只有在“AutoCAD经典”工作空间才会默认显示，可单击快捷访问工具栏右端的下拉按钮，在弹出的菜单中选择【显示菜单栏】选项）。

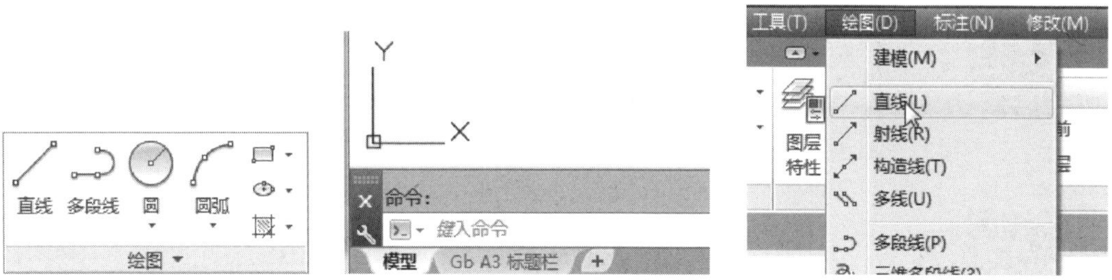

（a）功能区面板　　（b）命令行　　（c）下拉菜单

图8–7　绘图命令的启动方式

命令行是人机交互的重要窗口，完整的命令行输入的基本格式是：“命令提示信息或[备选项1/备选项2/……备选项n/<默认值>：”，如果用户想要执行提示信息，可直接用鼠标或键盘输入相应的数据；如果想要执行备选项，则应首先输入该备选项的标识字符（备选项后面的字母），按回车键（或空格键），再根据命令提示进行相应的操作；如果选用默认值，直接回车（或按空格键）即可。

用命令行输入命令方式时，命令行必须是“命令：”状态，其次，命令输入模式必须是英文输入法状态，字母不区分大小写。

使用样板“Gb_a3 –Color Dependent Plot Styles”新建文件，绘制以下图形，图线暂时按系统默认的线绘制，不标注尺寸，文件名用“基本图形绘制–姓名”。

（1）绘制如图8–8所示具有圆和切线的图形，作圆和切线绘制练习。

图8–8（a）（1）
画圆示范

图8–8（a）（2）
画切线示范

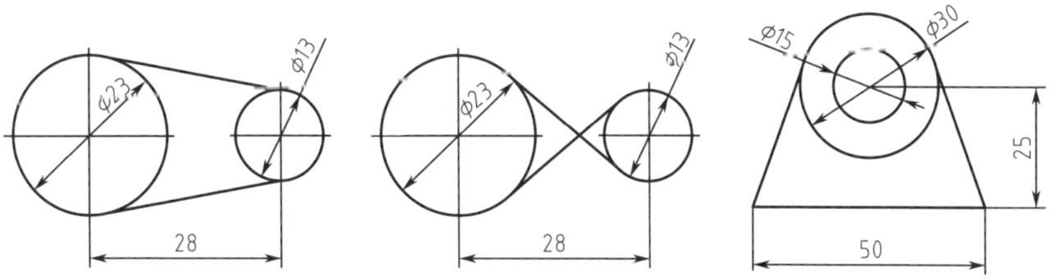

（a）　　（b）　　（c）

图8–8　具有圆和切线的图形

图8–8（c）示范

简化/快捷命令速记	命令	CIRCLE（圆）	LINE（直线）	临时捕捉切点	新建
	简化/快捷命令	C	L	TAN	【CTRL】+N

图8-9（a）示范

（2）绘制如图8-9所示图形，作矩形命令操作练习。

图8-9（b）示范

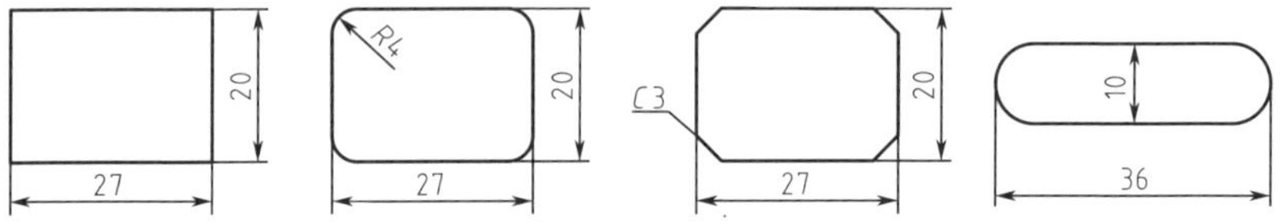

（a）（b）（c）（d）

图8-9　矩形命令练习

图8-9（c）示范

简化命令速记	命令	RECTANGLE（矩形）
	简化命令	REC

图8-9（d）示范

（3）用直线、矩形命令，配合对象捕捉及极轴追踪工具绘制如图8-10所示图框、标题栏。

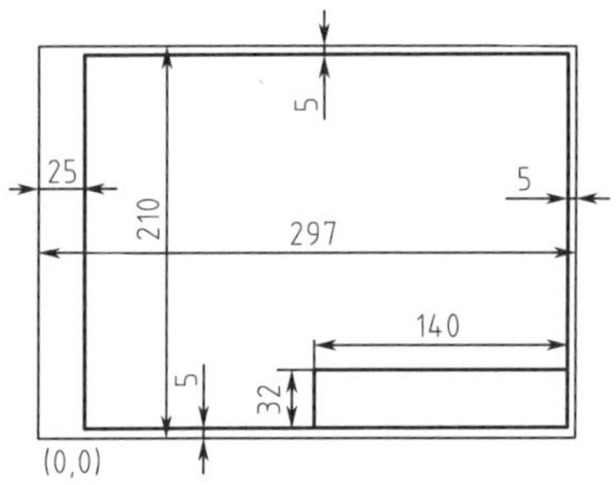

图8-10示范

图8-10　直线、矩形命令练习

（4）绘制如图8-11所示平面图形，作圆命令操作练习。

图8-11（a）示范

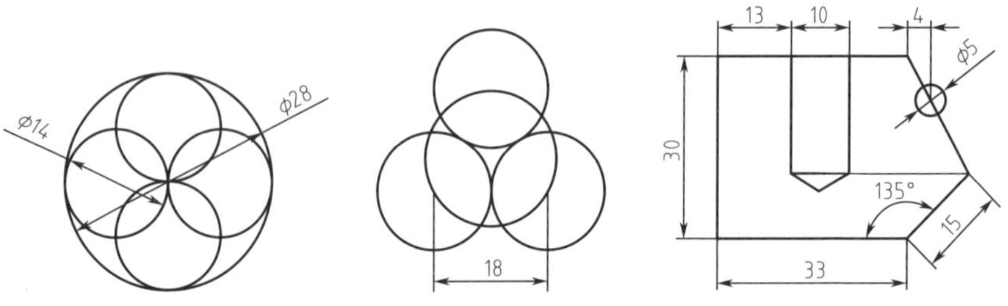

（a）（b）（c）

图8-11（b）示范

图8-11　圆命令练习

简化命令速记	命令	CIRCLE（圆）	捕捉临时追踪点
	简化命令	C	TT

操作提示：图8-11（c）中，小圆圆心用捕捉临时追踪点命令获取。

（5）绘制如图8-12所示平面图形，作圆、矩形命令练习。

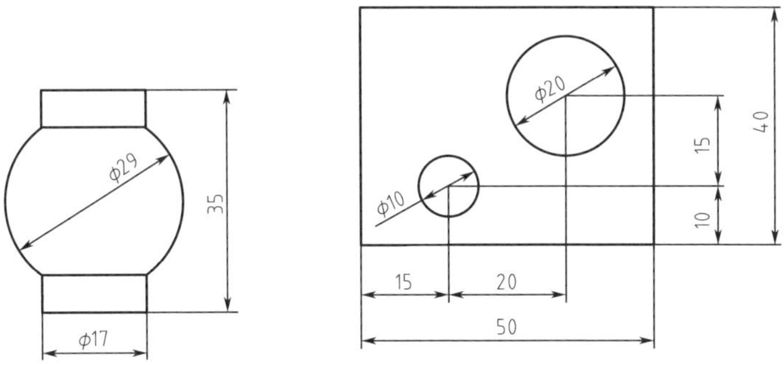

（a）　　（b）

图8-12　圆、矩形命令练习

（6）绘制如图8-13所示具有圆弧连接的图形。

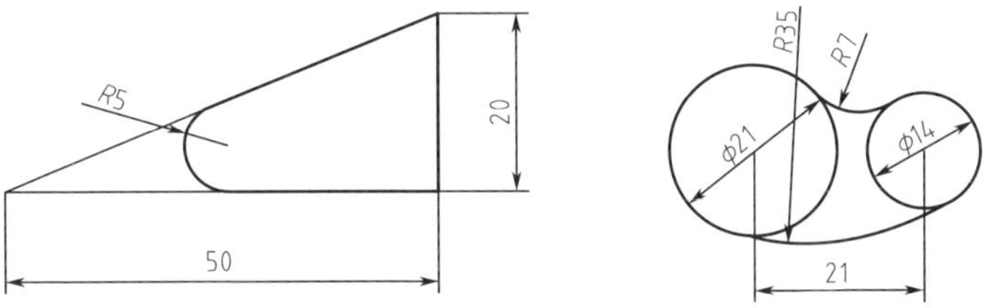

（a）　　（b）

图8-13　具有圆弧连接的图形绘制

简化命令速记	命令	FILLET（圆角）
	简化命令	F

操作提示：外切弧与内切弧画法不同，外切弧用圆角命令绘制最方便，内切弧用圆命令绘制。

（7）绘制如图8-14所示图形，作正多边形命令操作练习。

图8-11（c）（1）盲孔尾部示范

图8-11（c）（2）小圆示范

图8-12（a）示范

图8-12（b）画圆示范

图8-13（a）圆角绘制示范

图8-13（b）连接弧绘制示范

图8-14（a）示范

图8-14（b）示范

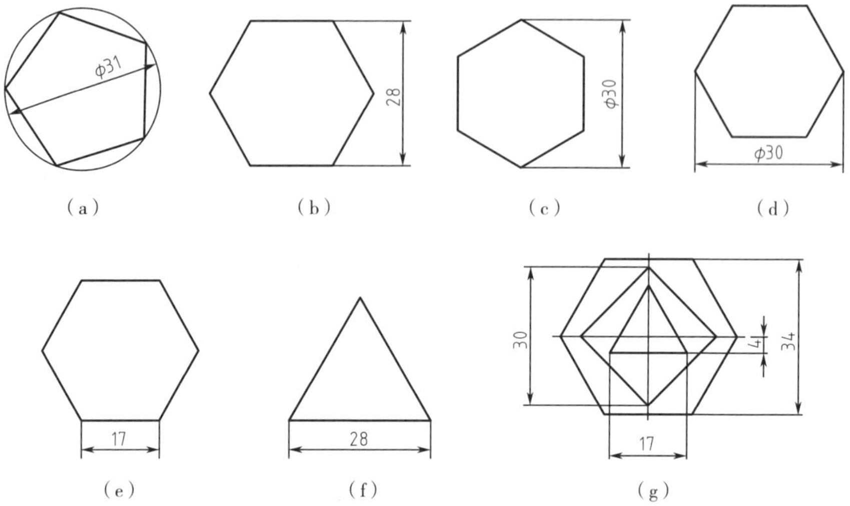

图8-14　正多边形命令练习

图8-14（c）示范

简化命令速记	命令	POLYGON（正多边形）
	简化命令	POL

图8-14（e）示范

（8）绘制如图8-15所示图形，作圆弧、多段线命令练习。

（9）绘制如图8-16所示图形，作椭圆命令操作练习。

图8-15（1）圆弧命令示范

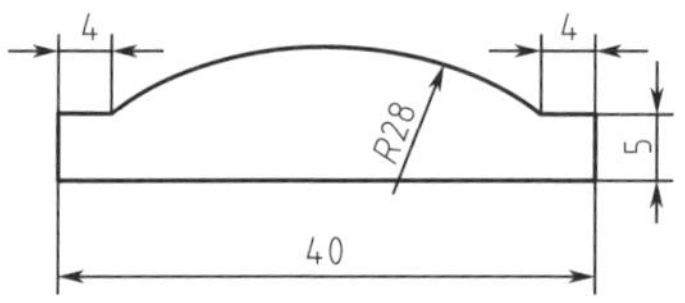

图8-15　圆弧、多段线命令练习

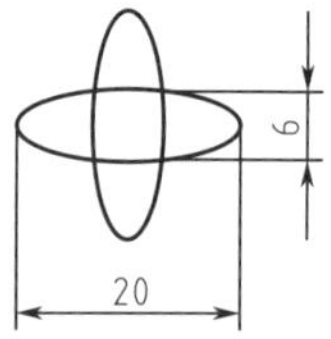

图8-16椭圆命令练习

简化命令速记	命令	PLINE（多段线）	ARC（圆弧）
	简化命令	PL	A

图8-15（2）多段线命令示范

（10）打开已画的图8-11（c）、图8-14（g）（或把教学资源文件夹中“波浪线、剖面线练习”文件图形复制到本文件中），如图8-17所示作样条、图案填充命令练习。

简化命令速记	命令	BHATCH（填充）	SPLINE（样条曲线）
	简化命令	H	SPL

图8-16示范

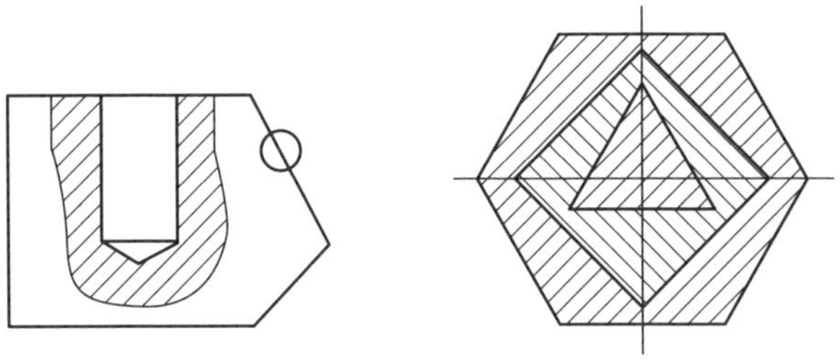

（a）　　（b）

图8-17　样条、图案填充命令练习

图8-17（a）（1）画波浪线示范

图8-17（a）（2）画剖面线示范

图8-17（b）画剖面线示范

操作提示：单击【图案填充】选项卡，在〖选项〗区选择“注释性”。选择“注释性”的目的是，当我们要按不同比例出图时，调整模型空间或布局空间视口的比例，剖面线间距大小可以自动按比例调整。

二、图形编辑训练

图形编辑是指对已有图形对象进行移动、旋转、缩放等修改操作。图形编辑命令的启动，与绘图命令的启动一样，常用三种方式，如图8-18所示。

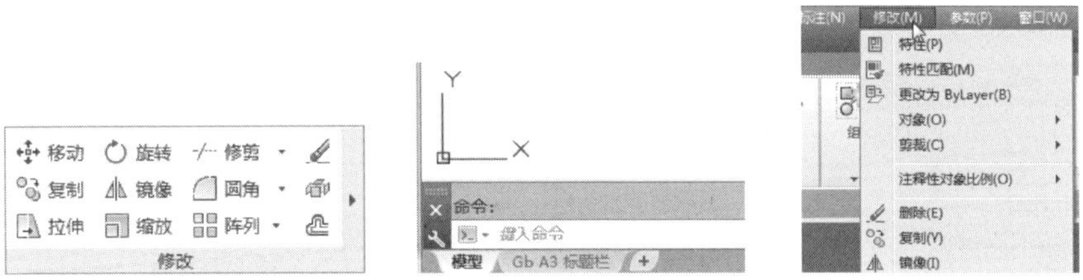

（a）功能区面板　　（b）命令行　　（c）下拉菜单

图8-18　图形编辑命令的启动方式

要对已有的对象进行编辑，必须把要进行操作的对象选择出来。选择对象这一操作既可以在命令执行之后马上进行，也可以在命令执行之前执行。

常用的选择对象方式有三种：

（1）点选方式　在命令提示“选择对象”时，可以用鼠标左键单击实体对象，一次只能选择一个，被选中的对象将高亮显示，并显示出关键点，可连续选中多个对象。

（2）包容窗口方式　在命令提示“选择对象”时，用鼠标从左至右拖动一个矩形窗口，所有包含在矩形窗口内的对象将被选中。

（3）交叉窗口方式　在命令提示“选择对象”时，用鼠标从右至左拖动一个矩形窗口，所有包含在矩形窗口内及与窗口接触的对象都将被选中。

选择对象示范

按住Shift键再一次选择某一对象可去除对该对象的选择。

使用样板“Gb_a3 –Color Dependent Plot Styles”新建文件，绘制如下图形，图线暂时画成系统默认的线，不标注尺寸，文件名用“图形编辑–姓名”。

（1）按图8–19所示作偏移命令练习。

图8–19（a）示范

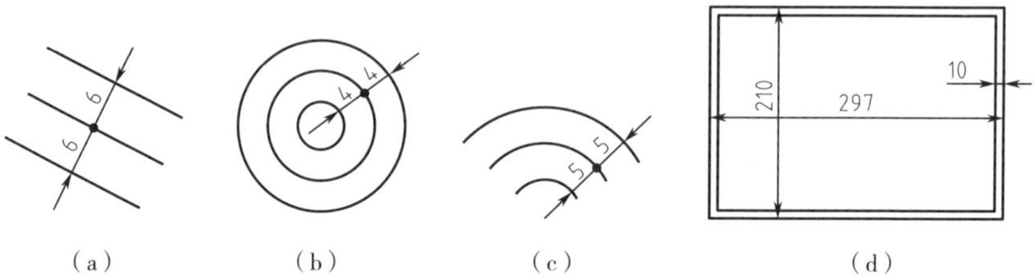

图8–19　偏移命令练习

简化/快捷命令速记	命令	OFFSET（偏移）	全部选择
	简化/快捷命令	O	【CTRL】+A

（2）用已画的图8–9（d）（或把教学资源文件夹中“复制、移动等练习”文件的图形复制到本文件中），如图8–20所示作复制、移动、比例缩放、旋转命令练习。

图8–20（a）示范

图8–20（b）示范

图8–20（c）（d）示范

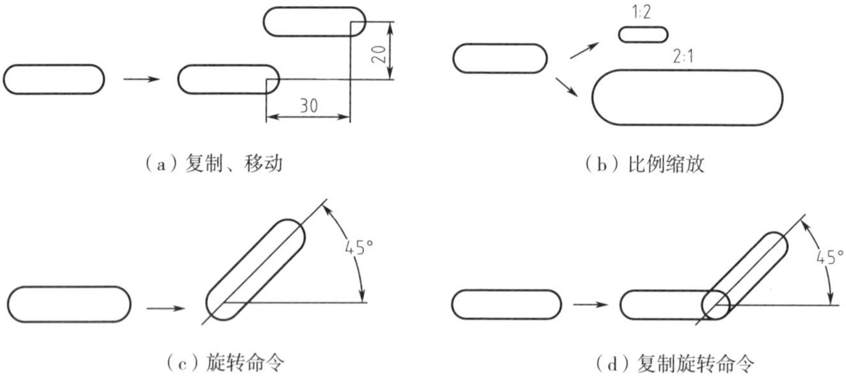

（a）复制、移动　（b）比例缩放　（c）旋转命令　（d）复制旋转命令

图8–20　复制、移动、比例缩放、旋转命令练习

简化命令速记	命令	COPY（复制）	MOVE（移动）	SCALE（比例缩放）	ROTATE（旋转）
	简化命令	CO	M	SC	RO

（3）绘制如图8–21所示图形，作利用临时追踪点定点、复制操作练习。

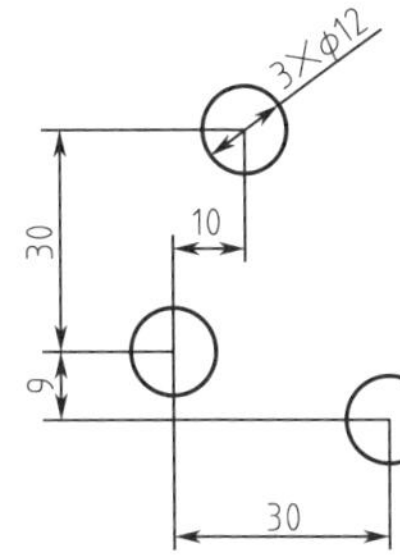

图8-21　利用临时追踪点定点、复制操作练习

图8-21（1）临时追踪示范

图8-21（2）复制示范

（4）绘制如图8-22所示图形，作修剪命令操作练习。

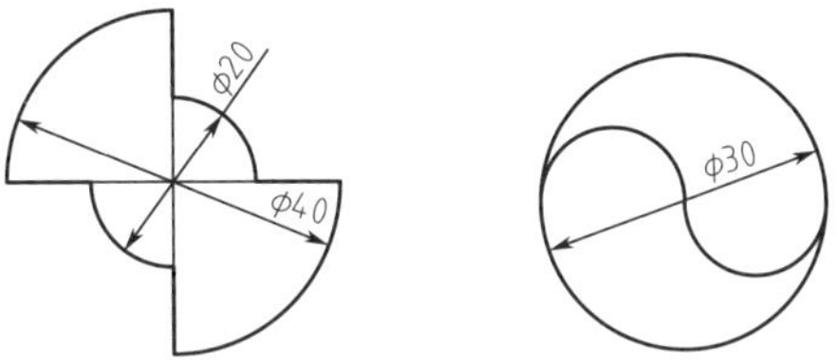

（a）　（b）

图8-22　修剪命令操作练习

图8-22（a）示范

简化命令速记	命令	TRIM（修剪）
	简化命令	TR

图8-22（b）（1）圆方式画弧示范

（5）按图8-23作镜像命令练习。

图8-22（b）（2）圆弧方式画弧示范

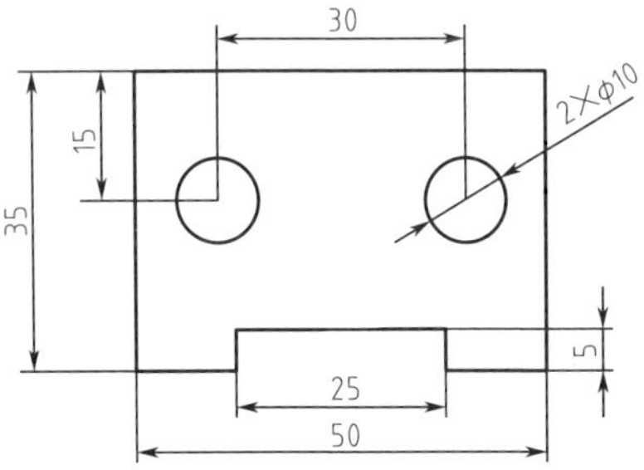

图8-23　镜像命令练习

图8-23示范

简化命令速记	命令	MIRROR（镜向）
	简化命令	MI

（6）按图8–24分别作延伸、拉长、分解命令练习（中心线暂时按系统默认的线绘制）。

图8–24（a）示范

图8–24（b）示范

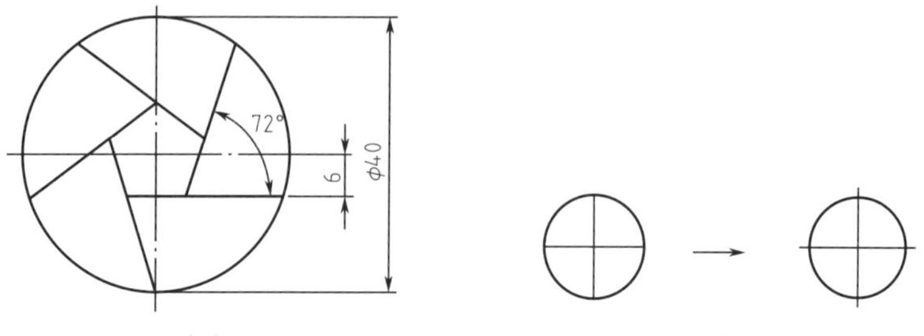

（a）　　（b）

图8–24　延伸、拉长、分解命令练习

简化命令速记	命令	EXPLODE（分解）	EXTEND（延伸）	LENGTHEN（拉长）
	简化命令	X	EX	LEN

（7）按图8–25作阵列命令练习。

图8–25（a）示范

图8–25（b）示范

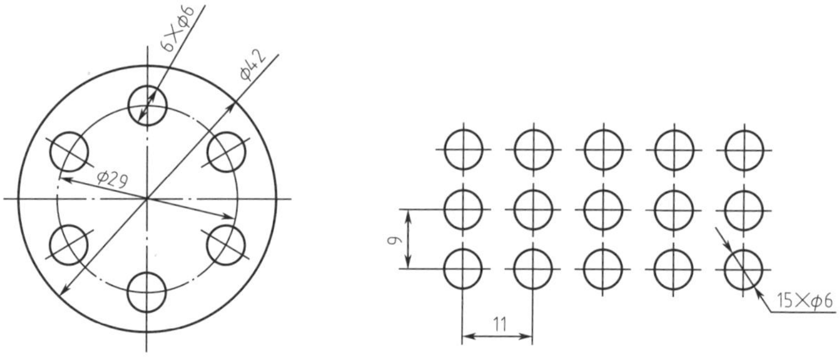

（a）环形阵列　　（b）矩形阵列

图8–25　阵列命令练习

简化命令速记	命令	ARRAY（阵列）
	简化命令	AR

（8）按图8–26作倒角、圆角命令练习。

简化命令速记	命令	CHAMFER（倒角）	FILLET（圆角）
	简化命令	CHA	F

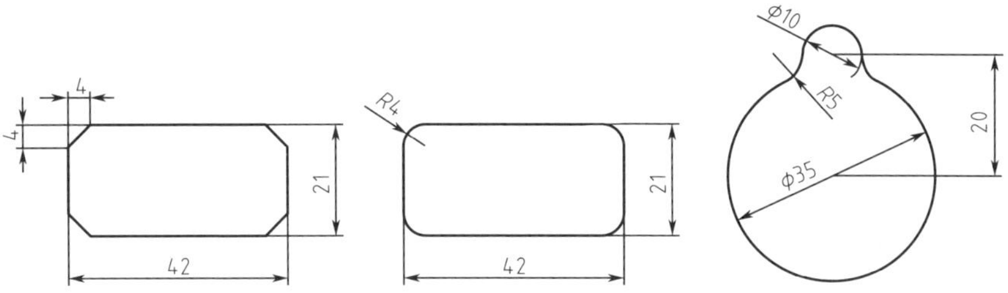

（a）　　（b）　　（c）

图8-26　倒角、圆角命令练习

（9）绘制如图8-27所示轴、套类零件图形。

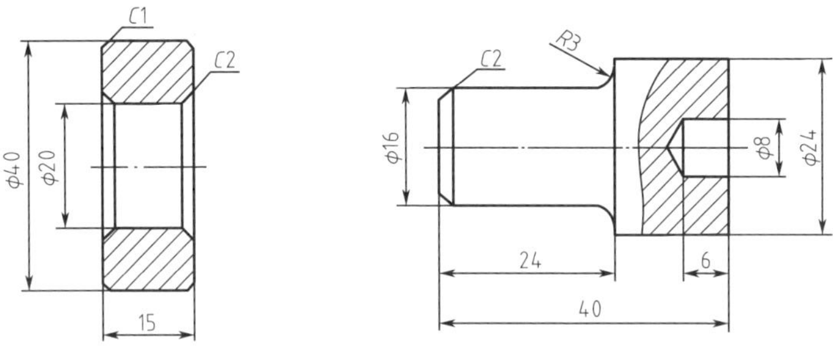

（a）套类零件图形　　（b）轴类零件图形

图8-27　轴、套类零件图形绘制练习

操作提示：轴、套类零件图形最好以对称中心线为界，先画一半图形，再用镜向命令画出另一半图形，中心线最后画。

（10）按表8-1所示建立图层，设置线型、颜色和线宽。

表8-1　建立图层

层名	颜色	线型	线宽
粗实线层	白色	Continuous	0.5
中心线层	红色	ACAD-ISO04W100	0.25（默认）
虚线层	黄色	ACAD-ISO02W100	0.25（默认）
尺寸线层	绿色	Continuous	0.25（默认）
剖面线层	洋红	Continuous	0.25（默认）
细实线层	白色	Continuous	0.25（默认）

图8-26（a）示范

图8-26（b）示范

图8-26（c）示范

图8-27（a）示范

图8-27（b）示范

建立图层示范

相关知识：我们可以把图层比作一张张透明的图纸，在不同的透明纸（图层）上绘制具有不同特性、用途的图形对象，这些透明纸叠加在一起，得到最终的复杂图形，使用户能方便地通过控制图层的性质（冻结、锁定、关闭等）来显示和编辑对象。一般颜色、线型和线宽均采用随层，也就是"ByLayer"。

系统默认线宽为0.25，当我们以0.25作为细实线宽度时，可以采用默认线宽值。

（11）利用上一步骤建好的图层，按图形对象线型和线宽要求，分层绘制如图8-28所示图形。

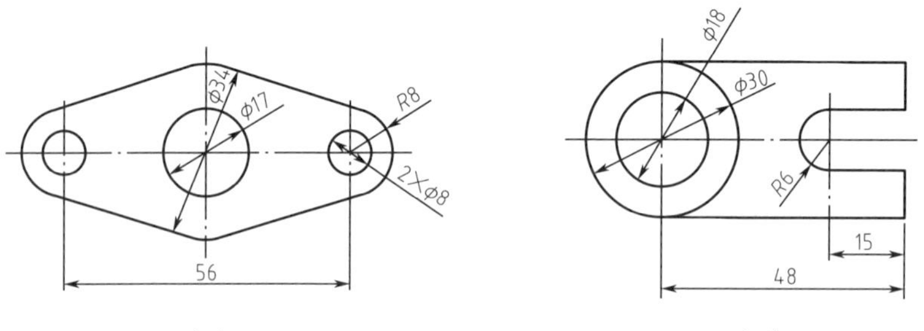

（a）　　　　（b）

图8-28（a）示范

图8-28　分层绘制平面图形练习

简化命令速记	命令	MATCHPROP（特性匹配）	REGEN（重生成图形）
	简化命令	MA	RE

三、平面图形绘制训练

使用样板"Gb_a3 –Color Dependent Plot Styles"新建文件，绘制以下平面图形，文件名用"平面图形绘制–姓名"。

可以把前面图形编辑练习建立的图层，利用"设计中心"插入到本文件中。灵活应用图形绘制和图形编辑命令，按国家标准线型和线宽要求，分层绘制以下平面图形，不标注尺寸。

设计中心示范

相关知识：通过"设计中心"，可以方便地将已有图形的图层、块、文字样式、尺寸样式等信息插入到当前图形文件中使用。单击【视图】选项卡中〖选项板〗面板上的按钮，可打开设计中心。

快捷命令速记	命令	ADCENTER（设计中心）
	快捷命令	【CTRL】+2

（1）绘制如图8-29所示具有不同位置孔的平面图形。

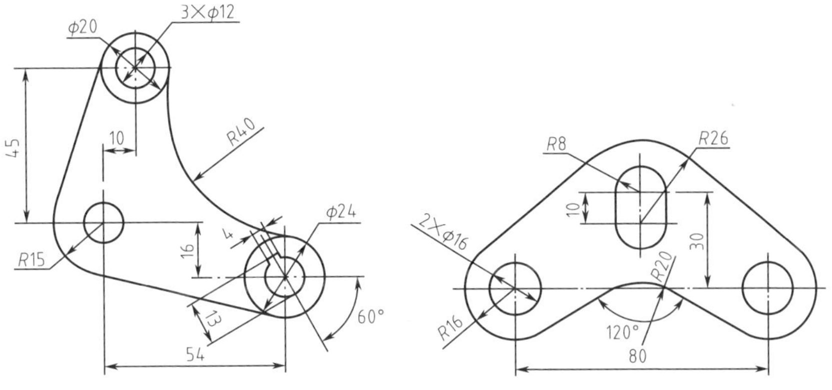

（a）　　（b）

图8-29　具有不同位置孔的平面图形

图8-29（a）重难点示范

图8-29（b）重难点示范

简化命令速记	命令	XLINE（构造线）
	简化命令	XL

（2）绘制如图8-30所示具有等距线结构的平面图形。

图8-30（a）重难点示范

图8-30（b）重难点示范

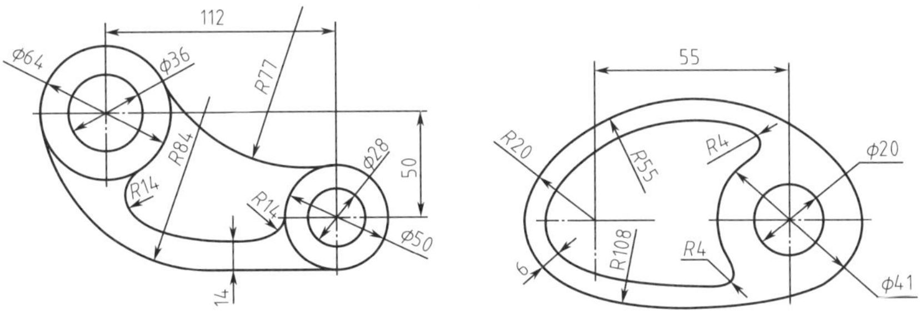

（a）　　（b）

图8-30　具有等距线结构的平面图形

（3）绘制如图8-31所示具有对称结构的平面图形。

图8-31（a）示范

图8-31（b）示范

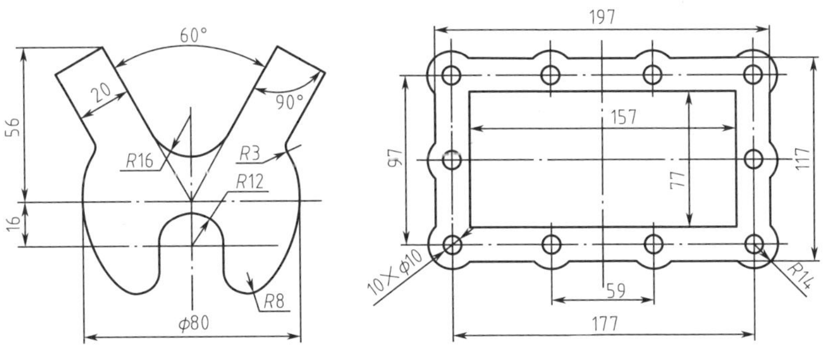

（a）　　（b）

图8-31　具有对称结构的平面图形

（4）绘制如图8-32所示具有倾斜结构的平面图形。

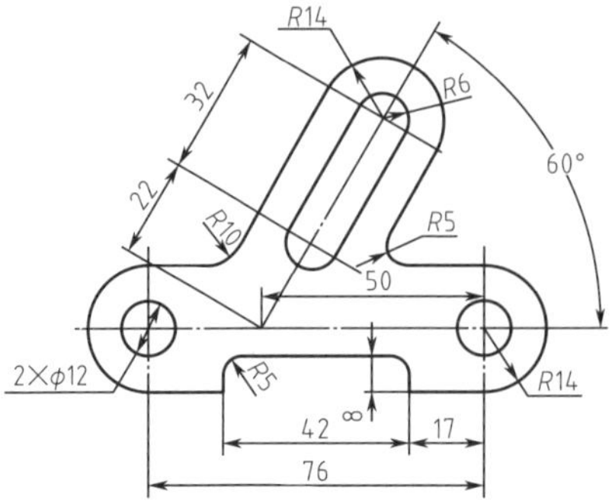

（a）

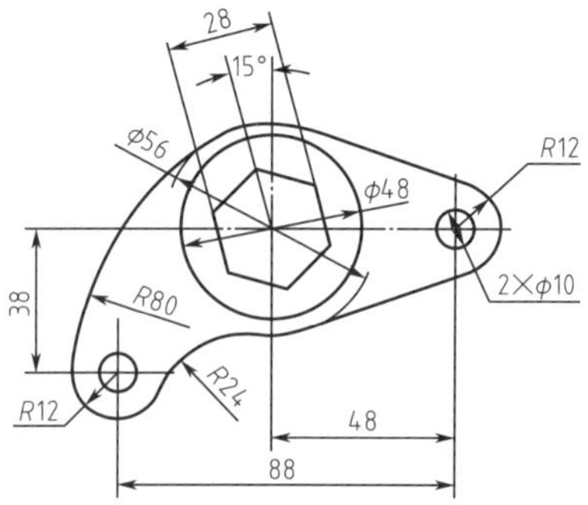

（b）

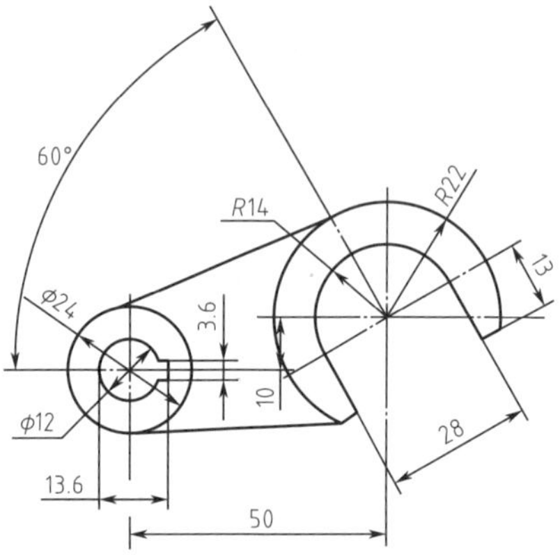

（c）

图8-32（a）重难点示范

图8-32（b）重难点示范

图8-32（c）倾斜部分示范

图8-32　具有倾斜结构的平面图形

（5）绘制如图8-33所示具有圆心在某一已知线上的中间弧结构的平面图形。

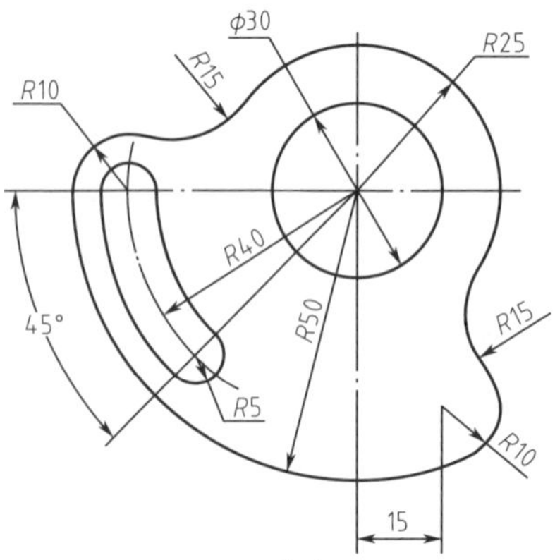

（a）

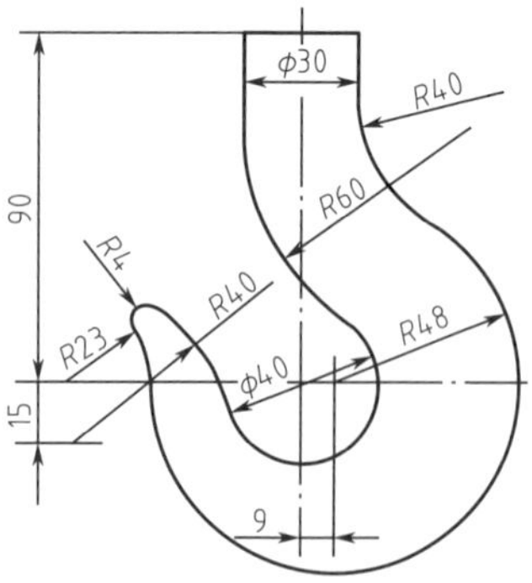

（b）

图8-33（a）重难点示范

图8-33　具有圆心在某一已知线上的中间弧结构的平面图形

（6）绘制如图8-34所示具有通过某已知点的连接弧结构的平面图形。

图8-34（a）重难点示范

图8-34（b）示范

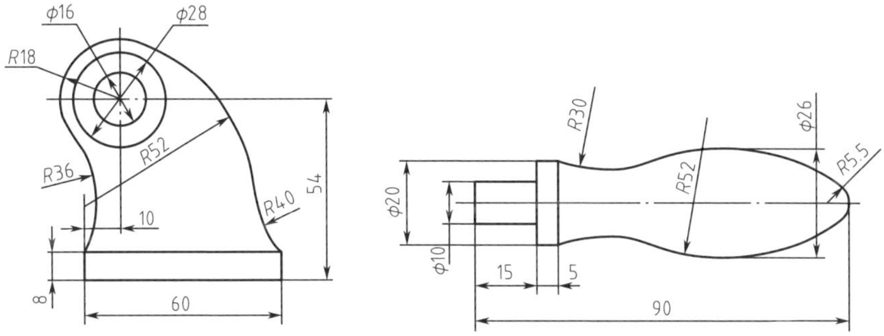

（a）　　（b）

图8-34　具有通过某已知点的连接弧结构的平面图形

四、三视图绘制训练

使用样板“Gb_a3 –Color Dependent Plot Styles”新建文件，绘制如图8-35所示三视图，文件名用“三视图绘制–姓名”。

把前面平面图形绘制练习中的图层，利用“设计中心”插入到本文件中。

图8-35（a）重点示范

图8-35（b）左视图相贯线示范

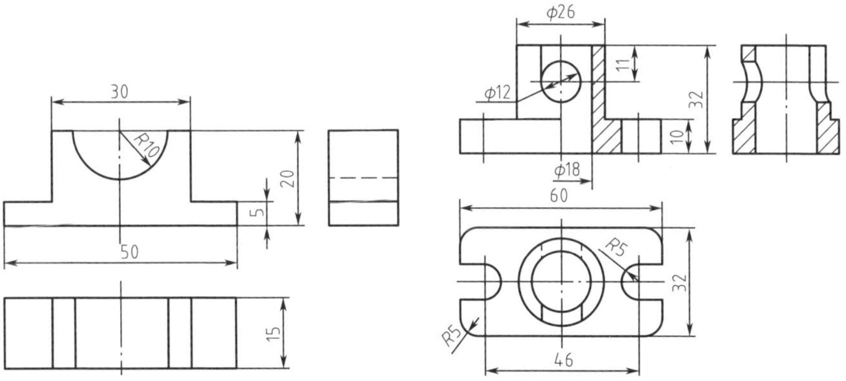

（a）　　（b）

图8-35　三视图绘制

操作提示：配合极轴追踪工具，保证三视图之间的“三等”关系，尽量少用辅助线，以提高绘图速度。

第三节 绘制零件图

一、文字和尺寸标注

为了零件图和装配图的文字和尺寸标注符合国家机械制图标准，需要对有关参数进行设置，并作文字和尺寸标注训练。

使用样板“Gb_a3 -Color Dependent Plot Styles”新建文件，文件名用“文字和尺寸标注-姓名”。把前面三视图绘制训练中的图层，利用“设计中心”插入到本文件中。

1. 设置文字样式

单击【注释】面板上的A按钮，选择“工程字”置为当前。

2. 输入文字练习

单击【注释】面板上的A按钮，书写多行文字。

（1）使用“工程字”，用多行文字书写下列文字，要求字高为3.5。

① 未注尺寸公差按GB/T 1804-m。

② M16×1

③ ϕ20

④ 60°

⑤ ±5

⑥ ϕ40H7/f6

⑦ $\phi 40\frac{H7}{f6}$

⑧ $\phi 30^{+0.033}_{+0.017}$

⑨ $\phi 20^{+0.017}_{0}$

多行文字示范

简化命令速记	命令	MTEXT（多行文字）	DTEXT（单行文本）
	简化命令	T	DT

相关知识：有些特殊字、符，可按表8-2所示方法输入。

表8-2 特殊字、符的输入方法

需要输入的字、符	×	ϕ	°	±	$-\frac{H7}{f6}$	$^{+0.033}_{+0.017}$	$^{+0.017}_{0}$
输入提示	*	%%C	%%D	%%P	“H7/f6”选中引号中内容“堆叠”	“+0.033^+0.017”选中引号中内容“堆叠”	“+0.017^空格0”选中引号中内容“堆叠”

（2）按如图1-3所示尺寸绘制标题栏（或把教学资源文件夹中“标题栏文字填写练习”文件的图形复制到本文件），填写相应文字，要求：“（图名）”和“（校名）”用7号字，其余用5号字。

文字填写示范

3. 创建标注样式

单击【注释】面板上的按钮，打开标注样式管理器，以GB-35为基础样式，新建“机械”尺寸标注样式，对部分不符合国家标准规定的参数作修改。

（1）建立“机械”样式

①【线】选项卡中，将〖尺寸线〗区的基线间距设为8；将〖尺寸界线〗区的起点偏移量设为0。

②【符号与箭头】选项卡中，将〖箭头〗区的箭头大小设为3。

③【文字】选项卡中，将〖文字外观〗区的文字样式，选择为“工程字”，文字高度为3.5。

④【调整】选项卡中，在〖调整选项〗区选择“文字”；〖标注特征比例〗区选择“注释性”。

（2）建立“机械”样式的子样式，分别用于角度、半径、直径 角度子样式中，【文字】选项卡中，〖文字对齐〗区选择“水平”；半径、直径子样式中，【调整】选项卡中，〖优化〗区均选择“手动放置文字”。

（3）建立“线性直径”样式 【主单位】选项卡中，〖线性标注〗区的前缀，输入“%%c”。

（4）建立“文字水平”样式 【文字】选项卡中，〖文字对齐〗区选择“水平”。建立子样式，用于半径、直径标注，同样，【调整】选项卡中，〖优化〗区均选择“手动放置文字”。

相关知识：〖标注特征比例〗选择“注释性”的目的是，当我们要按不同比例出图时，调整模型空间或布局空间视口的比例，尺寸标注的字高、箭头等的大小可以自动按比例调整；建立“线性直径”样式是为了让线性尺寸数值的前面自动加“ϕ”；建立“文字水平”样式是为了标注半径或直径尺寸时文字需要水平放置的情况。

4. 标注尺寸练习

使用【注释】面板上的标注工具按钮进行标注练习。

把教学资源文件夹中“尺寸标注练习”文件的图形复制到本文件，按如图8-36所示进行标注练习（基准代号暂时不标注）。

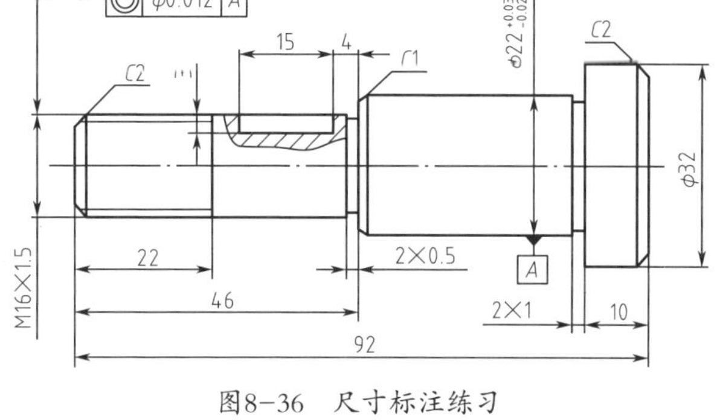

图8-36 尺寸标注练习

创建标注样式示范

图8-36（1）线性尺寸标注示范

图8-36（2）线性直径标注示范

图8-36（3）倒角标注示范

图8-36（4）形位公差标注示范

操作提示：

（1）尺寸标注在尺寸标注层进行。

（2）倒角标注可用多重引线命令。

（3）几何公差标注可用快速引线标注命令，以“机械”样式设置为当前样式标注，当快速引线设置后，此标注将作为机械样式的“样式替代”，同样具有注释性。

简化命令速记	命令	DIMLINEAR（线性标注）	DIMDIAMETER（直径标注）	DIMRADIUS（半径标注）	DIMANGULAR（角度标注）	MLEADER（多重引线）	QLEADER（快速引线/几何公差标注）	DIMALIGNED（对齐标注）	PROPERTIES（修改特性）
	简化命令	DLI	DDI	DRA	DAN	MLD	LE	DAL	【CTRL】+1/ MO

二、图块绘制训练

图样中常常要绘制一些重复出现的图形对象，例如标准件、表面粗糙度代号等，如果将它们定义成块，需要时插入到图形文件中的指定位置，可以提高绘图效率、便于图形修改，还可以相对减小图形文件的占用空间；块加入文本信息称之为属性，这些信息可以在每次插入块时作修改；将整个图形、对象或内部块以文件的形式保存起来，生成图形文件，称为外部块，也称为写块；为方便块的插入、引用，在创建块时，推荐将块建在0层。此外，为方便按不同比例出图，块定义方式选择“注释性”。

使用样板“Gb_a3 –Color Dependent Plot Styles”新建文件，文件名用“图块绘制–姓名”。把前面文字和尺寸标注练习中的图层、尺寸样式利用“设计中心”插入到本文件中。

（1）创建如图8–37（a）所示表面粗糙度代号图块，块名为“ccd0”。

单击【块】面板上的按钮，创建块。

（2）创建如图8–37（b）所示带属性的基准图块，其中方框里的字母设置成可修改，即“定义属性”，字高3.5，块名分别为“jzs”“jzx”。

单击【块】面板上的按钮，定义块的属性，再创建块。

（3）创建图8–37（c）左图所示带属性的图块，其中*Ra*后面的数字设置成可修改，字高3.5，块名为“ccdRa”。

（4）创建图8–37（c）右图所示带属性的图块，其中*Ra*后面的数字设置成可修改，字高3.5，块名为“ccdqy”。

（5）创建图1–3所示图框、标题栏外部图块，其中“（图名）”“（校名）”“（图号）”及比例、数量、材料填写栏设置成可修改，块名为“btl”。

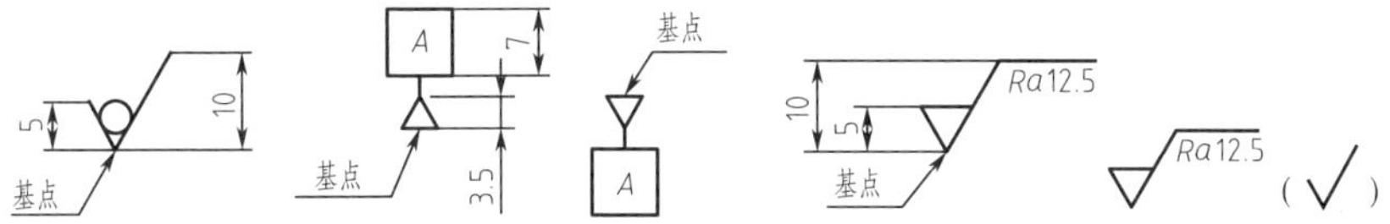

（a）创建表面粗糙度代号图块　（b）创建带有属性的基准图块　（c）创建带有属性的表面粗糙度图块

图8-37　创建图块

图8-37（a）示范

图8-37（b）示范

简化命令速记	命令	BLOCK（创建块）	INSERT（插入块）	WBLOCK（定义块文件）	PURGE（清理）
	简化命令	B	I	W	PU

三、建立样板文件

使用样板“Gb_a4 –Color Dependent Plot Styles”新建文件，把前面图块练习中的图层、尺寸样式、图块，利用“设计中心”插入到本文件中，另存为AutoCAD图形样板（*.dwt）文件类型，文件名用“机械A4–姓名”。

使用样板“Gb_a3 –Color Dependent Plot Styles”新建文件，用上面同样的方法，建立样板文件“机械A3–姓名”。

建立样板文件示范

四、零件图绘制训练

使用自己建立的样板，新建文件，完成下面零件图的绘制。

（1）完成如图8–38所示零件图的绘制，A4幅面，比例1∶1，文件名用“齿轮轴–姓名”。

操作步骤：

① 新建文件，在“选择样板”对话框中选择自己建立的样板“机械*A*4–姓名”，保存文件，文件名为“齿轮轴–姓名”。

② 绘制视图。

③ 标注尺寸。

④ 标注技术要求。

⑤ 调入GBA4图框、标题栏，填写标题栏。

操作提示：

① 绘图时无论打印出图比例将是多少，均按1∶1的比例绘制，不必考虑图形尺寸与图幅之间的关系。

② 标注尺寸前如果有预计打印比例，比如准备要用2∶1打印，可先把状态栏中“当前视图的注释比例”选择为2∶1，再标注尺寸。画剖面线前及插入粗

图8–38（1）主视图主体部分示范

图8–38（2）主视图中断处示范

图8-38（3）主视图键槽示范

图8-38（4）局部放大图示范

图8-38（5）总长标注示范

图8-38（6）半标注示范

图8-38（7）剖切符号示范

图8-38（8）插入标题栏、绘制表格示范

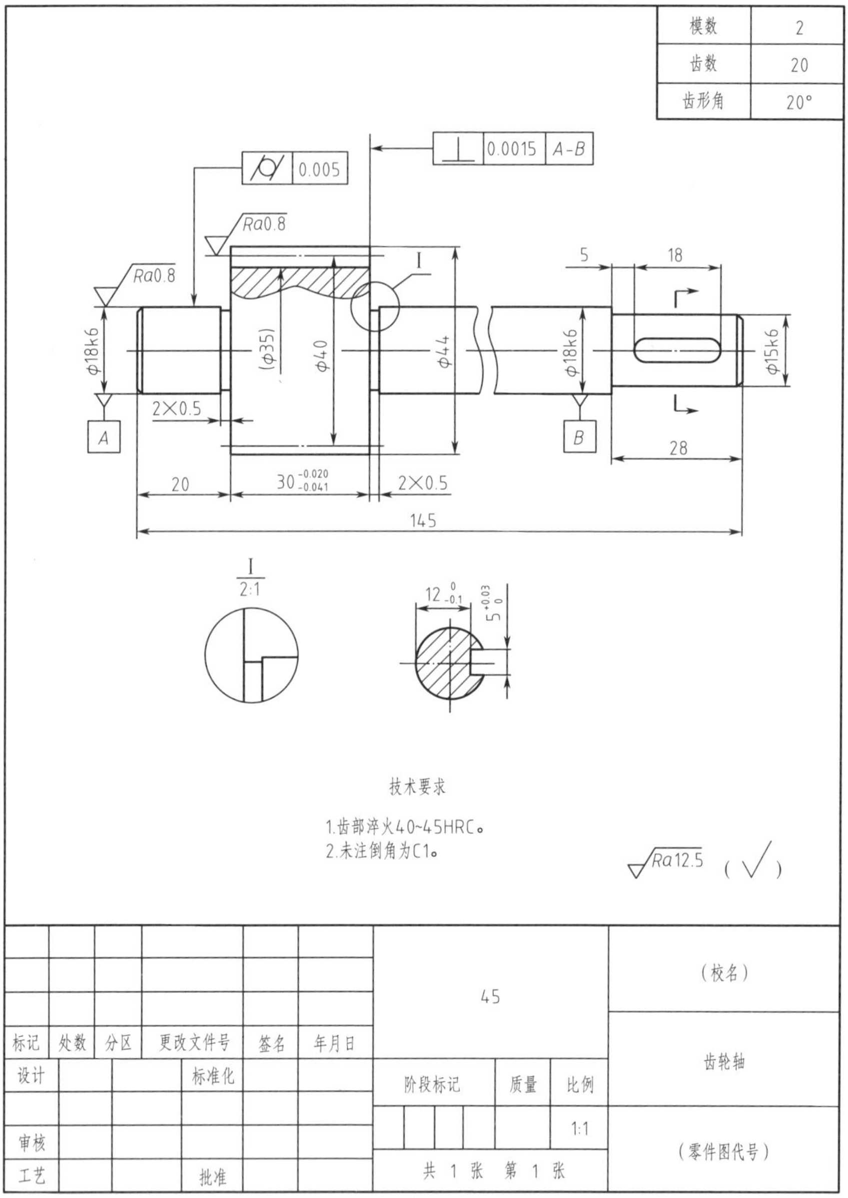

图8-38 齿轮轴零件图

糙度、基准代号等图块前也是如此。

③ 特性编辑器（“特性”窗口），是AutoCAD提供的最强有力的编辑工具，几乎可以编辑所有的对象。对已画的图线、图案填充、尺寸等都可以利用它来修改。

④ 养成主动、定时保存文件的习惯，特别是刚完成复杂的操作之后或做试验性操作之前。

简化/快捷命令速记	命令	SAVE（保存）	PROPERTIES（特性）	DIMSTYLE（标注样式管理器）	DIST（测量距离）	BREAK（打断）
	简化/快捷命令	【CTRL】+S	【CTRL】+1/MO/CH	D	DI	BR

（2）完成如图8-39所示端盖零件图的绘制，A3幅面，比例1∶1，文件名用“端盖–姓名”。

图8-39（1）主视图普通螺孔示范

图8-39（2）主视图管螺纹孔示范

图8-39（3）左视图螺孔示范

图8-39（4）主视图沉孔符号示范

图8-39（5）左视图剖切符号示范

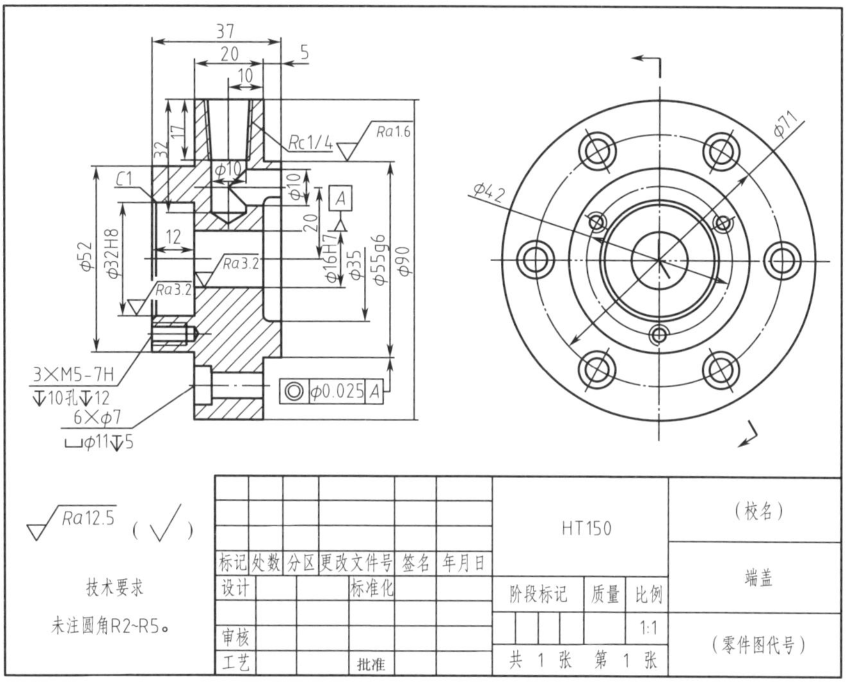

图8-39　端盖零件图

第四节　绘制装配图

用零件图训练中自己建立的样板“机械A4–姓名”新建文件，保存文件，文件名为“装配图绘制–姓名”。

一、序号标注样式设置

创建符合机械制图标准的序号标注样式。国标规定装配图中零件序号的字

序号样式建立示范

号应比图中尺寸数字大一号或大两号。

单击【注释】面板上的 按钮，打开“多重引线样式管理器”，以“Standard”为基础样式，新建“序号”样式，对部分参数作如下修改：选择“注释性”；在【引线格式】选项卡中，将〖箭头〗区的符号设为“小点”，大小设为3；单击【内容】选项卡，将〖文字选项〗区的文字样式设为“工程字”，文字高度设为5；将〖引线连接〗区的连接位置–左/右均设为“第一行加下划线”。

二、明细栏绘制

每张装配图都有同样格式的明细栏，可以做成带属性的图块，也可以做成表格，方便插入和填写。

按如图8–40所示学生用装配图明细栏尺寸要求，字体为工程字，字高为5制作表格。

图8–40示范

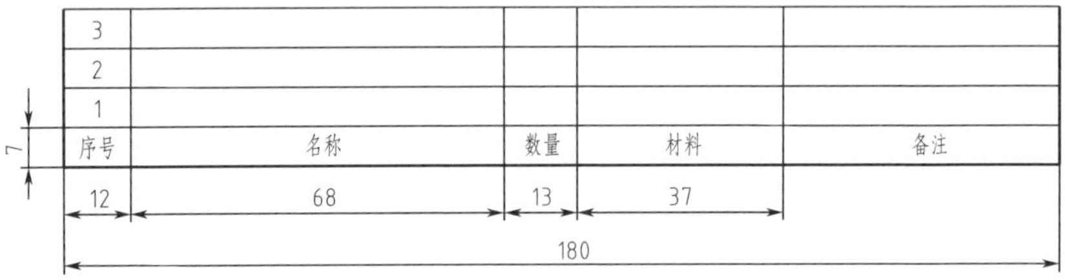

图8–40　学生用装配图明细栏

单击【注释】面板上的 按钮，打开表格命令，以“Standard”为基础样式，新建“明细栏”表格样式，对部分参数作出修改。可把做好的明细栏表格存储为外部块，块名“明细栏–姓名”，以便其他文件调用，具体操作见视频示范。

三、装配图绘制训练

1. 绘制如图8–43所示装配图

打开教学资源文件夹/装配图绘制练习文件夹，打开如图8–41所示“齿轮”、如图8–42所示“轴”零件图，按图8–43所示绘制出装配图。用A4幅面，1∶1绘制。

相关知识：绘制装配图可采用以下两种方法。

（1）直接绘图法　就是直接绘制装配图。这种方法不但作图过程繁杂，而且容易出错，只适宜绘制一些比较简单的装配图。

（2）拼装法　就是先绘出各零件的零件图，然后将各零件“拼装”在一起，再修剪得到装配图。这种方法绘制装配图方便、快捷，较为常用。

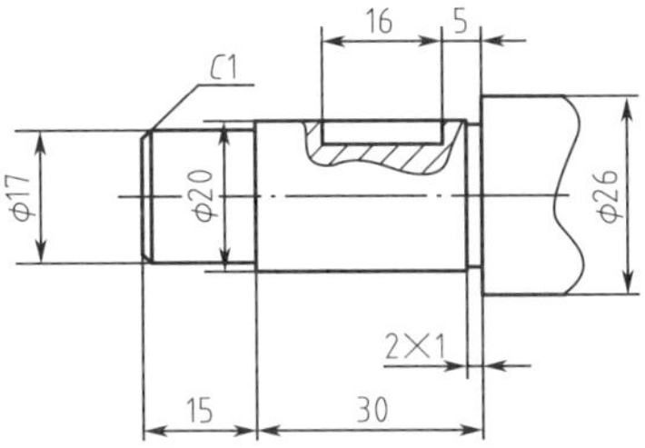

图8-41　轴零件

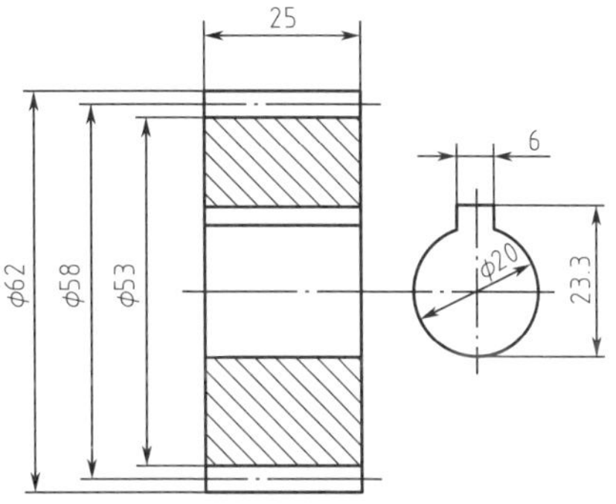

图8-42　齿轮零件

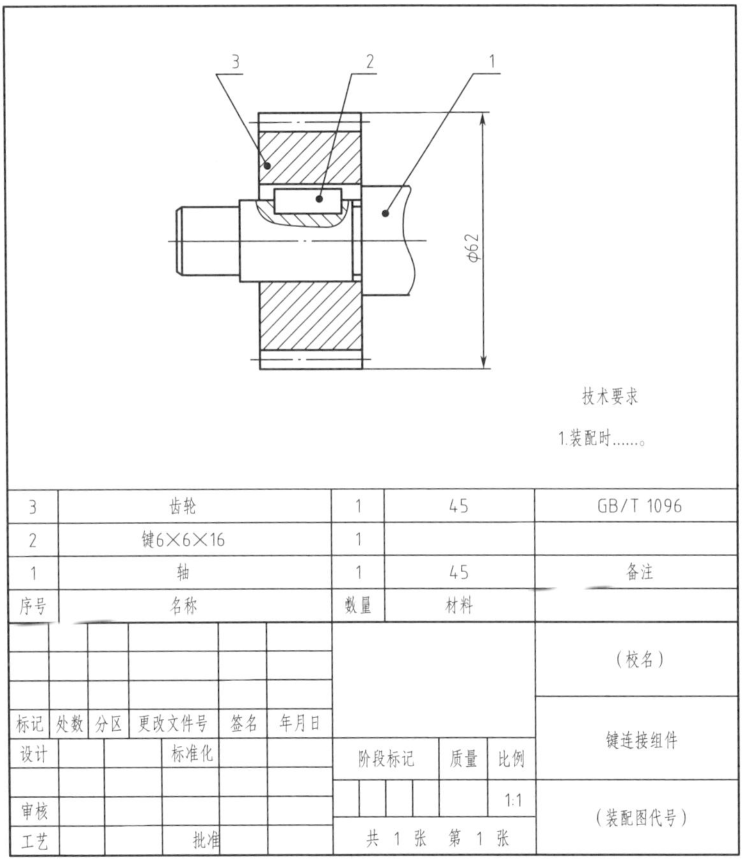

图8-43　键连接组件装配图

图8-43（1）图形绘制示范（复制粘贴方式）

图8-43（2）图形绘制（块插入方式）示范

图8-43（3）序号标注示范

图8-43（4）插入图框标题栏、明细栏、填写示范

拼画装配图时，可以把零件图形复制到装配图中，也可以把零件图块插入到装配图中。

对于经常绘制装配图的部门，应将常用的零、部件、标准件以及一些专业符号等制作成图块，建立图库，按要求的规格插入到装配图中，以提高绘制装配图的速度。

操作步骤：

① 绘制视图，绘图时无论出图比例将是多少，均按1∶1的比例绘制。

② 标注尺寸。

③ 注写序号、标注技术要求。

④ 调入GbA4图框、标题栏，填写标题栏；插入自己做好的“明细栏-姓名”，填写明细栏。

由于这个装配图包含了前面样板文件设置好的图层、标注样式等内容，还包含了才建立的序号标注样式等，装配图完成后，可以把这个文件另存为样板文件，把绘图区绘制的对象删除，覆盖保存前面建好的“机械A4-姓名”，再建“机械A3-姓名”等，以备今后调用。

2.绘制螺钉连接装配图

按图8-44（a）所示尺寸绘制如图8-44（b）所示螺钉连接装配图，其中件号1为箱体，2为端盖，3为螺钉，其代号为螺钉GB/T M10×40。

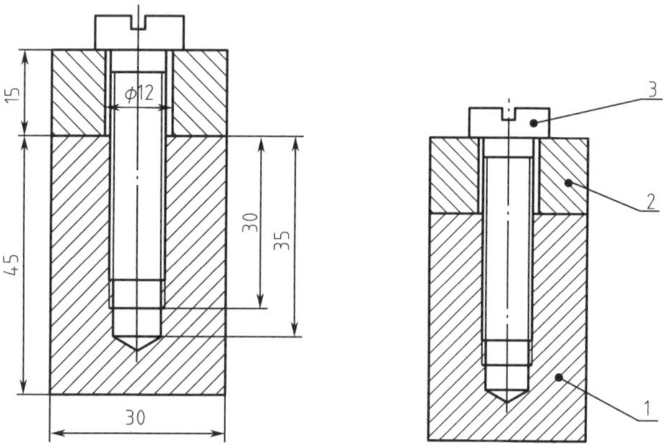

（a）螺钉连接件尺寸　（b）螺钉连接装配图

图8-44　螺钉连接装配图绘制

图8-44示范

操作提示：

如果AutoCAD内建有标准件图库，直接调用相应螺钉即可。下面介绍没有图库的情况下螺钉连接装配图的绘制。

① 紧固件块的创建：为了使块具有通用性，应将块定义成单位块，即块的主要尺寸为1，按紧固件比例画法如图8-45所示的尺寸绘制圆柱头螺钉（螺纹终止线位置适中即可），以A点为基点，用“写块”命令把所绘图形作为块对象创建外部块，如图8-46所示。

② 插入螺钉：在已画好的连接件相应位置插入螺钉块，缩放比例为10（直径），将插入的图块分解，用“修剪”“删除”命令去掉多余的线条，然后用【修改】面板上的“拉伸”命令，用交叉窗口选择对象方式对插入的螺钉进行轴向拉伸，拉伸长度为螺钉长度减掉已缩放的长度（螺钉直径），即30。

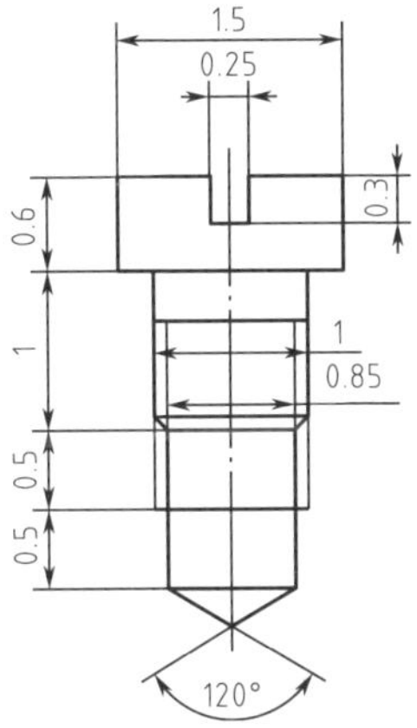

图8-45　圆柱头螺钉尺寸

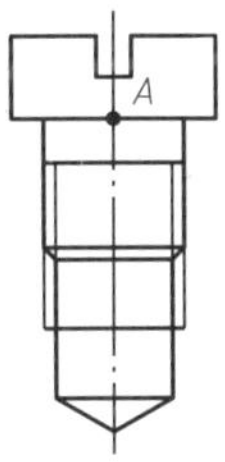

图8-46 圆柱头螺钉块

模型空间1：1打印示范

模型空间2：1打印示范

图纸空间1：1打印示范

图纸空间2：1打印示范

第五节　图形输出

一、打印输出图纸

一般用打印机或者绘图仪输出图形。可以从模型空间直接输出图形，也可设置布局从图纸空间输出图形。

模型空间用于建模，是一个三维环境，大部分的设计和绘图工作都是在三维环境中进行的，即使对于二维的图形也是如此。在模型空间打印输出图形，图框、标题栏等必须在模型空间绘制，当出图比例有缩放时，标题栏、尺寸、文字等的绘制也应有相应的放大或缩小。

图纸空间用布局来模拟纸张，用于出图，是二维空间，具有一定的图幅。在图纸空间打印输出图形，图框、标题栏在布局上绘制，视口内模型空间的显示比例可控制打印出图的比例，当出图比例变化时，不需要考虑标题栏、尺寸、文字等的缩放，打印比例设置为1：1，非常方便。

1. 模型空间打印输出训练

打开装配图8-43，在模型空间分别按1：1和2：1作打印输出图纸练习。

2.布局空间打印输出训练

打开装配图8-43，在图纸空间分别按1：1和2：1作打印输出图纸练习。

具体操作见视频示范。

快捷命令速记	命令	PLOT（打印文件）
	快捷命令	【CTRL】+P

二、复制对象到Word等文档

复制对象示范

在机械设计中，有时需要把所绘制的对象部分插入到Word、Excel等文档中，推荐用截图工具把绘制的对象截下来粘贴到目标文档中，所见即所得。

复制前先看看显示方面有没有不合适的地方，比如尺寸字高、剖面线、代号、图块等与图形的相对大小，点画线、虚线等断续线的显示比例，线宽的显示比例，颜色显示等，相应地要做一些修改、设置工作，具体操作见视频示范。

简化/快捷命令速记	命令	PROPERTIES（特性）	REGEN（重新生成）
	简化/快捷命令	【CTRL】+1	RE

结束语

《大国工匠》之“大术无极”

本课程就要结束了，学习内容掌握得怎样？掌握得较好的同学，恭喜您；掌握得有不足的同学，一定不要放弃努力，可以结合做练习题，回看书中相关内容讲解，多与同学、老师探讨，虚心求教，要为后续的专业课及今后的技术工作打下坚实的基础。

“不忘初心，逐梦前行”，让我们保持进取心、自信心与平常心，用今天的努力浇筑明天的辉煌，成为担当民族复兴大任的时代新人。

看大国工匠，匠心筑梦，请扫码观看中央电视台系列节目：《大国工匠》之“大术无极”。

附 录

附录A 螺纹

1. 普通螺纹

附表A-1 普通螺纹直径与螺距系列（GB/T 193—2003）、基本尺寸（GB/T 193—2003）

单位：mm

公称直径D、d		螺距P		粗牙中径 D_2、d_2	粗牙小径 D_1、d_1
第一系列	第二系列	粗牙	细牙		
3		0.5	0.35	2.675	2.459
	3.5	（0.6）		3.110	2.850
4		0.7	0.5	3.545	3.242
	4.5	（0.75）		4.013	3.688
5		0.8		4.480	4.134
6		1	0.75，（0.5）	5.350	4.917
8		1.25	1，0.75，（0.5）	7.188	6.647
10		1.5	1.25，1，0.75，（0.5）	9.026	8.376
12		1.75	1.5，1.25，1，（0.75），（0.5）	10.863	10.106
	14	2	1.5，（1.25）*，1，（0.75），（0.5）	12.701	11.835
16		2	1.5，1，（0.75），（0.5）	14.701	13.835
	18	2.5	2，1.5，1，（0.75），（0.5）	16.376	15.294
20		2.5		18.376	17.294
	22	2.5	2，1.5，1，（0.75），（0.5）	20.376	19.294
24		3	2，1.5，1，（0.75）	22.051	20.752
	27	3	2，1.5，1，（0.75）	25.051	23.752
30		3.5	（3），2，1.5，1，（0.75）	27.727	26.211

续表

公称直径D、d		螺距P		粗牙中径D_2、d_2	粗牙小径D_1、d_1
第一系列	第二系列	粗　牙	细　牙		
	33	3.5	(3)，2，1.5，(1)，(0.75)	30.727	29.211
36		4	3，2，1.5，(1)	33.402	31.670
	39	4		36.402	34.670
42		4.5	(4)，3，2，1.5，(1)	39.077	37.129
	45	4.5		42.077	40.129
48		5		44.752	42.587
	52	5		48.752	46.587
56		5.5	4，3，2，1.5(1)	52.428	50.046
	60	5.5		56.428	54.046
64		6		60.103	57.505
	68	6		64.013	61.505

注：① 优先选用第一系列，括号内尺寸尽可能不用，第三系列未列入。

② *M14×1.25仅用于火花塞。

2. 管螺纹

附表A-2　　55°非密封管螺纹(GB/T307—2001)

标记示例：尺寸代号为3/4的55° 非密封A级左旋管螺纹标记为G3/4A–LH。

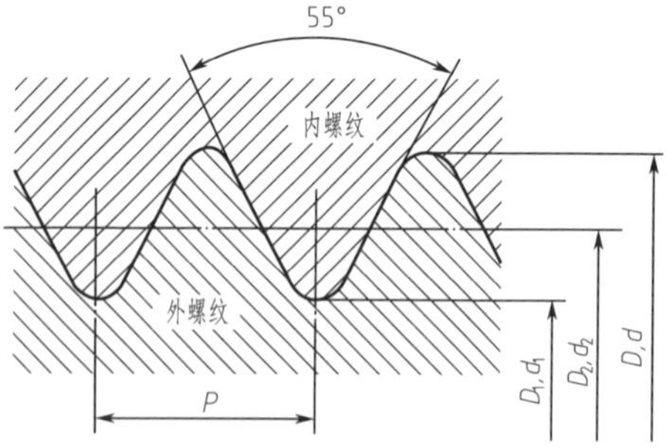

55° 非密封管螺纹的基本尺寸

单位：mm

尺寸代号	每25.4mm内的牙数n	螺距P	牙高h	圆弧半径$r\approx$	基本直径		
					大径$d=D$	中径$d_2=D_2$	小径$d_1=D_1$
1/16	28	0.907	0.581	0.125	7.723	7.142	6.561

续表

尺寸代号	每25.4mm内的牙数n	螺距P	牙高h	圆弧半径$r\approx$	基本直径		
					大径$d=D$	中径$d_2=D_2$	小径$d_1=D_1$
1/8	28	0.907	0.581	0.125	9.728	9.147	8.566
1/4	19	1.337	0.856	0.184	13.157	12.301	11.445
3/8	19	1.337	0.856	0.184	16.662	15.806	14.950
1/2	14	1.814	1.162	0.249	20.955	19.793	18.631
5/8	14	1.814	1.162	0.249	22.911	21.749	20.587
3/4	14	1.814	1.162	0.249	26.441	25.279	24.117
7/8	14	1.814	1.162	0.249	30.201	29.039	27.877
1	11	2.309	1.479	0.317	33.249	31.770	30.291
$1^1/_3$	11	2.309	1.479	0.317	37.897	36.418	34.939
$1^1/_2$	11	2.309	1.479	0.317	41.910	40.431	38.952
$1^2/_3$	11	2.309	1.479	0.317	47.803	46.324	44.845
$1^3/_4$	11	2.309	1.479	0.317	53.746	52.267	50.788
2	11	2.309	1.479	0.317	59.614	58.135	56.656
$2^1/_4$	11	2.309	1.479	0.317	65.710	64.231	62.752
$2^1/_2$	11	2.309	1.479	0.317	75.184	73.705	72.226
$2^3/_4$	11	2.309	1.479	0.317	81.534	80.055	78.576
3	11	2.309	1.479	0.317	87.884	86.405	84.926
$3^1/_2$	11	2.309	1.479	0.317	100.330	98.851	97.372
4	11	2.309	1.479	0.317	113.030	111.551	110.072
$4^1/_2$	11	2.309	1.479	0.317	125.730	124.251	122.772
5	11	2.309	1.479	0.317	138.430	136.951	135.472
$5^1/_2$	11	2.309	1.479	0.317	151.130	149.651	148.172
6	11	2.309	1.479	0.317	163.830	162.351	160.872

注：本标准适用于管接头、旋塞、阀门及其附件。

附录B　常用标准件

附表B-1　　六角头螺栓　　单位：mm

六角头螺栓　C级（摘自GB/T 5780—2016）　六角头螺栓　全螺纹　C级（摘自GB/T 5781—2016）

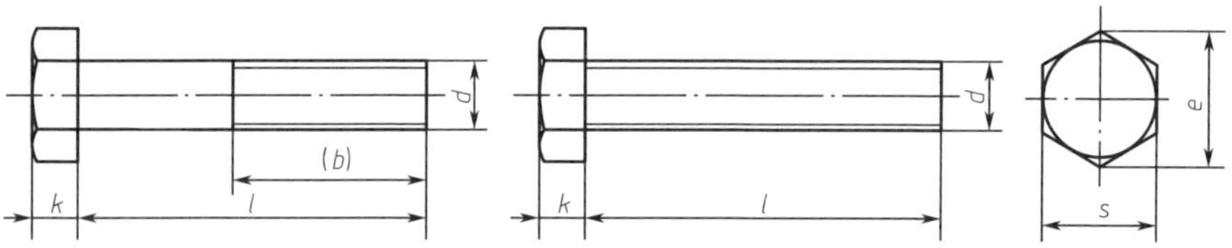

标记示例：

螺栓　GB/T 5780　M20×100（螺纹规格为M20、公称长度 l=100mm、性能等级为4.8级、表面不经处理、产品等级为C级的六角头螺栓）

螺纹规格d		M5	M6	M8	M10	M12	M16	M20	M24	M30	M36	M42
$b_{参考}$	$l_{公称}$≤125	16	18	22	26	30	38	46	54	66	—	—
	125<$l_{公称}$≤200	22	24	28	32	36	44	52	60	72	84	96
	$l_{公称}$>200	35	37	41	45	49	57	65	73	85	97	109
$k_{公称}$		3.5	4.0	5.3	6.4	7.5	10	12.5	15	18.7	22.5	26
s_{max}		8	10	13	16	18	24	30	36	46	55	65
e_{min}		8.63	10.89	14.2	17.59	19.85	26.17	32.95	39.55	50.85	60.79	71.3
$l_{范围}$	GB/T 5780	25~50	30~60	40~80	45~100	55~120	65~160	80~200	100~240	120~300	140~360	180~420
	GB/T 5781	10~50	12~60	16~80	20~100	25~120	30~160	40~200	50~240	60~300	70~360	80~420
$l_{公称}$		10、12、16、20~65（5进位）、70~160（10进位）、180、200、220~420（20进位）										

附表B-2　　Ⅰ型六角螺母（GB/T 41-2016）　C级　　单位：mm

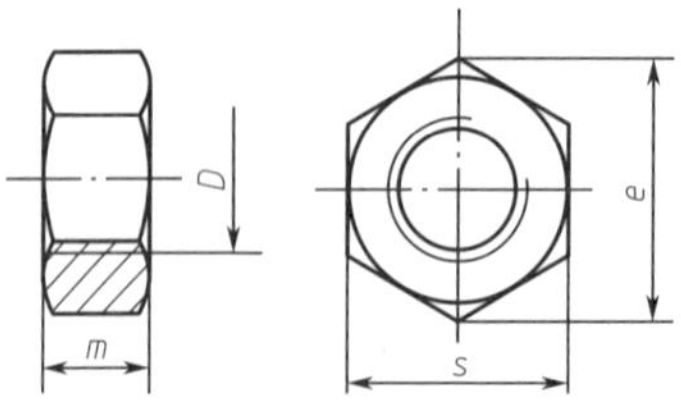

标记示例：

螺母　GB/T 41　M10

（螺纹规格为M10、性能等级为5级、表面不经处理、产品等级为C级的Ⅰ型六角螺母）

螺纹规格D	M5	M6	M8	M10	M12	M16	M20	M24	M30	M36	M42	M48	M56
s_{max}	8	10	13	16	18	24	30	36	46	55	65	75	85
e_{min}	8.63	10.89	14.20	17.59	19.85	26.17	32.95	39.55	50.85	60.79	71.3	82.6	93.56
m_{max}	5.6	6.4	7.9	9.5	12.2	15.9	19	22.3	26.4	31.9	34.9	38.9	45.9

附表B-3　　螺钉　　单位：mm

开槽圆柱头螺钉（GB/T 65—2016）

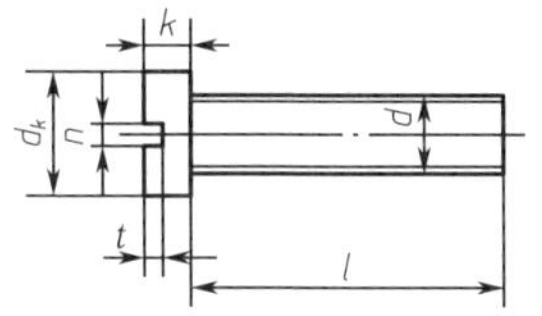

开槽盘头螺钉（GB/T 67—2016）

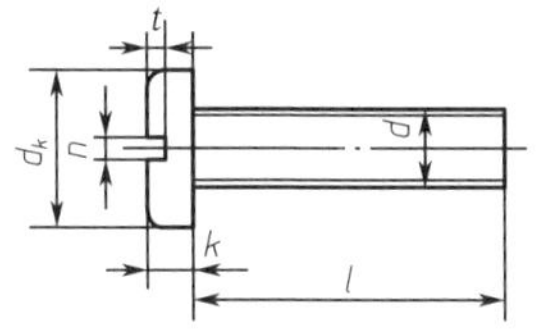

开槽沉头螺钉（GB/T 68—2016）

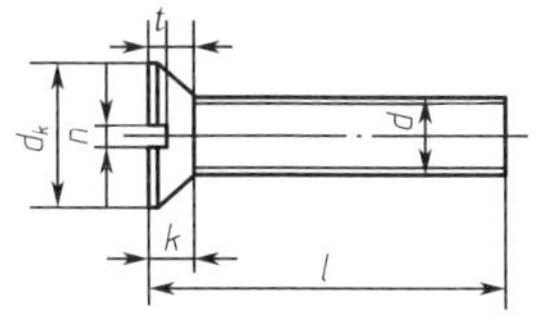

标记示例：

螺钉　GB/T 65　M5×20（螺纹规格为M5、公称长度l =20mm、性能等级为4.8级、表面不经处理的A级开槽圆柱头螺钉）

螺纹规格d		M1.6	M2	M2.5	M3	（M3.5）	M4	M5	M6	M8	M10
$n_{公称}$		0.4	0.5	0.6	0.8	1	1.2	1.2	1.6	2	2.5
GB/T 65	d_k max	3	3.8	4.5	5.5	6	7	8.5	10	13	16
	k max	1.1	1.4	1.8	2	2.4	2.6	3.3	3.9	5	6
	t min	0.45	0.6	0.7	0.85	1	1.1	1.3	1.6	2	2.4
	$l_{范围}$	2~16	3~20	3~25	4~30	5~35	5~40	6~50	8~60	10~80	12~80
GB/T 67	d_k max	3.2	4	5	5.6	7	8	9.5	12	16	20
	k max	1	1.3	1.5	1.8	2.1	2.4	3	3.6	4.8	6
	t min	0.35	0.5	0.6	0.7	0.8	1	1.2	1.4	1.9	2.4
	$l_{范围}$	2~16	2.5~20	3~25	4~30	5~35	5~40	6~50	8~60	10~80	12~80
GB/T 68	d_k max	3	3.8	4.7	5.5	7.3	8.4	9.3	11.3	15.8	18.3
	k max	1	1.2	1.5	1.65	2.35	2.7	2.7	3.3	4.65	5
	t min	0.32	0.4	0.5	0.6	0.9	1	1.1	1.2	1.8	2
	$l_{范围}$	2.5~16	3~20	4~25	5~30	6~35	6~40	8~50	8~60	10~80	12~80
$l_{系列}$		2、2.5、3、4、5、6、8、10、12、（14）、16、20、25、30、35、40、45、50、（55）、60、（65）、70、（75）、80									

注：① 尽可能不采用括号内的规格。

② 商品规格M1.6～M10。

附表B-4　　平垫圈

平垫圈　A级（GB/T 97.1—2002）

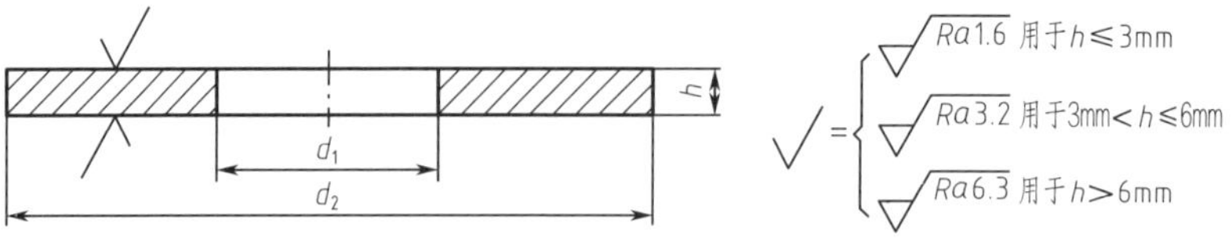

平垫圈　倒角型　A级（GB/T 97.2—2002）

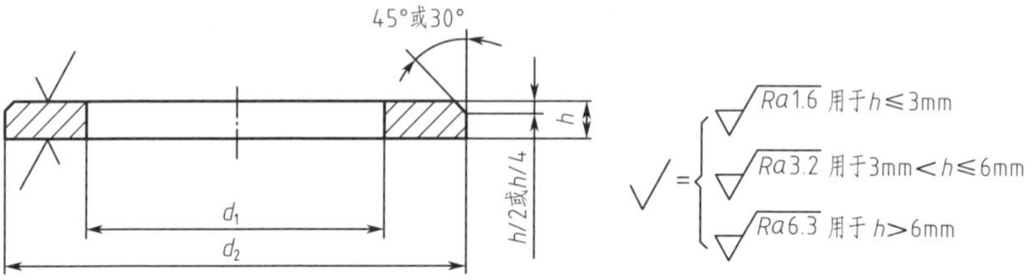

标记示例：

标准系列、公称规格8mm、由钢制造的硬度等级为200HV级、不经表面处理、产品等级为A级的平垫圈的标记：

垫圈　GB/T 97.1　8

单位：mm

公称尺寸（螺纹规格）d	5	6	8	10	12	14	16	20	24	30	36	42
内径$d_{1\,min}$	5.3	6.4	8.4	10.5	13	15	17	21	25	31	37	45
外经$d_{2\,max}$	10	12	16	20	24	28	30	37	44	56	66	78
厚度h	1	1.6	1.6	2	2.5	2.5	3	3	4	4	5	8

附表B-5　　垫圈　　单位：mm

平垫圈　A级（摘自GB/T 97.1—2002）　　平垫圈　C级（摘自GB/T 95—2002）

平垫圈　倒角型　A级（摘自GB/T 97.2—2002）　　标准型弹簧垫圈（摘自GB/T 93—1987）

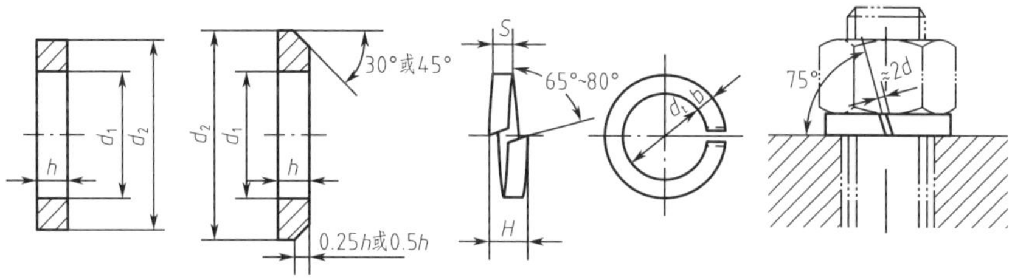

平垫圈　　倒角型平垫圈　　标准型弹簧垫圈　　弹簧垫圈开口画法

标记示例：

垫圈　GB/T 95　8（标准系列、公称规格8mm、硬度等级为100HV级、不经表面处理，产品等级为C级的平垫圈）

垫圈　GB/T 93　10（规格10mm、材料为65Mn、表面氧化的标准型弹簧垫圈）

公称尺寸d（螺纹规格）		4	5	6	8	10	12	16	20	24	30	36	42	48
GB/T 97.1—2002（A级）	d_1	4.3	5.3	6.4	8.4	10.5	13	17	21	25	31	37	45	52
	d_2	9	10	12	16	20	24	30	37	44	56	66	78	92
	h	0.8	1	1.6	1.6	2	2.5	3	3	4	4	5	8	8
GB/T 97.2—2002（A级）	d_1	—	5.3	6.4	8.4	10.5	13	17	21	25	31	37	45	52
	d_2	—	10	12	16	20	24	30	37	44	56	66	78	92
	h	—	1	1.6	1.6	2	2.5	3	3	4	4	5	8	8
GB/T 95—2002（C级）	d_1	4.5	5.5	6.6	9	11	13.5	17.5	22	26	33	39	45	52
	d_2	9	10	12	16	20	24	30	37	44	56	66	78	92
	h	0.8	1	1.6	1.6	2	2.5	3	3	4	4	5	8	8
GB/T 93—1987	d_1	4.1	5.1	6.1	8.1	10.2	12.2	16.2	20.2	24.5	30.5	36.5	42.5	48.5
	$S=b$	1.1	1.3	1.6	2.1	2.6	3.1	4.1	5	6	7.5	9	10.5	12
	H	2.75	3.25	4	5.25	6.5	7.75	10.25	12.5	15	18.75	22.5	26.25	30

注：① A级适用于精装配系列，C级适用于中等装配系列。

② C级垫圈没有Ra3.2μm和去毛刺的要求。

附表B-6　　双头螺柱（GB/T 897~900—1988）

$b_m=1d$(GB/T 897—1988)；$b_m=1.25d$（GB/T 898—1988）；$b_m=1.5d$（GB/T 899—1988）；
$b_m=2d$（GB/T 900—1988）

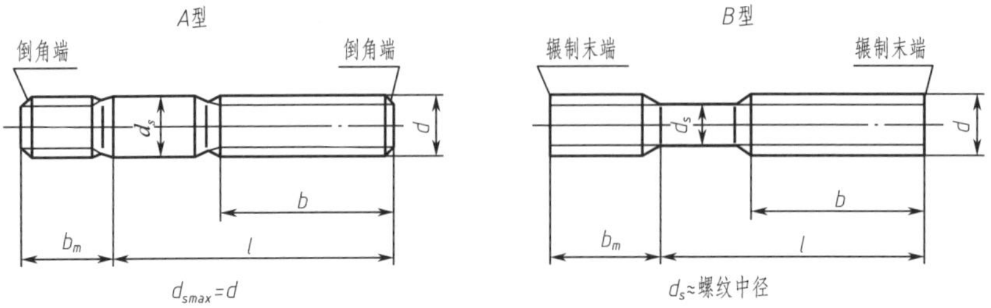

标记示例：

螺柱　GB/T 899　M8 × 30

（两端均为粗牙普通螺纹、d=8、l=30、性能等级为4.8级、不经表面处理、B型、$b_m=1.5d$的双头螺柱）

螺柱　GB/T 900　AM16-M16 × 1 × 60

（旋入机体一端为粗牙普通螺纹、旋螺母端为螺距P=1的细牙普通螺纹、d=16、l=60、性能等级为4.8级、不经表面处理、A型、$b_m=2d$的双头螺柱）

螺纹规格 d	b_m（旋入机体端长度）				l/b（螺柱长度/旋螺母端长度）
	GB/T 897	GB/T 898	GB/T 899	GB/T 900	
M5	5	6	8	10	$\frac{16\sim22}{10}$ $\frac{25\sim50}{16}$
M6	6	8	10	12	$\frac{20\sim22}{10}$ $\frac{25\sim30}{14}$ $\frac{32\sim75}{18}$
M8	8	10	12	16	$\frac{20\sim22}{12}$ $\frac{25\sim30}{16}$ $\frac{32\sim90}{22}$
M10	10	12	15	20	$\frac{20\sim28}{14}$ $\frac{30\sim38}{16}$ $\frac{40\sim120}{26}$ $\frac{130}{32}$
M12	12	15	18	24	$\frac{25\sim30}{14}$ $\frac{32\sim40}{16}$ $\frac{45\sim120}{26}$ $\frac{130\sim180}{32}$
M16	16	20	24	32	$\frac{30\sim38}{16}$ $\frac{40\sim55}{20}$ $\frac{60\sim120}{30}$ $\frac{130\sim200}{36}$
M20	20	25	30	40	$\frac{35\sim40}{20}$ $\frac{45\sim65}{30}$ $\frac{70\sim120}{38}$ $\frac{130\sim200}{44}$
（M24）	24	30	36	48	$\frac{45\sim50}{25}$ $\frac{55\sim75}{35}$ $\frac{80\sim120}{46}$ $\frac{130\sim200}{52}$
（M30）	30	38	45	60	$\frac{60\sim65}{40}$ $\frac{70\sim90}{50}$ $\frac{95\sim120}{66}$ $\frac{130\sim200}{72}$ $\frac{210\sim250}{85}$
M36	36	45	54	72	$\frac{65\sim75}{45}$ $\frac{80\sim110}{60}$ $\frac{120}{78}$ $\frac{130\sim200}{84}$ $\frac{210\sim300}{97}$
M42	42	52	63	84	$\frac{70\sim80}{50}$ $\frac{85\sim110}{70}$ $\frac{120}{90}$ $\frac{130\sim200}{96}$ $\frac{210\sim300}{109}$
$l_{系列}$	12、（14）、16、（18）、20、（22）、25、（28）、30、（32）、35、（38）、40、45、50、55、60、（65）、70、75、80、（85）、90、（95）、100~260（10进位）、280、300				

注：① 尽可能不采用括号内的规格。末端按GB/T 2—2000规定。

② $b_m=1d$，一般用于钢对钢；$b_m=$（1.25~1.5）d，一般用于钢对铸铁；$b_m=2d$，一般用于钢对铝合金。

附表B-7　　普通平键

GB/T 1095—2003　平键　键槽的剖面尺寸

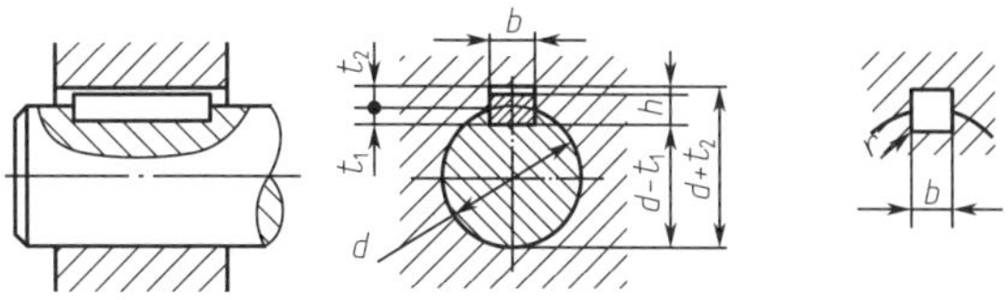

GB/T 1096—2003　普通型　平键

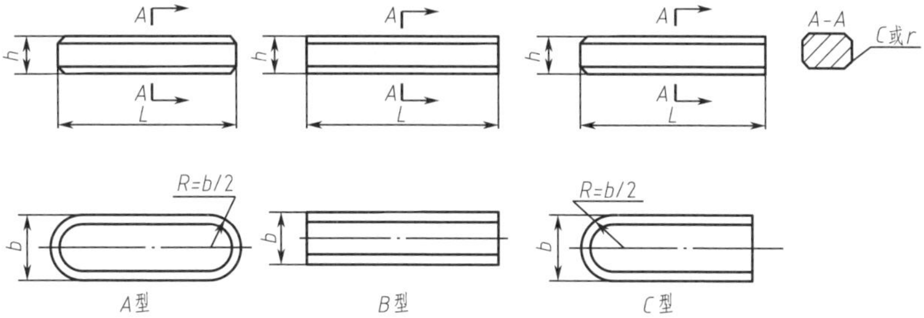

标记示例：

宽度b=12mm、h=18mm、L=90mm的普通A型平键：GB/T 1096　键 12×18×90　　单位：mm

轴径d	键的公称尺寸			键槽											
				宽度b						深度				半径r	
					极限偏差					轴		毂			
					松联结		正常联结		紧密联结						
	b	h	L	b	轴H9	毂D10	轴N9	毂JS9	轴和毂P9	t_1	极限偏差	t_2	极限偏差	最小	最大
6~8	2	2	6~20	2	+0.025 0	+0.060 +0.020	−0.004 −0.029	+0.0125	−0.006 −0.031	2	+0.1 0	1	+0.1 0	0.08	0.16
>8~10	3	3	6~36	3						1.8		1.4			
>10~12	4	4	8~45	4	+0.030 0	+0.078 +0.030	0 −0.030	±0.015	−0.012 −0.042	2.5		1.8			
>12~17	5	5	10~56	5						3.0		2.3		0.16	0.25
>17~22	6	6	14~70	6						3.5		2.8			
>22~30	8	7	18~90	8	+0.036 0	+0.098 +0.040	0 −0.036	±0.018	−0.015 −0.051	4.0	+0.2 0	3.3	+0.2 0		
>30~38	10	8	22~110	10						5.0		3.3		0.25	0.40
>38~44	12	8	28~140	12	+0.043 0	+0.120 +0.050	0 −0.043	±0.0215	−0.018 −0.061	5.0		3.3			
>44~50	14	9	36~160	14						5.5		3.8			
>50~58	16	10	45~180	16						6.0		4.3			
>58~65	18	11	50~200	18						7.0		4.4			
L系列	6、8、10、12、14、16、18、20、22、25、28、32、36、40、45、50、56、63、70、80、90、100、110、125、149、160、180、200														

注：（$d-t_1$）和（$d+t_2$）的极限偏差按相应的t_1和t_2的极限偏差选取，但（$d-t_1$）的极限偏差值应取负号。

附表B-8　　圆柱销（不淬硬钢和奥氏体不锈钢）（GB/T 119.1—2000）

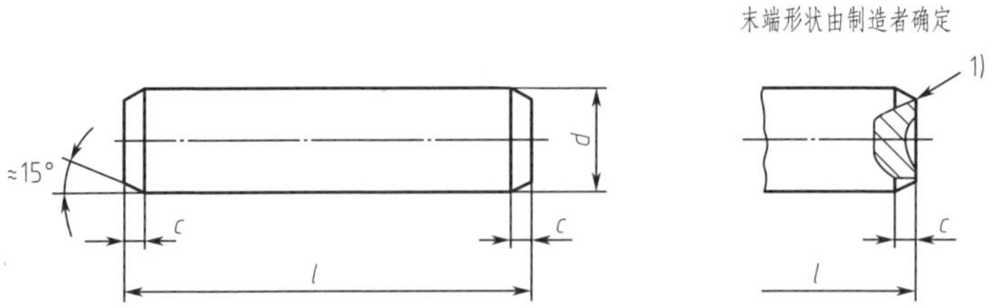

标记示例：

公称直径d=6mm、公差为m6、公称长度l=30mm、材料为钢、不经淬火、不经表面处理的圆柱销的标记：

销　GB/T 119.1　6　m6×30

公称直径d=6mm、公差为m6、公称长度l=30mm、材料为A1组奥氏体不锈钢、表面简单处理的圆柱销的标记：

销　GB/T 119.1　6　m6×30-A1

单位：mm

$d_{(公称)}$ m6/b8	2	3	4	5	6	8	10	12	16	20	25
c≈	0.35	0.5	0.63	0.8	1.2	1.6	2	2.5	3	3.5	4
$l_{范围}$	6~20	8~30	8~40	10~50	12~60	14~80	18~95	22~140	26~180	35~200	50~200
$l_{系列（公称）}$	2、3、4、5、6~32（2进位）、35~100（5进位）、120~≥200（按20递增）										

附表B-9　　圆锥销（GB/T 117—2000）

A型（磨削）：锥面表面粗糙度Ra=0.8μm；

B型（切削或冷镦）：锥面表面粗糙度Ra=3.2μm。

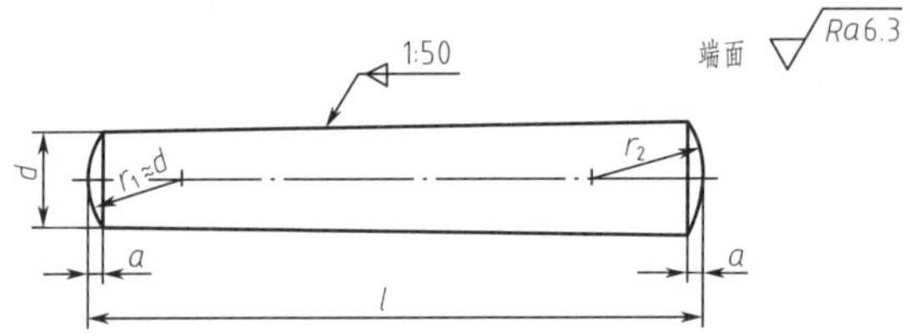

$$r_2 \approx \frac{a}{2} + d + \frac{(0.02l)^2}{8a}$$

标准示例：

公称直径 d =6mm、公称长度 l =30mm、材料为35钢、热处理硬度28~38HRC、表面氧化处理的A型圆锥销的标记：

销　GB/T 117　6×30

单位：mm

$d_{（公称）}$	2	2.5	3	4	5	6	8	10	12	16	20	25
a≈	0.25	0.3	0.4	0.5	0.63	0.8	1.0	1.2	1.6	2.0	2.5	3
$l_{范围}$	10~35	10~35	12~45	14~55	18~60	22~90	22~120	26~160	32~180	40~200	45~200	50~200
$l_{系列}$	2、3、4、5、6~32（2进位）、35~100（5进位）、120~200（20进位）											

附表B-10　　滚动轴承

深沟球轴承（摘自GB/T 276—2013）

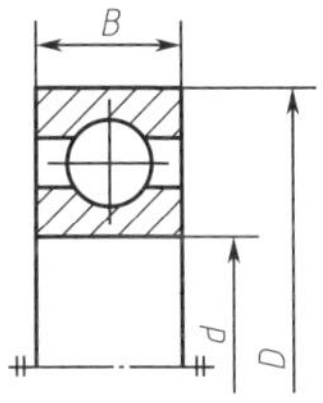

标记示例：

滚动轴承　6310　GB/T 276—2013

（深沟球轴承、内径 d=50mm、直径系列代号为3）

圆锥滚子轴承（摘自GB/T 2972—2015）

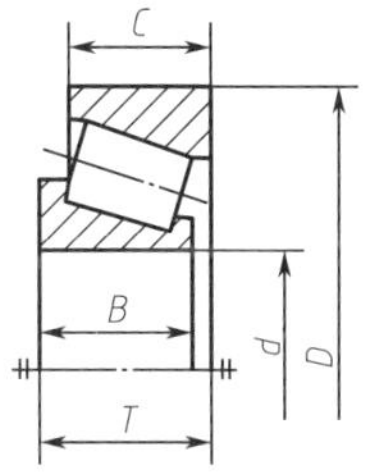

标记示例：

滚动轴承　30212　GB/T 297—2015

（圆锥滚子轴承、内径 d=60mm、宽度系列代号0，直径系列代号为2）

推力球轴承（摘自GB/T 301—2015）

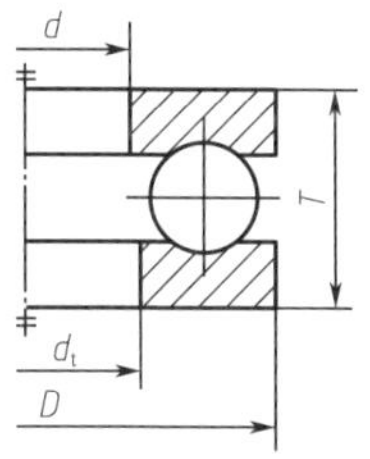

标记示例：

滚动轴承　51305　GB/T 301—2015

（推力球轴承、内径 d=25mm、高度系列代号为1，直径系列代号为3）

轴承型号	尺寸/mm			轴承型号	尺寸/mm					轴承型号	尺寸/mm			
	d	D	B		d	D	B	C	T		d	D	T	d_1
尺寸系列〔(0)2〕				尺寸系列〔02〕						尺寸系列〔12〕				
6202	15	35	11	30203	17	40	12	11	13.25	51202	15	32	12	17
6203	17	40	12	30204	20	47	14	12	15.25	51203	17	35	12	19
6204	20	47	14	30205	25	52	15	13	16.25	51204	29	40	14	22
6205	25	52	15	30206	30	62	16	14	17.25	51205	25	57	15	27
6206	30	62	16	30207	35	72	17	15	18.25	51206	30	52	16	32
6207	35	72	17	30208	40	80	18	16	19.75	51207	35	62	18	37
6208	40	80	18	30209	45	85	19	16	20.75	51208	40	68	19	42
6209	45	85	19	30210	50	90	20	17	21.75	51209	45	73	20	47
6210	50	90	20	30211	55	100	21	18	22.75	51210	50	78	22	52
6211	55	100	21	30212	60	110	22	19	23.75	51211	55	90	25	57
6212	60	110	22	30213	65	120	23	20	24.75	51212	60	95	26	62
尺寸系列〔(0)3〕				尺寸系列〔03〕						尺寸系列〔13〕				
6302	15	42	13	30302	15	42	13	11	14.25	51304	20	47	18	22
6303	17	47	14	30303	17	47	14	12	15.25	51305	25	52	18	27
6304	20	52	15	30304	20	52	15	13	16.25	51306	30	60	21	32

续表

轴承型号	尺寸/mm			轴承型号	尺寸/mm					轴承型号	尺寸/mm			
	d	*D*	*B*		*d*	*D*	*B*	*C*	*T*		*d*	*D*	*T*	d_1
尺寸系列〔(0)3〕				尺寸系列〔03〕						尺寸系列〔13〕				
6305	25	62	17	30305	25	62	17	15	18.25	51307	35	68	24	37
6306	30	72	19	30306	30	72	19	16	20.75	51308	40	78	26	42
6307	35	80	21	30307	35	80	21	18	22.75	51309	45	85	28	47
6308	40	90	23	30308	40	90	23	20	25.25	51310	50	95	31	52
6309	45	100	25	30309	45	100	25	22	27.25	51311	55	105	35	57
6310	50	110	27	30310	50	110	27	23	29.25	51312	60	110	35	62
6311	55	120	29	30311	55	120	29	25	31.50	51313	65	115	36	67
6312	60	130	31	30312	60	130	31	26	33.50	51314	70	125	40	72
尺寸系列〔(0)4〕				尺寸系列〔13〕						尺寸系列〔14〕				
6403	17	62	17	31305	25	62	17	13	18.25	51405	25	60	24	27
6404	20	72	19	31306	30	72	19	14	20.75	51406	30	70	28	32
6405	25	80	21	31307	35	80	21	15	22.75	51407	35	80	32	37
6406	30	90	23	31308	40	90	23	17	25.25	51408	40	90	36	42
6407	35	100	25	31309	45	100	25	18	27.25	51409	45	100	39	47
6408	40	110	27	31310	50	110	27	19	29.25	51410	50	110	43	52
6409	45	120	29	31311	55	120	29	21	31.50	51411	55	120	48	57
6410	50	130	31	31312	60	130	31	22	33.50	51412	60	130	51	62
6411	55	140	33	31313	65	140	33	23	36.00	51413	65	140	56	68
6412	60	150	35	31314	70	150	35	25	38.00	51414	70	150	60	73
6413	65	160	37	31315	75	160	37	26	40.00	51415	75	160	65	78

注：圆括号中的尺寸系列代号在轴承型号中省略。

附录C 极限与配合

附表C-1 优先及常用配合中轴的极限偏差（GB/T 1800.2—2020） 单位：μm

代号		a	b	c	d	e	f	g	h								js	k	m	n	p	r	s	t	u	v	x	y	z
公称尺寸/mm		公差等级																											
大于	至	11	11	*11	*9	8	*7	*6	5	*6	*7	8	*9	10	*11	*12	6	*6	6	*6	*6	6	*6	6	*6	6	6	6	6
—	3	-270 -330	-140 -200	-60 -120	-20 -45	-14 -28	-6 -16	-2 -8	0 -4	0 -6	0 -10	0 -14	0 -25	0 -40	0 -60	0 -100	±3	+6 0	+8 +2	+10 +4	+12 +6	+16 +10	+20 +14	—	+24 +18	—	+26 +20	—	+32 +26
3	6	-270 -345	-140 -215	-70 -145	-30 -60	-20 -38	-10 -22	-4 -12	0 -5	0 -8	0 -12	0 -18	0 -30	0 -48	0 -75	0 -120	±4	+9 +1	+12 +4	+16 +8	+20 +12	+23 +15	+27 +19	—	+31 +23	—	+36 +28	—	+43 +35
6	10	-280 -370	-150 -240	-80 -170	-40 -76	-25 -47	-13 -28	-5 -14	0 -6	0 -9	0 -15	0 -22	0 -36	0 -58	0 -90	0 -150	±4.5	+10 +1	+15 +6	+19 +10	+24 +15	+28 +19	+32 +23	—	+37 +28	—	+43 +34	—	+51 +42
10	14	-290 -400	-150 -260	-95 -205	-50 -93	-32 -59	-16 -34	-6 -17	0 -8	0 -11	0 -18	0 -27	0 -43	0 -70	0 -110	0 -180	±5.5	+12 +1	+18 +7	+23 +12	+29 +18	+34 +23	+39 +28	—	+44 +33	—	+51 +40	—	+61 +50
14	18																							—		+50 +39	+56 +45	—	+71 +60
18	24	-300 -430	-160 -290	-110 -240	-65 -117	-40 -73	-20 -41	-7 -20	0 -9	0 -13	0 -21	0 -33	0 -52	0 -84	0 -130	0 -210	±6.5	+15 +2	+21 +8	+28 +15	+35 +22	+41 +28	+48 +35	—	+54 +41	+60 +47	+67 +54	+76 +63	+86 +73
24	30																							+54 +41	+61 +48	+68 +55	+77 +64	+88 +75	+101 +88
30	40	-310 -470	-170 -330	-120 -280	-80 -142	-50 -89	-25 -50	-9 -25	0 -11	0 -16	0 -25	0 -39	0 -62	0 -100	0 -160	0 -250	±8	+18 +2	+25 +9	+33 +17	+42 +26	+50 +34	+59 +43	+64 +48	+76 +60	+84 +68	+96 +80	+110 +94	+128 +112
40	50	-320 -480	-180 -340	-130 -290																				+70 +54	+86 +70	+97 +81	+113 +97	+130 +114	+152 +136
50	65	-340 -530	-190 -380	-140 -330	-100 -174	-60 -106	-30 -60	-10 -29	0 -13	0 -19	0 -30	0 -46	0 -74	0 -120	0 -190	0 -300	±9.5	+21 +2	+30 +11	+39 +20	+51 +32	+60 +41	+72 +53	+85 +66	+106 +87	+121 +102	+141 +122	+163 +144	+191 +172
65	80	-360 -550	-200 -390	-150 -340																		+62 +43	+78 +59	+94 +75	+121 +102	+139 +120	+165 +146	+193 +174	+229 +210

续表

代号		a	b	c	d	e	f	g	h								js	k	m	n	p	r	s	t	u	v	x	y	z
公称尺寸/mm		公差等级																											
大于	至	11	11	*11	*9	8	*7	*6	5	*6	*7	8	*9	10	*11	*12	6	*6	6	*6	*6	6	*6	6	*6	6	6	6	6
80	100	−380 −600	−220 −440	−170 −390	−120 −207	−72 −126	−36 −71	−12 −34	0 −15	0 −22	0 −35	0 −54	0 −87	0 −140	0 −20	0 −350	±11	+25 +3	+35 +13	+45 +23	+59 +37	+73 +51	+93 +71	+113 +91	+146 +124	+168 +146	+200 +178	+236 +214	+280 +258
100	120	−410 −630	−240 −460	−180 −400																		+76 +54	+101 +79	+126 +104	+166 +144	+194 +172	+232 +210	+276 +254	+332 +310
120	140	−460 −710	−260 −510	−200 −450	−145 −245	−85 −148	−43 −83	−14 −39	0 −18	0 −25	0 −40	0 −63	0 −100	0 −160	0 −250	0 −400	±12.5	+28 +3	+40 +15	+52 +27	+68 +43	+88 +63	+117 +92	+147 +122	+195 +170	+227 +202	+273 +248	+325 +300	+390 +365
140	160	−520 −770	−280 −530	−210 −460																		+90 +65	+125 +100	+159 +134	+215 +190	+233 +228	+305 +280	+365 +340	+440 +415
160	180	−580 −830	−310 −560	−230 −480	−145 −245	−85 −148	−43 −83	−14 −39	0 −18	0 −25	0 −40	0 −63	0 −100	0 −160	0 −250	0 −400	±12.5	+28 +3	+40 +15	+52 +27	+68 +43	+93 +68	+133 +108	+171 +146	+235 +210	+277 +252	+335 +310	+405 +380	+490 +465
180	200	−660 −950	−340 −630	−240 −530	−170 −285	−100 −172	−50 −96	−15 −44	0 −20	0 −29	0 −46	0 −72	0 −115	0 −185	0 −290	0 −460	±14.5	+33 +4	+46 +17	+60 +31	+79 +50	+106 +77	+151 +122	+195 +166	+265 +236	+313 +284	+379 +350	+454 +425	+549 +520
200	225	−740 −1030	−380 −670	−260 −550																		+109 +80	+159 +130	+209 +180	+287 +258	+339 +310	+414 +385	+499 +470	+604 +575
225	250	−820 −1110	−420 −710	−280 −570																		+113 +84	+169 +140	+225 +196	+313 +284	+369 +340	+454 +425	+549 +520	+669 +640
250	280	−920 −1240	−480 −800	−300 −620	−190 −320	−110 −191	−56 −108	−17 −49	0 −23	0 −32	0 −52	0– 81	0 −130	0 −210	0 −320	0 −520	±16	+36 +4	+52 +20	+66 +34	+88 +56	+126 +94	+190 +158	+250 +218	+347 +315	+417 +385	+507 +475	+612 +580	+742 +710
280	315	−1050 −1370	−540 −860	−330 −650																		+130 +98	+202 +170	+272 +240	+382 +350	+457 +425	+557 +525	+682 +650	+822 +790
315	355	−1200 −1560	−600 −960	−360 −720	−210 −350	−125 −214	−62 −119	−18 −54	0 −25	0 −36	0 −57	0 −89	0 −140	0 −230	0 −360	0 −570	±18	+40 +4	+57 +21	+73 +37	+98 +62	+144 +108	+226 +190	+304 +268	+426 +390	+511 +475	+626 +590	+766 +730	+936 +900
355	400	−1350 −1710	−680 −1040	−400 −760																		+150 +114	+244 +208	+330 +294	+471 +435	+566 +530	+696 +660	+856 +820	+1036 +1000
400	450	−1500 −1900	−760 −1160	−440 −840	−230 −385	−135 −232	−68 −131	−20 60	0 −27	0 −40	0 −63	0 −97	0 −155	0 −250	0 −400	0 −630	±20	+45 +5	+63 +23	+80 +40	+108 +68	+166 +126	+272 +232	+370 +330	+530 +490	+635 +595	+780 +74	+960 +920	+1140 +1100
450	500	−1650 −2050	−840 −1240	−480 −880																		+172 +132	+292 +252	+400 +360	+580 +660	+700 +660	+860 +820	+1040 +1000	+1290 +1250

注：带“*”者为优先选用的，其他为常用的。

附表C-2

优先及常用配合中孔的极限偏差（GB/T 1800.2—2020）

单位：μm

代号		A	B	C	D	E	F	G	H							JS		K			M	N		P		R	S	T	U
公称尺寸/mm		公差等级																											
大于	至	11	11	*11	*9	8	*8	*7	6	*7	*8	*9	10	*11	12	6	7	6	*7	8	7	6	*7	6	*7	7	*7	7	*7
—	3	+330 +270	+200 +140	+120 +60	+45 +20	+28 +14	+20 +6	+12 +2	+6 0	+10 0	+14 0	+25 0	+40 0	+60 0	+100 0	±3	±5	0 −6	0 −10	0 −14	−2 −12	−4 −10	−4 −14	−6 −12	−6 −16	−10 −20	−14 −24	—	−18 −28
3	6	+345 +270	+215 +140	+145 +70	+60 +30	+38 +20	+28 +10	+16 +4	+8 0	+12 0	+18 0	+30 0	+48 0	+75 0	+120 0	±4	±6	+2 −6	+3 −9	+5 −13	0 −12	−5 −13	−4 −16	−9 −17	−8 −20	−11 −23	−15 −27	—	−19 −31
6		+370 +280	+240 +150	+170 +80	+76 +40	+48 +25	+35 +13	+20 +5	+9 0	+15 0	+22 0	+36 0	+58 0	+90 0	+150 0	±4.5	±7.5	+2 −7	+5 −10	+6 −16	0 −15	−7 −16	−4 −19	−12 −21	−9 −24	−13 −28	−17 −32	—	−22 −37
10	14	+400 +290	+260 +150	+205 +95	+93 +50	+59 +32	+43 +16	+24 +6	+11 0	+18 0	+27 0	+43 0	+70 0	+110 0	+180 0	±5.5	±9	+2 −9	+6 −12	+8 −19	0 −18	−9 −20	−5 −23	−15 −26	−11 −29	−16 −34	−21 −39	—	−26 −44
14	18																												
18	24	+430 +300	+290 +160	+240 +110	+117 +65	+73 +40	+53 +20	+28 +7	+13 0	+21 0	+33 0	+52 0	+84 0	+130 0	+120 0	±6.5	±10.5	+2 −11	+6 −15	+10 −23	0 −21	−11 −24	−7 −28	−18 −31	−14 −35	−20 −41	−27 −48	—	−33 −54
24	30																											−33 −54	−40 −61
30	40	+470 +310	+330 +170	+280 +120	+142 +80	+89 +50	+64 +25	+34 +9	+16 0	+25 0	+39 0	+62 0	+100 0	+160 0	+250 0	±8	±12.5	+3 −13	+7 −18	+12 −27	0 −25	−12 −28	−8 −33	−21 −37	−17 −42	−25 −50	−34 −59	−39 −64	−51 −76
40	50	+480 +320	+340 +180	+290 +130																								−45 −70	−61 −86
50	65	+530 +340	+380 +190	+330 +140	+174 +100	+106 +60	+76 +30	+40 +10	+19 0	+30 0	+46 0	+74 0	+120 0	+190 0	+300 0	±9.5	±15	+4 −15	+9 −21	+14 −32	0 −30	−14 −33	−9 −39	−26 −45	−21 −51	−30 −60	−42 −72	−55 −85	−76 −106
65	80	+550 +360	+390 +200	+340 +150																						−32 −62	−48 −78	−64 −94	−91 −121
80	100	+600 +380	+440 +220	+390 +170	+207 +120	+126 +72	+90 +36	+22 0	+22 0	+35 0	+54 0	+87 0	+140 0	+229 0	+350 0	±11	±17.5	+4 −18	+10 −25	+16 −38	0 −35	−16 −38	−10 −45	−30 −52	−24 −59	−38 −73	−58 −93	−78 −113	−111 −146
100	120	+630 +410	+460 +240	+400 +180																						−41 −76	−66 −101	−91 −126	−131 −166

续表

代号		A	B	C	D	E	F	G	H							JS		K			M	N		P		R	S	T	U
公称尺寸/mm		公差等级																											
大于	至	11	11	*11	*9	8	*8	*7	6	*7	*8	*9	10	*11	12	6	7	6	*7	8	7	6	*7	6	*7	7	*7	7	*7
120	140	+710 +460	+510 +260	+450 +200																						−48 −88	−77 −117	−107 −147	−155 −195
140	160	+770 +520	+530 +280	+460 +210	+245 +145	+148 +85	+106 +43	+54 +14	+25 0	+40 0	+63 0	+100 0	+160 0	+250 0	+400 0	±12.5	±20	+4 −21	+12 −28	+20 −43	0 −40	−20 −45	−12 −52	−36 −61	−28 −68	−50 −90	−85 −125	−119 −159	−175 −215
160	180	+830 +580	+560 +310	+480 +230																						−53 −93	−93 −133	−131 −171	−195 −235
180	200	+950 +660	+630 +340	+530 +240	+285 +170	+172 +100	+122 +50	+61 +15	+29 0	+46 0	+82 0	+115 0	+185 0	+290 0	+460 0	±14.5	±23	+5 −24	+13 −33	+22 −50	0 −46	−22 −51	−14 −60	−41 −70	−33 −79	−60 −106	−105 −151	−149 −195	−219 −265
200	225	+1030 +740	+670 +380	+550 +260																						−63 −109	−113 −159	−163 −209	−241 −287
225	250	+1110 +820	+710 +420	+570 +280																						−67 −113	−123 −169	−179 −225	−267 −313
250	280	+1240 +920	+800 +480	+620 +300	+320 +190	+191 +110	+137 +56	+69 +17	+32 0	+52 0	+81 0	+130 0	+210 0	+320 0	+520 0	±16	±26	+5 −28	+16 −36	+25 −56	0 −52	−25 −57	−14 −66	−47 −79	−36 −88	−74 −126	−138 −190	−198 −250	−295 −347
280	315	+1370 +1050	+860 +540	+650 +330																						−78 −130	−150 −202	−220 −272	−330 −382
315	355	+1560 +1200	+960 +600	+720 +360	+350 +21	+214 +125	+151 +62	+75 +18	+36 0	+57 0	+89 0	+140 0	+230 0	+360 0	+570 0	±18	±28.5	+7 −29	+17 −40	+29 −61	0 −57	−26 −62	−16 −73	−51 −87	−41 −98	−87 −144	−169 −226	−247 −304	−369 −426
355	400	+1710 +1350	+1040 +680	+760 +400																						−93 −150	−187 −244	−273 −330	−414 −471
400	450	+1900 +1500	+1160 +760	+840 +440	+385 +230	+232 +135	+165 +68	+83 +20	+40 0	+63 0	+97 0	+155 0	+250 0	+400 0	+630 0	±20	±31.5	+8 −32	+18 −45	+29 −68	0 −63	−27 −67	−17 −80	−55 −95	−45 −108	−103 −166	−209 −272	−307 −370	−467 −530
450	500	+2050 +1650	+1240 +840	+880 +480																						−109 −172	−229 −292	−337 −400	−517 −580

注：带“*”者为优先选用的，其他为常用的。

附录D　常用的零件结构要素

附表D-1　　　　倒圆与倒角（GB/T 6403.4—2008）

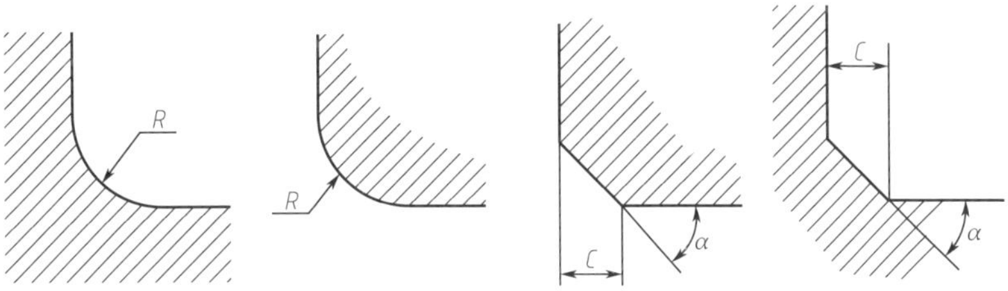

注：α一般采用45°，也可采用30°或60°。

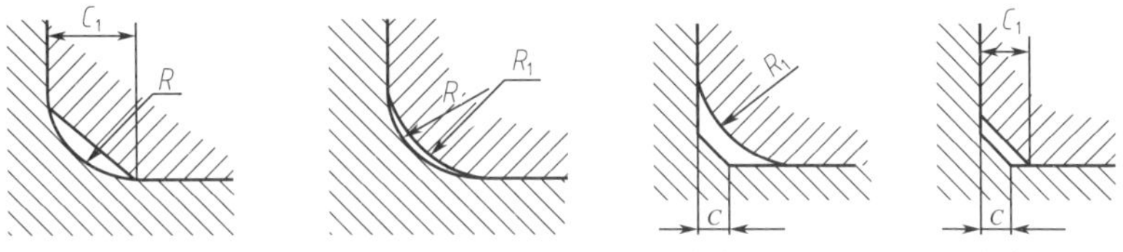

（a）$C_1>R$　　（b）$R_1>R$　　（c）$C<0.58R_1$　　（d）$C_1>C$

注：α一般采用45°，也可采用30°或60°。

与直径ϕ相应的倒角C、倒圆R的推荐值

ϕ	<3	>3~6	>6~10	>10~18	>18~30	>30~50
C或R	0.2	0.4	0.6	0.8	1.0	1.6
ϕ	>50~80	>80~120	>120~180	>180~250	>250~320	>320~400
C或R	2.0	2.5	3.0	4.0	5.0	6.0
ϕ	>400~500	>500~630	>630~800	>800~1 000	>1 000~1 250	>1 250~1 600
C或R	8.0	10	12	16	20	25

内角倒角、外角倒圆时C_{max}与R_1的关系

R_1	0.1	0.2	0.3	0.4	0.5	0.6	0.8	1.0	1.2	1.6	2.0
C_{max}	—	0.1	0.1	0.2	0.2	0.3	0.4	0.5	0.6	0.8	1.0
R_1	2.5	3.0	4.0	5.0	6.0	8.0	10	12	16	20	25
C_{max}	1.2	1.6	2.0	2.5	3.0	4.0	5.0	6.0	8.0	10	12

附表D-2　　砂轮越程槽（GB/T 6403.5—2008）

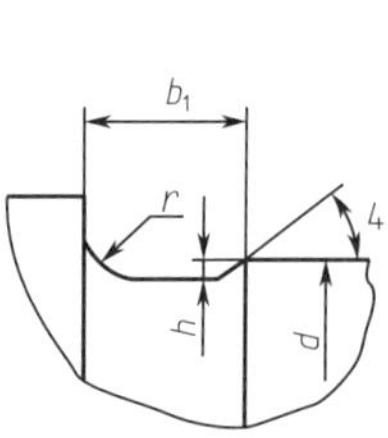
（a）磨外圆

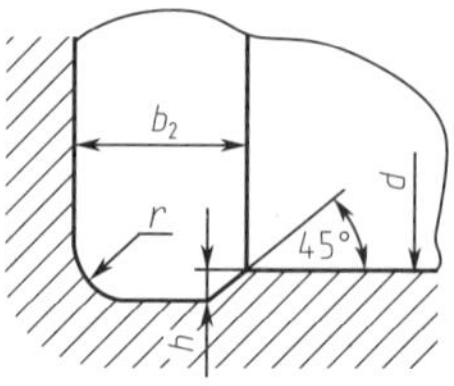
（b）磨内圆

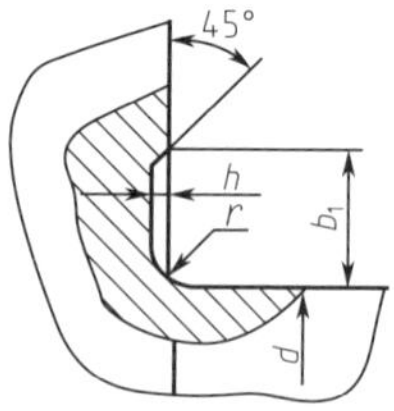
（c）磨外端面

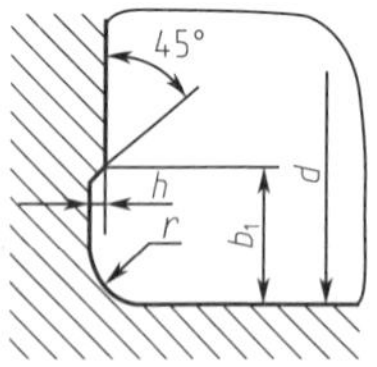
（d）磨内端面

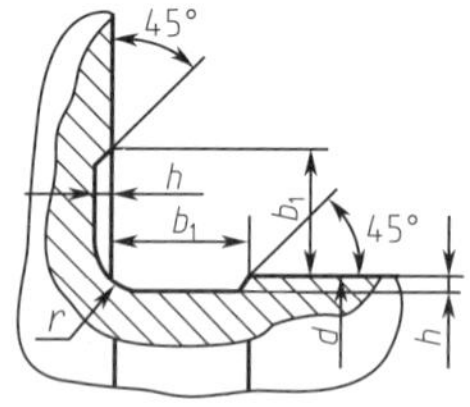
（e）磨外圆及端面

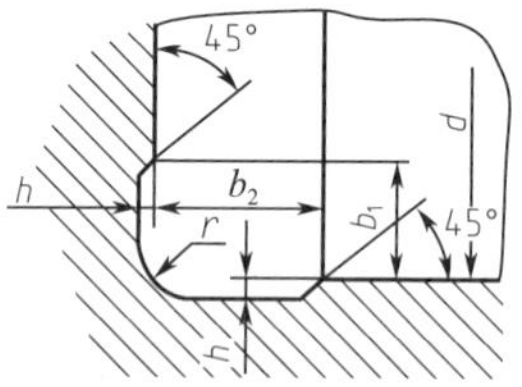
（f）磨内圆及端面

b_1	0.6	1.0	1.6	2.0	3.0	4.0	5.0	8.0	10
b_2	2.0	3.0		4.0		5.0		8.0	10
h	0.1	0.2		0.3	0.4		0.6	0.8	1.2
r	0.2	0.5		0.8	1.0		1.6	2.0	3.0
d	~10			10~50		50~100		100	

附表D-3　　普通螺纹退刀槽和倒角（GB/T 3—1997）

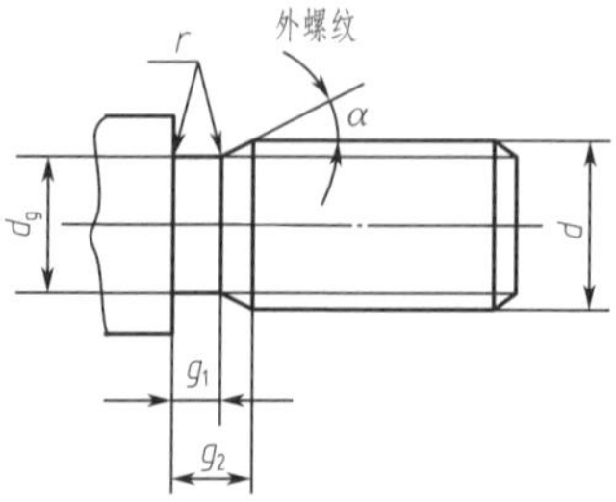

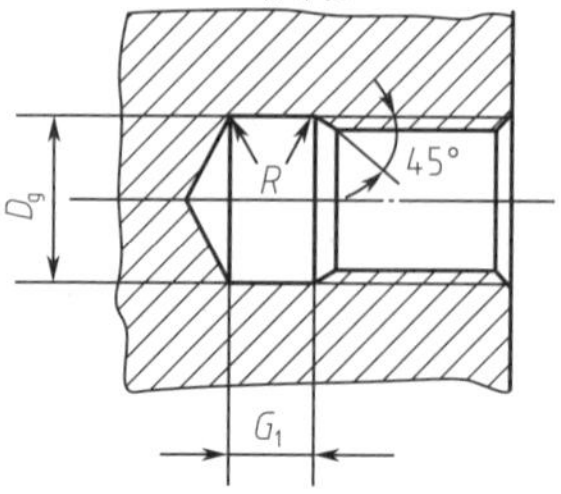

续表

单位：mm

	螺距P	0.5	0.6	0.7	0.75	0.8	1	1.25	1.5	1.75	2	2.5	3
外螺纹	g_2 max	1.5	1.8	2.1	2.25	2.4	3	3.75	4.5	5.25	6	7.5	9
	g_1 min	0.8	0.9	1.1	1.2	1.3	1.6	2	2.5	3	3.4	4.4	5.2
	d_g	d−0.8	d−1	d−1.1	d−1.2	d−1.3	d−1.6	d−2	d−2.3	d−2.6	d−3	d−3.6	d−4.4
	$r\approx$	0.2	0.4	0.4	0.4	0.4	0.6	0.6	0.8	1	1	1.2	1.6
	始端端面倒角一般为45°，也可采用60°或30°；深度应大于或等于螺纹牙型高度；过渡角α不应小于30°												
内螺纹	G_1	2	2.4	2.8	3	3.2	4	5	6	7	8	10	12
	D_R	$D+0.3$					$D+0.5$						
	$R\approx$	0.2	0.3	0.4	0.4	0.4	0.5	0.6	0.8	0.9	1	1.2	1.5
	入口端面倒角一般为120°，也可采用90°；端面倒角直径为（1.05~1）D，其中D为螺纹公称直径代号												

附表D-4　　紧固件沉头螺钉用沉孔尺寸　　单位：mm

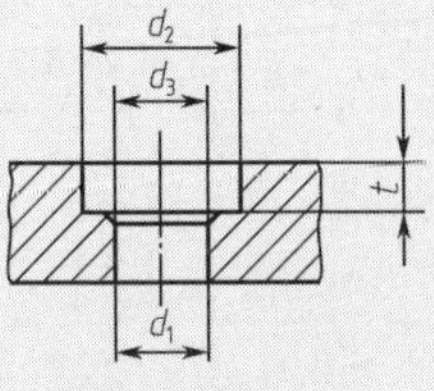 GB/T 152.3—1988	用于内六角圆柱头螺钉	d_2	8.0	10.0	11.0	15.0	18.0	20.0	26.0	—	33.0	40.0	48.0	57.0
		t	4.6	5.7	6.8	9.0	11.0	13.0	17.5	—	21.5	25.5	32.0	38.0
		d_3	—	—	—	—	—	16	20	—	24	28	36	42
	用于开槽圆柱头螺钉	d_2	8	10	11.7	15	18	20	26	—	33	—	—	—
		t	3.2	4	4.7	6.0	7.0	8.0	10.5	—	12.5	—	—	—
		d_3	—	—	—	—	—	16	20	—	24	—	—	—
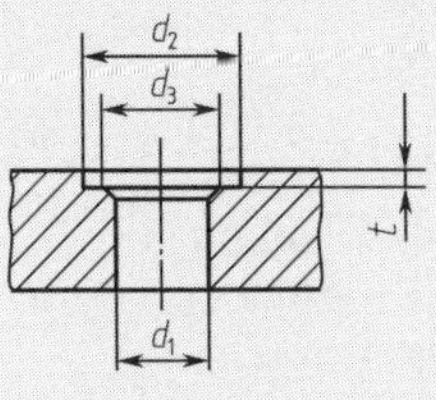 GB/T 152.4—1988	用于六角头螺栓及六角螺母	d_2	10	11	13	18	22	26	33	36	40	48	61	71
		d_3	—	—	—	—	—	16	20	22	24	28	36	42
		t	只要能制出通孔d_1的轴线相垂直的圆平面即可											

附表D-5　　紧固件沉头螺钉用沉孔尺寸（GB/T 152.2—2014）

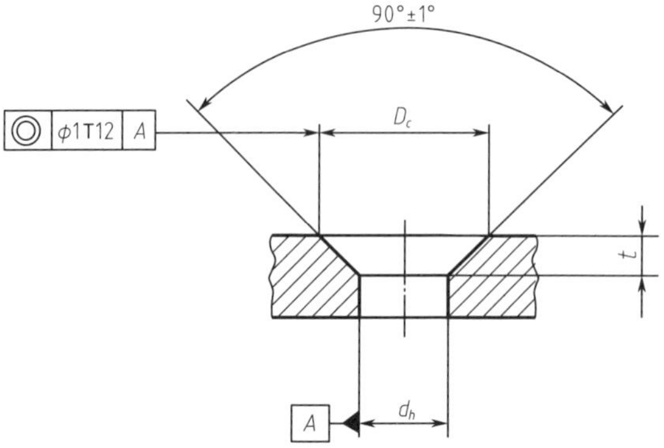

单位：mm

公称规格	螺纹规格		d_h[a] min（公称）	d_h[a] max	D_c min（公称）	D_c max	$t\approx$
1.6	M1.6	—	1.80	1.94	3.6	3.7	0.95
2	M2	ST2.2	2.40	2.54	4.4	4.5	1.05
2.5	M2.5	—	2.90	3.04	5.5	5.6	1.35
3	M3	ST2.9	3.40	3.58	6.3	6.5	1.55
3.5	M3.5	ST3.5	3.90	4.08	8.2	8.4	2.35
4	M4	ST4.2	4.50	4.68	9.4	9.6	2.55
5	M5	ST4.8	5.50	5.68	10.40	10.65	2.58
5.5	—	ST5.5	6.00[b]	6.18	11.50	11.75	2.88
6	M6	ST6.3	6.60	6.82	12.60	12.85	3.13
8	M8	ST8	9.00	9.22	17.30	17.55	4.28
10	M10	ST9.5	11.00	11.27	20.0	20.3	4.65

a　按GB/T 5277中等装配系列的规定，公差带为H13;

b　GB/T 5277中无此尺寸。

参考文献

[1] 机械设计手册编委会.机械设计手册[M]. 北京：机械工业出版社，2009.
[2] 胡建生. 机械制图[M]. 北京：机械工业出版社，2017.
[3] 唐永艳，周勇. 机械制图[M]. 北京：机械工业出版社，2015.
[4] 钱可强. 机械制图[M]. 北京：高等教育出版社，2011.
[5] 高红英，赵明威. 机械制图项目教程[M]. 北京：高等教育出版社，2012.
[6] 史艳红. 机械制图[M]. 北京：高等教育出版社，2012.
[7] 叶玉驹，焦永和，张彤. 机械制图手册[M]. 北京：机械工业出版社，2012.